T. Deutler

Schätz- und Testverfahren
bei Normalverteilung
mit bekanntem Variationskoeffizienten

Mit 27 Abbildungen

Springer-Verlag
Berlin Heidelberg New York 1981

Dr. Tilmann Deutler
Akademischer Oberrat an der Fakultät für
Volkswirtschaftslehre und Statistik
der Universität Mannheim (WH), A 5
6800 Mannheim

ISBN-13: 978-3-540-10687-6   e-ISBN-13: 978-3-642-68032-8
DOI:10.1007/ 978-3-642-68032-8

CIP-Kurztitelaufnahme der Deutschen Bibliothek
Deutler, Tilmann: Schätz- und Testverfahren bei Normalverteilung mit bekannten
Variationskoeffizienten / T. Deutler. - Berlin; Heidelberg; New York: Springer, 1981.

Vorwort

Bei manchen technischen, biologischen oder ökonomischen Prozessen entstehen Familien normalverteilter Zufallsgrößen mit konstantem Variationskoeffizienten. Dieser ist in bestimmten Situationen bekannt.
Das Schätz- und Testproblem bezüglich des Erwartungswertes, führt
dann infolge der besonderen Modellstruktur (keine Exponentialfamilie,
zweikomponentige minimal suffiziente Statistik), nicht zu trivialen
Lösungen.

In der Literatur sind bislang fast ausschließlich Arbeiten zur Punktschätzung zu finden und nur wenige, teilweise unvollkommene Lösungsan-
sätze zum Testproblem und zur Intervallschätzung. Ein wesentlicher
Bestandteil der Arbeit ist daher die Entwicklung und der Vergleich
von Testverfahren im Einstichprobenfall nach verschiedenen in der
Testtheorie gängigen Methoden. Die hier vorliegende Monographie faßt
nun die bereits bekannten und die hier neu erarbeiteten Schätz- und
Testverfahren in einheitlicher Darstellung zusammen. Dadurch werden
auch Querverbindungen und Vergleiche zwischen den Ergebnissen der
meist unabhängig voneinander arbeitenden Autorengruppen hergestellt.

Die Verfahren sollen hier nicht nur rein formal-methodisch dargestellt
werden, sondern es wird eine Integration von Theorie und Praxis inten-
diert: Bei der Auswahl der Verfahren, bei der Verfahrensdurchführung
und beim Verfahrensvergleich werden daher neben theoretischen auch anwendungsorientierte Argumente berücksichtigt, gegenseitig abgewogen
und insbesondere in ihren Auswirkungen auf die praktische Anwendung
diskutiert. Daraus resultierend werden Empfehlungen für die Praxis
gegeben.

Für alle untersuchten Verfahren sind die zum praktischen Einsatz benötigten Tabellen bzw. Algorithmen aus der Literatur zusammengestellt.
Die damit berechneten zahlreichen Darstellungen der Operationscharakteristiken sollen dem Leser ein anschauliches Bild von den analytisch
untersuchten Testeigenschaften und Testschärferelationen vermitteln.

Das Buch wendet sich einerseits an statistisch versierte "Praktiker"
aus den Bereichen Technik, Biologie/Medizin oder Wirtschaftswissenschaften, für die das vorliegende Modell in einer Reihe von Anwendungssituationen praktisch relevant ist. Andererseits ist es auch für

"Statistiker" interessant, die sich mit Schätz- und Test-Theorie befassen; denn wegen der speziellen Modellstruktur lassen sich hier einige außergewöhnliche Effekte beobachten und diskutieren. Es zeigt sich nämlich hier einmal exemplarisch, welche Folgen das Fehlen günstiger Modellvoraussetzungen haben kann. Insoweit könnte das Buch auch didaktischen Zwecken innerhalb der Statistik dienen.

Zum Verständnis des Buches werden auf jeden Fall mehr als nur elementare Kenntnisse in Schätz- und Testtheorie vorausgesetzt. Für den mit den benötigten Begriffen weniger vertrauten Leser werden jedoch jeweils Hinweise auf bewährte Standardwerke gegeben, insbesondere auf Band II von "Advanced Theory of Statistics" von KENDALL/STUART (1961) und auf "Mathematical Statistics" von FERGUSON (1967).

Der Autor ist dankbar für jeden Hinweis auf Ergänzungen oder Verbesserungen und insbesondere auf weitere Anwendungsmöglichkeiten des Modells

Der Schriftsatz wurde von Frau B. Penner erstellt; Frau M.-L. Mandel zeichnete die Abbildungen. Ihnen gilt an dieser Stelle mein besonderer Dank.

Mannheim, im Oktober 1980   Tilmann Deutler

Inhaltsangabe

In <u>Abschnitt 1</u> werden die statistische Problemstellung, die Voraussetzungen und die daraus resultierenden Struktureigenschaften des statistischen Modells dargelegt. Da sich die bisher zu dieser Problemstellung veröffentlichten Arbeiten fast ausschließlich mit der Punktschätzung befassen, wird in <u>Abschnitt 2</u> eine zusammenfassende und vergleichende Darstellung dieser Arbeit zur Punktschätzung gegeben. Über das reine Referieren hinaus wird schon vorbereitend erörtert, welche der Schätzfunktionen auch als Testgrößen geeignet sind. Nach Möglichkeit werden die zugehörigen Verteilungsfunktionen hergeleitet.

Darauf aufbauend entwickelt und diskutiert der Verfasser im zentralen <u>Abschnitt 3</u> Testverfahren zum Einstichprobenproblem. Nach der Präzisierung des Testproblems wird zunächst der Likelihoodquotiententest für einfache Hypothesen und daraus resultierend eine Schar von Prüfgrößen für den Test von zusammengesetzten Hypothesen diskutiert. In dieser Schar ist auch die Prüfgröße des lokal besten Tests enthalten. Anschließend wird der Test mit der bedingt suffizienten Statistik und die Abhängigkeit der Testgüte von der Bedingung untersucht. Die weiteren Unterabschnitte befassen sich mit der Konstruktion von Testen aus den Komponenten der minimal suffizienten Statistik bzw. aus den in Abschnitt 2 erörterten Schätzfunktionen. Parallel zu den einzelnen Testverfahren wird jeweils die Intervallschätzung behandelt. Abschnitt 3 schließt mit einem zusammenfassenden Gütevergleich der dargestellten Verfahren und mit Empfehlungen für die Verfahrensauswahl.

In <u>Abschnitt 4</u> werden Anwendungsbeispiele des Modells gegeben und die Anwendbarkeit des Modells diskutiert. Daran schließt sich ein kritischer Vergleich mit möglichen Alternativmodellen an: Anhand von Gamma- und Lognormalverteilung, die bei kleinen Variationskoeffizienten von der Normalverteilung praktisch schwer unterscheidbar sind wird gezeigt, wie stark sich Fehlspezifikationen in der Verteilungsannahme auf die Testschärfe auswirken können. Weiter werden Verfahren zur Überprüfung der Modellvoraussetzungen aus der Literatur zusammengestellt.

<u>Abschnitt 5</u> gibt einen Überblick über weitere zum Teil noch offene Problemstellungen im Modell Normalverteilung mit bekanntem Variationskoeffizienten und einen Ausblick auf mögliche Modellerweiterungen.

Im <u>Anhang</u> sind wichtige Eigenschaften der vorkommenden Verteilungen
zusammengestellt. Insbesondere werden aus der Literatur programmierte
Algorithmen und Tabellen zitiert, die man zur Bestimmung von Verteilungsfunktionen und Schwellenwerten (Fraktilen) sowie zur Berechnung
der Operationscharakteristiken benötigt.

Inhaltsverzeichnis

Bedeutung häufig vorkommender Symbole

Symbol	Bedeutung
μ	Erwartungswert
σ	Standardabweichung
$\gamma := \sigma/\mu$	Variationskoeffizient
n	Stichprobenumfang
$\nu := n/\gamma^2$	fiktiver Stichprobenumfang
α	Signifikanzniveau
$\bar{X} = \Sigma X_i/n$	arithmetisches Mittel der Stichprobe
$S^2 = \Sigma(X_i-\bar{X})^2/(n-1)$	Stichprobenvarianz
$\Phi(\cdot)$	Verteilungsfunktion der Standardnormalverteilung
u_ε	Schwellenwert (Fraktile) der Standardnormalverteilung
$\underset{=}{d}$	"verteilt wie"
$\overset{\cdot}{=}$	"asymptotisch gleich"
$\underset{\cdot}{\overset{d}{=}}$	"asymptotisch verteilt wie"

1. Einleitung

In vielen Anwendungsgebieten der Statistik besitzen interessierende
Merkmale eine Normalverteilung. Bei solchen Merkmalen reduzieren sich
aufgrund der Kenntnis des Verteilungsgesetzes die statistischen Fragestellungen auf das Schätzen bzw. Testen der Parameter μ und σ
der Normalverteilung, wobei μ der Erwartungswert und σ die Standardabweichung ist.

Es werden gewöhnlich folgende Fragestellungen betrachtet:

(a) μ unbekannt, σ bekannt

(b) μ bekannt, σ unbekannt

(c) μ unbekannt, σ unbekannt.

Die zugehörigen Schätz- und Testverfahren gehören zum klassischen Re-
pertoire statistischer Verfahren; sie werden in den meisten Lehrbü-
chern ausführlich dargestellt.

Dabei wird unter nicht-bayesianischer Betrachtungsweise angenommen,
daß das Parameterpaar (μ,σ) entweder beliebige, jedoch feste Punkte der (μ,σ)-Halbebene sind, Fragestellung (c), oder Punkte auf Geraden parallel zur μ- bzw. σ-Achse sind, Fragestellung (a) bzw. (b).

Im Gegensatz dazu sind auch Fälle denkbar, bei denen die beiden Parameter durch eine Funktion ξ miteinander verknüpft sind, also

$$(1.1.1) \qquad \sigma = \xi(\mu) \quad \text{mit} \quad \xi(\cdot) \geq 0 \, ,$$

so daß nur die auf der Kurve $\sigma = \xi(\mu)$ liegenden Punkte der (μ,σ)-
Ebene als Parameterkombinationen auftreten können.

In der vorliegenden Arbeit wird dieser allgemeine Fall auf folgende
spezielle Situation eingeschränkt:

(1) μ und σ sind proportional zueinander und zwar in der
        Form

$$(1.1.2) \qquad \sigma = \gamma\mu; \quad \gamma > 0; \quad \mu > 0 \, .$$

(2)   Die Proportionalitätskonstante γ , d.h. der Variations-
        koeffizient $\gamma = \sigma/\mu$, wird als <u>bekannt</u> vorausgesetzt. Die
        betrachtete Familie von Normalverteilungen hat also nur
        einen unbekannten Parameter μ .

1.2. VORAUSSETZUNGEN UND STRUKTUREIGENSCHAFTEN

Eine normalverteilte Zufallsvariable X mit bekanntem Variationskoeffizienten $\gamma > 0$ besitzt die Dichtefunktion $f(x|\mu)$,

$$(1.2.1) \qquad f(x|\mu) = \frac{1}{\sqrt{2\pi}\ \gamma\mu} \exp\left\{-\frac{1}{2\gamma^2}\left(\frac{x}{\mu} - 1\right)^2\right\} ; \qquad -\infty < x < \infty ,$$

den Erwartungwert EX und die Varianz $\operatorname{var} X$,

$$(1.2.2a) \qquad EX = \mu ,$$

$$(1.2.2b) \qquad \operatorname{var} X = \sigma^2 = \gamma^2\mu^2$$

Man schreibt zur Abkürzung: X ist $N(\mu;\gamma\mu)$.

Da γ spezifiziert ist, liegt eine *einparametrige Verteilung* mit dem Parameter μ vor. Der Parameter μ wird im folgenden als feste unbekannte Größe betrachtet und ist Gegenstand des statistischen Rückschlusses.
Damit $\sigma = \gamma\mu > 0$ ist, muß $\mu > 0$ gefordert werden. Dementsprechend ist es sinnvoll die Positivität auch für Schätzfunktionen von μ zu fordern.

Der Parameter μ ist ein *Skalenparameter;* denn die dimensionslose Zufallsvariable $X^* := X/\mu$ ist $N(1;\gamma)$ und damit unabhängig von μ ; vgl. FERGUSON (1967), Seite 165. Demzufolge wird man für Schätzfunktionen und Teste gewisse Skaleninvarianzeigenschaften fordern.

Schreibt man die Dichte $f(x|\mu)$ in der Form

$$f(x|\mu) = \frac{1}{\sqrt{2\pi}\ \gamma} \exp\left\{-\eta_1 x^2 - \eta_2 x - 1/(2\gamma^2)\right\}$$

$$(1.2.3)$$

$$\text{mit } \eta_1 = 1/(2\gamma^2\mu^2) \quad \text{und} \quad \eta_2 = -1/(\gamma^2\mu) ,$$

so erkennt man, daß sich $f(x|\mu)$ nicht in die Gestalt

$$f(x|\mu) = f_1(\mu) \cdot f_2(x) \cdot \exp\left\{f_3(\mu) \cdot f_4(x)\right\}$$

bringen läßt. Deshalb gehört sie <u>nicht</u> zur sog. *eindimensionalen Exponentialfamilie;* zur Definition vgl. FERGUSON, S. 126. Diese Tatsache macht das Rückschlußproblem auf μ eigentlich erst interessant; denn für die Exponentialfamilie ist das Rückschlußproblem im Prinzip gelöst.

Die von γ und μ abhängigen Koeffizienten η_1 und η_2 in (1.2.3) bilden den sog. *natürlichen Parameterraum*; zur Definition vgl. FERGU-SON, S. 128.

Gemäß EFRON (1975) gehört $f(x|\mu)$ zur sogenannten *"nichtlinearen"* (engl.: *curved*) *Exponentialfamilie*, da der zweidimensionale natürliche Parameterraum $\eta = (\eta_1;\eta_2) = (1/(2\sigma^2); -\mu/\sigma^2)$ der $N(\mu;\sigma)$ bei der $N(\mu;\gamma\mu)$ infolge der Parameterverknüpfung $\sigma = \gamma\mu$ auf die nicht-lineare Kurve $(\eta_1(\mu) = 1/(2\gamma^2\mu^2)$; $\eta_2(\mu) = -1/(\gamma^2\mu))$, d.h. $\eta_1 = \gamma^2\eta_2^2/2$ eingeschränkt wird. EFRON definiert eine verallgemeinerte geo-metrische Krümmung K dieser Kurve als sog. *statistische Krümmung* (engl.: *statistical curvature*). Er mißt anhand des Wertes von K, wie stark eine vorliegende nichtlineare Exponentialfamilie von der (line-aren) Exponentialfamilie abweicht. Für letztere ist η_1 mit η_2 li-near verknüpft und es gilt dann $K = o$.

Die Krümmung K ist vom Skalenparameter μ unabhängig. Für $f(x|\mu)$ erhält man, siehe EFRON (1975),

$$(1.2.4) \qquad K = K(\gamma) = \frac{\gamma^4}{4(\gamma^2 + 1/2)^3} \ .$$

Der Verlauf von $K(\gamma)$ ist in Abb. 1.1 gezeichnet.

Das Maximum von $K(\gamma)$ liegt bei $\gamma = 1$; der Maximalwert von $K(\gamma)$ ist $K(1) = 2/27 = 0.0741$.
Da die Werte von $K(\gamma)$ für alle γ nahe bei Null liegen und somit die statistische Krümmung der $N(\mu;\gamma\mu)$ nicht sehr stark ausgeprägt ist, wird man vermuten, daß sich die $N(\mu;\gamma\mu)$ bezüglich des Rück-schlusses nahezu wie eine Verteilung der linearen Exponentialfamilie verhält. Darauf wird später noch im einzelnen eingegangen.

Die *Likelihoodfunktion* $L(\underline{X}|\mu)$,- zur Definition vgl. KENDALL/STUART (1967) Band II, Abschnitt 17.14 -, für eine Stichprobe $(X_1,\ldots,X_n)=:\underline{X}$ vom Umfang n mit den unabhängigen Stichprobenvariablen X_i, $i=1(1)n$, hat die Gestalt

$$(1.2.5) \qquad L(\underline{X}|\mu) = \frac{1}{(\sqrt{2\pi}\ \gamma\mu)^n} \exp\left\{ -\frac{1}{2\gamma^2} \sum_{i=1}^{n} \left(\frac{X_i}{\mu} - 1\right)^2 \right\}$$

$$= \frac{1}{(\sqrt{2\pi}\ \gamma\mu)^n} \exp\left\{ -\frac{1}{2\gamma^2\mu^2} [(n-1)S^2 + n(\bar{X}-\mu)^2] \right\} \ .$$

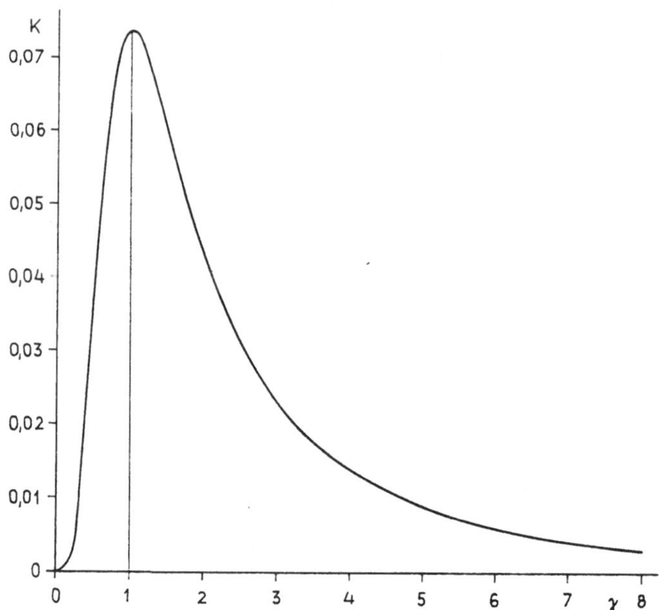

Abb. 1.1: Statistische Krümmung $K(\gamma)$ für $N(\mu;\gamma\mu)$

Dabei ist $\bar{X}$,

$$(1.2.6) \qquad \bar{X} := \frac{1}{n} \sum_{i=1}^{n} X_i \ ,$$

das arithmetische Mittel der Stichprobe und S^2,

$$(1.2.7) \qquad S^2 := \frac{1}{n-1} \sum_{i=1}^{n} (X_i - \bar{X})^2 = \frac{1}{n-1} \left(\sum_{i=1}^{n} X_i^2 - \left(\sum_{i=1}^{n} X_i \right)^2 / n \right)$$

die empirische Varianz.

Die für μ *suffiziente Statistik*, - auch *erschöpfende Statistik* genannt, zur Definition vgl. KENDALL/STUART II, Abschn. 17.31 oder FERGUSON, S. 112 ff -, ist aus $L(\underline{X}|\mu)$ ablesbar. Die suffiziente Statistik T lautet:

$$(1.2.8) \qquad \begin{aligned} T &:= X_1 & \text{für} \quad n = 1 \\ T &:= (\Sigma X_i;\ \Sigma X_i^2) & \text{für} \quad n \geq 2 \\ \text{bzw.} \quad T &:= (\bar{X},\ S^2) & \text{für} \quad n \geq 2 \end{aligned}$$

$T = (\bar{X},\ S^2)$ stellt im Fall $n \geq 2$ ebenfalls eine suffiziente Statistik dar, weil bei jeder umkehrbar eindeutigen Abbildung im zwei-

dimensionalen Raum von T die Eigenschaft der Suffizienz erhalten
bleibt, vgl. hierzu KENDALL/STUART II, Abschn. 17.34.

Suffizienz von T bedeutet, daß T genausoviel Information über den
Parameter μ beinhaltet wie der Stichprobenvektor $\underline{X}$. Insoweit kann
man also im Fall $n \geq 2$ ohne Informationsverlust den n-dimensionalen
Stichprobenraum auf die zweidimensionale Statistik T reduzieren.
Da der Fall n = 1 zu trivialen Lösungen des Rückschlußproblems führt,
wird im folgenden stets nur der Fall $n \geq 2$ behandelt.

Gemäß dem Verfahren aus KENDALL/STUART II, Abschn. 23.15 ist leicht
nachweisbar, daß T *minimalsuffizient* ist; man sagt auch: T ist
notwendig und hinreichend, zur Definition vgl. FERGUSON, S. 132.
Das bedeutet, daß es für $n \geq 2$ keine eindimensionale suffiziente
Statistik gibt; eine Reduktion der Dimension von T würde einen Informationsverlust zur Folge haben.

Wegen

$$E\bar{X}^2 = \text{var } \bar{X} + (E\bar{X})^2 = (\gamma\mu)^2/n + \mu^2$$

und

$$ES^2 = \sigma^2 = (\gamma\mu)^2$$

gilt

$$(1.2.9) \qquad E(n\gamma^2\bar{X}^2 - (\gamma^2 + n)S^2) \equiv o \quad \text{für alle } \mu \, .$$

Es gibt also eine nicht identisch verschwindende Funktion von T ,
deren Erwartungswert unabhängig von μ Null ist. Demnach ist T keine *vollständige* Statistik; zu Definition und Eigenschaften vgl. KEN-
DALL/STUART II, Abschn. 23.9 ff. oder FERGUSON, 132 ff. Demnach sind
hier Sätze und Verfahren, die auf der Eigenschaft der Vollständigkeit
basieren, nicht anwendbar.

Formt man die minimal suffiziente Statistik um zu

$$(1.2.10) \qquad T = (V,Z) \quad \text{mit} \quad V = \sqrt{\Sigma X_i^2}/\gamma \quad \text{und} \quad Z = n\bar{X}/(\gamma\sqrt{\Sigma X_i^2}) \, ,$$

so läßt sich die gemeinsame Dichte von V und Z gemäß HINKLEY (1977)
faktorisieren in der Form

$$(1.2.11) \qquad f(v,z|\mu) = f(z) \cdot f(v|z;\mu) \, .$$

Hier ist Z eine sog. *"ancillary statistic"*; zur Definition vgl.
KENDALL/STUART II, Abschn. 23.37 bzw. COX/HINKLEY(1974), S. 32. Aus
der Faktorisierung ersieht man, daß die dimensionslose Statistik Z

keine Information über μ beinhaltet, während dagegen die Statistik
V unter der Bedingung $Z = z$ für μ suffizient ist. Nachfolgend
wird V daher "bedingt suffiziente Statistik" genannt, - vgl. COX/
HINKLEY (1974), S. 32 -, und als solche mit V_z bezeichnet. Mit
V_z lassen sich also auch bedingte Rückschlußverfahren konstruieren.

2. Punktschätzung

Das Problem der Punktschätzung von μ bzw. einer Funktion $\eta(\mu)$ von
μ ist in der Literatur bereits sehr ausführlich behandelt und zum
Teil schon fast erschöpfend gelöst. Die Ergebnisse der meist unabhängig voneinander und in weniger zugänglichen Zeitschriften erschie-
nenen Arbeiten werden hier zusammenfassend referiert und verglichen.

Die Erörterungen dieses Abschnitts sind gleichzeitig als Vorstufe zu
den Ausführungen über das Testen und die Intervallschätzung zu sehen;
denn gute Schätzfunktionen sind im allgemeinen auch gute Testgrößen.
Daher werden hier, - soweit möglich -, auch die Verteilungsfunktionen
der Schätzgrößen hergeleitet.

In Abschnitt 2.1 wird die Problemstellung durch Angabe einer Verlustfunktion und durch Einschränkung auf eine problemadäquate Klasse
von Schätzfunktionen aus entscheidungstheoretischer Sicht präzisiert.
In den Abschnitten 2.2 bis 2.7 werden mit den "klassischen" Kon-
struktionsmethoden, - Maximum-Likelihood-Methode, Methode der kleinsten Quadrate, Momenten-Methode, Linearkombinationen von Momenten bzw.
Order Statistics -, Schätzfunktionen hergeleitet.
Abschnitt 2.8 erörtert die risikominimale äquivariante Schätzfunktion und Abschnitt 2.9 die Schätzung durch die bedingt suffiziente
Statistik.

Die Schätzfunktionen werden jeweils bei ihrer Darstellung und dann
noch einmal zusammenfassend in Abschnitt 2.10 hinsichtlich ihrer
Vor- und Nachteile verglichen und zwar exakt für kleinen Stichproben-
umfang und asymptotisch in n und γ . Es wird auch der Genauigkeits-
gewinn angegeben, der durch die Information "γ bekannt" erzielbar ist.

Wesentlich neu sind hier nur die Ausführungen über die Kleinste-Quadrate-Schätzung in Abschnitt 2.3 bzw. 2.7 und in Abschnitt 2.9
die Darstellung der formalen Zusammenhänge zwischen bedingt suffizien-
ter Statistik und der risikominimalen äquivarianten Schätzfunktion.

2.1 BEURTEILUNGSKRITERIEN UND EIGENSCHAFTEN VON SCHÄTZFUNKTIONEN

2.1.1 VERLUSTFUNKTION BZW. RISIKOFUNKTION, RAO-CRAMER-SCHRANKEN

Um eine Schätzfunktion $D = D(X_1,\ldots,X_n)$ für μ hinsichtlich ihrer
"Schätzgüte" zu charakterisieren, und um mehrere Schätzfunktionen ver-

8

gleichbar zu machen, benötigt man eine sog. *Verlustfunktion;* zur Definition vgl. FERGUSON, S. 1. Diese ist eigentlich auf eine jeweils konkret vorliegende Schätzsituation spezifisch anzupassen. Im Gegensatz
dazu wird man allgemeine Erörterungen wie hier an einer "situations-
neutralen" Verlustfunktion durchführen müssen. Als solche wird in der
Statistik üblicherweise die quadratische Verlustfunktion betrachtet
und zwar entweder in der Form des quadrierten <u>absoluten</u> Schätzfehlers,

$$(2.1.1) \qquad V_A = V_A(D,\mu) = (D-\mu)^2$$

oder in der Form des quadrierten <u>relativen</u> Schätzfehlers,

$$(2.1.2) \qquad V_R = V_R(D,\mu) = V_A(D,\mu)/\mu^2 = [(D-\mu)/\mu]^2 \; .$$

Die durch die zugehörigen *Risikofunktionen,* zur Definition vgl. FER-
GUSON, S. 7.

$$A(\mu) := A_D(\mu) := EV_A(D,\mu)$$

bzw.

$$R(\mu) := R_D(\mu) := EV_R(D,\mu)$$

gegebenen Beurteilungskriterien für Schätzfunktionen sind äquivalent
zu denen der "klassischen" Statistik: Für *verzerrte,* d.h. nichterwar-
tungstreue Schätzfunktionen mit der *Verzerrung* (engl.: *bias*) $e(\mu) :=$
$ED-\mu \neq o$ stimmt $A(\mu)$ bzw. $R(\mu)$ mit dem *mittleren absoluten* bzw.
relativen quadratischen Fehler von D überein.

Es gilt also

$$(2.1.3) \qquad A(\mu) = E(D-\mu)^2 = \text{var } D + e^2(\mu) \quad \text{mit} \quad e(\mu) := e_D(\mu) := ED-\mu,$$

$$(2.1.4) \qquad R(\mu) = A(\mu)/\mu^2$$

Im Spezialfall erwartungstreuer, also unverzerrter Schätzfunktionen
gilt daher wegen $e(\mu) = ED-\mu \equiv o$:

$$(2.1.5) \qquad A(\mu) = \text{var } D \qquad\qquad \text{für} \quad ED = \mu$$

$$(2.1.6) \qquad R(\mu) = \text{var } D/\mu^2 \qquad\qquad \text{für} \quad ED = \mu \, ,$$

so daß $A(\mu)$ bzw. $R(\mu)$ mit der Varianz bzw. dem quadrierten Variationskoeffizienten von D übereinstimmt.

Wegen $R(\mu) = A(\mu)/\mu^2$ ist eine bezüglich V_A optimale Schätzfunktion gleichzeitig auch optimal bezüglich V_R . In diesem Sinne sind $A(\mu)$ und $R(\mu)$ äquivalent.

Mit der bekannten Formel für die Rao-Cramer-Schranke, - vgl. KENDALL/ STUART II, Abschn. 17.15 -,

$$A(\mu) = E(D-\mu)^2 \geq e^2(\mu) - (1 + \frac{de(\mu)}{d\mu})^2 / E(\partial^2 \log L / \partial \mu^2)$$

ergibt sich hier für die Likelihoodfunktion L aus (1.2.5) die Ungleichung

$$(2.1.7) \qquad A(\mu) \geq e^2(\mu) + (1 + \frac{de(\mu)}{d\mu})^2 \cdot \frac{\gamma^2 \mu^2}{n} \cdot \frac{1}{1+2\gamma^2} \cdot$$

Es gibt also keine Schätzfunktion D , deren Risikofunktion $A(\mu)$ diese Schranke unterschreitet.

Für erwartungstreue Schätzfunktionen ist $e(\mu) \equiv o$ und $A(\mu) = \operatorname{var} D$, - vgl. (2.1.5) -, und somit erhält man aus (2.1.7) die Rao-Cramer-Schranke für $\operatorname{var} D$, vgl. auch KHAN (1968):

$$(2.1.8) \qquad \operatorname{var} D \geq \frac{\gamma^2 \mu^2}{n} \cdot \frac{1}{1+2\gamma^2} =: RC(\mu) \qquad \text{für} \quad ED = \mu \; .$$

Häufig wird die Güte einer erwartungstreuen Schätzfunktion durch die sog. *Effizienz,* - auch *Wirksamkeit* genannt, - gemessen:

$$(2.1.8a) \qquad \operatorname{Eff} D := \frac{RC(\mu)}{\operatorname{var} D} \leq 1 \; .$$

Da die Dichte $f(x|\mu)$ nicht zur Exponentialfamilie gehört, sind bei der Schätzung von μ die Schranken in (2.1.7) und (2.1.8) nicht erreichbar, vgl. KENDALL/STUART II, Abschn. 17.12 ff.. Hier wie im folgenden treten γ^2 und n häufig in der Kombination als Quotient

$$(2.1.9) \qquad \nu := n/\gamma^2$$

auf, der die Rolle einer fiktiven Probengröße spielt. Gemäß (2.1.9) wirkt sich eine Halbierung von γ genau so aus wie eine Vervierfachung des Probenumfangs.

Die quadratische Verlustfunktion V_A bzw. V_R ist bei der Schätzung von μ bewußt oder implizit von allen Autoren gewählt worden, da dann die Risikofunktion $A(\mu)$ bzw. $R(\mu)$ mit den Beurteilungskriterien der klassischen Statistik übereinstimmt und weil das Problem der Minimierung von $A_D(\mu)$ durch geeignete Wahl von D gerade im Fall der Normalverteilung zu vergleichsweise einfachen Lösungen führt. Außerdem wird die quadratische Verlustfunktion gewöhnlich bei der Schätzung von Mittelwerten verwendet. Der hier zu schätzende Parameter μ besitzt jedoch gleichzeitig zwei verschiedene Eigenschaften: einerseits ist μ Erwartungswert und damit ein Mittelwert, andererseits ist μ gemäß Abschnitt 1.2 aber auch Skalenparameter.

Bezüglich dieses <u>positiven</u> Skalenparameters ist das "situationsneutrale" V_A eigentlich aus methodischer Sicht nicht problemadäquat: V_A bewertet nämlich Unterschätzungen und Überschätzungen symmetrisch, obwohl wegen der durch $\mu > o$ bestehenden Asymmetrie des Parameterraumes eine Unterschätzung stärker zu bewerten wäre als eine gleichgroße Überschätzung; vgl. STENGER (1979). Es soll hier jedoch nur auf quadratische Verlustfunktionen eingegangen werden.

2.1.2 BILDUNG EINER GEEIGNETEN SCHÄTZFUNKTIONENKLASSE

2.1.2.1 SUFFIZIENZ

Der n-dimensionale Stichprobenraum kann hier ohne Informationsverlust auf den zweidimensionalen Raum der suffizienten Statistik T reduziert werden. Wegen der Minimalsuffizienz von T ist eine weitere Reduktion der Dimension nicht möglich. Infolgedessen sind alle Schätz- bzw. Testfunktionen als Funktionen von $(\Sigma X_i ; \Sigma X_i^2)$ bzw. $(\bar{X} ; S^2)$ zu bilden.
Dabei ist es häufig angenehmer, mit den unabhängigen Größen $\bar{X}$ und S^2 als mit den korrelierten Größen ΣX_i und ΣX_i^2 zu arbeiten.

Da V_A eine konvexe Fubktion von D mit der Eigenschaft $V_A(D,\mu) \to \infty$ für $|D| \to \infty$ ist, so bildet die Gesamtheit aller *nichtrandomisierten,* von T abhängigen Schätzfunktionen eine (bezüglich der Klasse Δ aller randomisierten Schätzfunktionen) *wesentlich vollständige Klasse* Δ_T ; vgl. FERGUSON, S. 79. Man braucht daher nur Schätzfunktionen aus Δ_T zu betrachten.

2.1.2.2 ÄQUIVARIANZ UND INVARIANZ

Da μ ein Skalenparameter ist, soll die Struktur des Schätzproblems bei Skalentransformationen, also beim Übergang von X zu $X' = kX$, $k > o$, erhalten bleiben. Dies bedeutet insbesondere: Falls $D = D(X_1, \ldots, X_n)$ eine Schätzfunktion für μ ist, soll $D(X'_1, \ldots, X'_n)$ eine Schätzfunktion für den transformierten Parameter $EX' = kEX = k\mu$ darstellen.

Daraus ergibt sich für D die Forderung

$$(2.1.10) \qquad D(kX_1,\ldots,kX_n) = kD(X_1,\ldots,X_n); \qquad k > o,$$

d.h. D soll der Klasse Δ_I der sogenannten *äquivarianten Schätz-funktionen* entstammen; vgl. ZACKS (1971), S. 318 ff., Alle nachstehend erörterten Schätzfunktionen sind äquivariant. Setzt man in (2.1.10) speziell $k = 1/\mu$, so ergibt sich daraus und aus der Tatsache, daß die Verteilung von $X_i^* := X_i/\mu$ unabhängig von μ ist:

$$(2.1.11) \qquad E(D(X_1,\ldots,X_n)) = \mu \underbrace{E(D(X_1^*,\ldots,X_n^*))}_{=:~e} = e\mu$$

$$(2.1.12) \qquad \mathrm{var}(D(X_1,\ldots,X_n)) = \mu^2 \underbrace{\mathrm{var}(D(X_1^*,\ldots,X_n^*))}_{=:~v^2} = v^2\mu^2$$

$$(2.1.13) \qquad A(\mu) = \mathrm{var}\,D + (ED-\mu)^2 = \mu^2[v^2 + (e-1)^2]$$

$$(2.1.14) \qquad R(\mu) = A(\mu)/\mu^2 = v^2 + (e-1)^2 =: R\ ,$$

wobei e bzw. v^2 von μ unabhängige Konstanten sind. Entsprechend läßt sich auch die Rao-Cramer-Schranke (2.1.7) mit Hilfe von v und e schreiben.

Fordert man neben der Äquivarianz von D auch noch die *Invarianz* des Entscheidungsproblems bezüglich Skalentransformationen, so muß für die Verlustfunktion V gelten:

$$(2.1.15) \qquad V(kD,k\mu) = V(D,\mu)\ ; \qquad k \geq o\ .$$

Diese Forderung wird von V_R, nicht jedoch von V_A erfüllt; hierin liegt also ein wesentlicher Unterschied zwischen V_R und V_A . Die Skaleninvarianz von V_R hat zur Folge, daß $R(\mu) \equiv R$ unabhängig von μ ist.

2.1.2.3 POSITIVITÄT

Wegen der Voraussetzung $\mu > o$ ist es sinnvoll zu fordern, daß D positiv ist, d.h.

$$(2.1.16) \qquad D \in \Delta_P \quad \mathrm{mit} \quad \Delta_P = \{D : D > o\}\ .$$

Einige der nachstehend beschriebenen Schätzmethoden liefern Schätz-funktionen D mit $D \notin \Delta_P$. Für diese tritt eine Realisation $D \leq o$ allerdings nur dann auf, wenn in der Stichprobe "sehr viele" X_i mit $X_i \leq o$ sind. Wegen

$$(2.1.17) \qquad W(X_i \leq o) = W\left(\frac{X_i - \mu}{\gamma \mu} \leq -1/\gamma\right) = \Phi(-1/\gamma) \ ,$$

wobei $\Phi(\cdot)$ die Verteilungsfunktion der Standardnormalverteilung be-zeichnet, nimmt die Wahrscheinlichkeit für negative Stichprobenvariab-le mit kleiner werdendem γ ab. Für $\gamma \leq 1/3$ gilt z.B. $W(X_i < o) \leq \Phi(-3) = 0,0013$. Gleichzeitig ist $\mu - 3\sigma = \mu - 3\gamma\mu \geq o$; der sog. "6σ-Bereich", d.h. das Intervall zwischen $\mu - 3\sigma$ und $\mu + 3\sigma$ liegt also ganz auf der positiven Halbachse. Nun wird aber bei der Normalverteil-lung der 6σ-Bereich von Praktikern als der Bereich angesehen, in dem "fast alle" Werte der Normalverteilung liegen. Insoweit ist also für $\gamma \leq 1/3$ das Auftreten von $X_i \leq o$ ein "seltenes" Ereignis. Falls $ED = \mu$ und $\mathrm{var}\, D = (1/n) \cdot \mathrm{const}$ gilt, d.h. wenn D eine konsistente Schätzfunktion für μ ist, siehe auch Abschnitt 2.1.2.4 , dann gilt asymptotisch

$$\lim_{n \to \infty} W(D \leq O) = O,$$

d.h. bei solchen Schätzfunktionen ist das Auftreten negativer Schätz-werte asymptotisch ein fast unmögliches Ereignis.
Falls jedoch bei einem praktischen Problem das Merkmal nur positive Werte annehmen kann, paßt die Modellannahme "Normalverteilung" nicht für $\gamma \gtrsim 1/3$, da dann der durch (2.1.17) gegebene Modellfehler zu groß wird. Das Problem der richtigen Modellwahl und der Überprüfung der Modellvoraussetzungen wird in Abschnitt 4 noch ausführlich erörtert.

2.1.2.4 KONSISTENZ

Von Schätzfunktionen verlangt man i.a., daß sie zur Klasse Δ_K der *konsistenten Schätzfunktionen* gehören, für die gilt:

$$(2.1.18) \qquad \lim_{n \to \infty} W(|D - \mu| \leq \varepsilon) = 1, \qquad\qquad \varepsilon > o.$$

Im folgenden werden daher nur Schätzfunktionen $D \in \Delta_K$ betrachtet. Hinreichende Bedingung für $D \in \Delta_K$ ist bekanntlich, vgl. KENDALL/ STUART II, Abschn. 17.7:

(2.1.19) $\lim\limits_{n\to\infty} ED = \mu$ und $\lim\limits_{n\to\infty} \text{var } D = o$

oder äquivalent dazu

(2.1.20) $\lim\limits_{n\to\infty} R(\mu) = o$.

Im Fall "kleiner" Stichproben ist die Konsistenz bedeutungslos.

2.1.2.5 ERWARTUNGSTREUE

In vielen konkreten Schätzsituationen wird von der Anwendungsseite
aus eine Einschränkung auf die Klasse Δ_E der erwartungstreuen Schätzfunktionen D_E gefordert:

(2.1.21) $D_E \in \Delta_E : ED_E = \mu$ bzw. $e(\mu) = ED_E - \mu = o$.

Für $D_E \in \Delta_E$ hat $A(\mu)$ bzw. $R(\mu)$ die spezielle Form (2.1.5) bzw.
(2.1.6).

Die Erwartungstreue wird jedoch aus der Sicht der Entscheidungstheorie
als methodisch ungerechtfertigte Einschränkung betrachtet. Daher stellt
sich die Frage, wie man aus einer erwartungstreuen äquivarianten
Schätzfunktion D_E , die innerhalb einer Klasse $\Delta_U \subset \Delta_E \cap \Delta_I$ optimal,
d.h. varianzminimal ist, eine bezüglich $A(\mu)$ optimale Schätzfunktion
ohne die Restriktion der Erwartungstreue finden kann. Diese Frage wird
durch den elementaren, ohne Beweis mitgeteilten Satz 2.1 beantwortet.

Satz 2.1:

Sei $\Delta_U \subset \Delta_E \cap \Delta_I$, und $D_E^* \in \Delta_U$ sei innerhalb von Δ_U die Schätzfunktion mit der kleinsten Varianz. Wegen der Äquivarianz von D_E^*
läßt sich var D_E^* in der Gestalt var $D_E^* = (v^*)^2 \mu^2$ schreiben, vgl.
(2.1.12) . Dann ist innerhalb von $\Delta_O \supset \Delta_U$ mit Elementen der Form
$D = kD_E^*$, $k \in \mathbb{R}^+$, die Schätzfunktion $D^* \in \Delta_O$ mit dem kleinsten
quadratischen Fehler gegeben durch

(2.1.22) $D^* = k^* D_E^*$ mit $k^* = \dfrac{1}{1+(v^*)^2}$

Für D^* gilt:

(2.1.23) $ED^* = k^* \mu$

14

(2.1.24) $\mathrm{var}\ D^* = (k^*)^2\ \mathrm{var}\ D_E^* = (k^*v^*\mu)^2$

(2.1.25) $A^* = E(D^*-\mu)^2 = k^*\ \mathrm{var}\ D_E^* = k^*(v^*\mu)^2$

Gilt $\lim\limits_{n\to\infty} \mathrm{var}\ D_E^* = o$, d.h. ist D_E^* konsistent, so gilt $\lim\limits_{n\to\infty} k^* = 1$,
d.h. D^* stimmt asymptotisch mit D_E^* überein.

2.1.3 SCHÄTZUNG VON FUNKTIONEN DES ERWARTUNGSWERTES

Die Schätzung des Parameters μ selbst - im Gegensatz zur Schätzung
einer Funktion $\eta(\mu)$ von μ - ist aus praktischer Sicht besonders
auch deshalb von Bedeutung, weil μ nicht nur Skalenparameter sondern auch Erwartungswert von X ist.
Wegen der Beziehung $\sigma = \gamma\mu$, γ bekannt, ist eine Schätzfunktion
für μ gleichzeitig auch als Schätzfunktion für die Standardabweichung σ verwendbar.

Parallel zur Schätzung von μ wird hier auch die gelegentlich benötigte Schätzung der Varianz $\sigma^2 = \gamma^2\mu^2$ bzw. ganzzahliger Potenzen
μ^r behandelt. Andere Funktionen $\eta(\mu)$ von μ werden nicht erörtert. Zur Schätzung von σ^2 gehört für die Dichte (1.2.1) bei quadratischer Verlustfunktion $V_A(\sigma^2)$ die Rao-Cramer-Schranke für die
Schätzfunktion D mit der Verzerrung $e(\sigma^2) = ED-\sigma^2$

$$(2.1.26)\qquad A(\sigma^2) \geq e^2(\sigma^2) + \left(1 + \frac{de(\sigma^2)}{d\sigma^2}\right)^2 \cdot \frac{4\gamma^2\sigma^4}{n(1+2\gamma^2)}\ ,$$

die im Spezialfall der Erwartungstreue, $e(\sigma^2) \equiv o$, übergeht in

$$(2.1.27)\qquad \mathrm{var}\ D \geq \frac{4\gamma^2\sigma^4}{n(1+2\gamma^2)}\ =:\ RC(\sigma^2)\ .$$

Analog zu (2.1.8a) ist die Effizienz einer erwartungstreuen Schätzfunktion D von σ^2 definiert:

$$(2.1.28)\qquad \mathrm{Eff}(D) = \frac{RC(\sigma^2)}{\mathrm{var}\ D}\ .$$

Die Äquivarianzforderung lautet hier:

$$(2.1.29)\qquad D(kX_1,\ldots,kX_n) = k^2 D(X_1,\ldots,X_n)\ ;\qquad k > o\ .$$

Die anderen Eigenschaften der Abschnitte 2.1.1 und 2.1.2 übertragen sich entsprechend. In analoger Weise kann man auf Schätzungen von
μ^r bzw. σ^r erweitern.

2.2 MAXIMUM-LIKELIHOODSCHÄTZUNG

Aus der Likelihoodfunktion L in (1.2.5) erhält man die Bestimmungsgleichung für den $\underline{\text{M}}$aximum-$\underline{\text{L}}$ikelihood-Schätzer $\hat{\mu} = \hat{\mu}_{ML}$:

$$(2.2.1) \qquad \frac{\partial \log L}{\partial \mu}\Big|_{\mu=\hat{\mu}} = -\frac{n}{\hat{\mu}} + \frac{1}{\gamma^2\hat{\mu}^2}\left[\Sigma\left(x_i^2/\hat{\mu}\right) - \Sigma x_i\right] \overset{!}{=} o \ .$$

Durch Auflösen der entstehenden quadratischen Gleichung findet man, vgl. auch WEILER (1958) bzw. KHAN (1968):

$$(2.2.2) \qquad \hat{\mu}_{ML} = \hat{\mu} = \left[- \bar{X} \ (\overset{+}{\text{-}}) \ \underbrace{\sqrt{\bar{X}^2 + 4\gamma^2 \ \Sigma x_i^2/n}}_{=: \ W}\right] / (2\gamma^2) \quad .$$

Unabhängig vom Vorzeichen von $\bar{X}$ ergibt sich wegen $W > |\bar{X}|$:

$$(2.2.3) \qquad -\bar{X}-W \leq o \quad \text{und} \quad -\bar{X}+W \geq o \quad .$$

Da für den positiven Parameter μ nur Schätzungen $\hat{\mu}_{ML} \geq o$ sinnvoll sind, findet hier das negative Wurzelzeichen keine Anwendung. An der Stelle $\mu=\hat{\mu}_{ML}$ besitzt L ein relatives Maximum, denn es gilt:

$$(2.2.4) \qquad \frac{\partial^2 \log L}{\partial \mu^2}\Big|_{\mu=\hat{\mu}} = \frac{-n\gamma^2\hat{\mu}^2-(n-1)\cdot S^2-n\bar{X}^2}{\gamma^2\hat{\mu}^4} < o \quad .$$

Die ML-Schätzung besitzt bekanntlich, - vgl. KENDALL/STUART II, Abschnitt 18.14 -, die Eigenschaft, daß $\xi(\hat{\mu})$ eine ML-Schätzung für $\xi(\mu)$ ist. Speziell ist also $\hat{\mu}_{ML}^2$ bzw. $\gamma^2\hat{\mu}_{ML}^2 = \hat{\sigma}_{ML}^2$ eine Schätzung für μ^2 bzw. σ^2 .

Die Maximum-Likelihood-Methode liefert für $n\to\infty$ bekanntlich $\underline{\text{b}}$este $\underline{\text{a}}$symptotisch $\underline{\text{n}}$ormalverteilte Schätzfunktionen (sog. *BAN-Schätzer* ; vgl. KENDALL/STUART, Abschn. 19.22 f.), für die gilt:

(1)   Konsistenz und damit asymptotische Erwartungstreue

(2)   Asymptotische Wirksamkeit

(3)   Asymptotische Normalverteilung

Konkret hat man hier also $\lim \hat{\mu}_{ML}=\mu$ gemäß (1) , und gemäß (2) ist $\lim \text{var} \ \hat{\mu}_{ML}=RC(\mu)$ mit $RC(\mu)$ aus (2.1.8) . Mit der Bezeichnung "$\overset{d}{=}$" für "verteilt wie" bzw. "$\overset{d}{\doteq}$" für "asymptotisch verteilt wie" lassen sich die Eigenschaften (1) bis (3) für $\hat{\mu}_{ML}$ aus (2.2.2) komprimiert schreiben in der Form:

$$(2.2.5) \qquad \hat{\mu}_{ML} \overset{d}{=} N(\mu; (\gamma\mu/\sqrt{n}) / \sqrt{1+2\gamma^2})$$

Wie man aus (2.2.2) erkennt, ist die exakte Verteilungsfunktion von $\hat{\mu}$ sehr kompliziert gebaut. Sie entsteht aus der Faltung von $\bar{X}$ mit der Wurzel W , wobei der Radikand eine quadratische Form der X_i ist, und außerdem $\bar{X}$ und W abhängige Zufallsvariable sind. Erwartungswert, Varianz und Mittlerer quadratischer Fehler bestimmen sich aus:

$$(2.2.6) \qquad E\hat{\mu}_{ML} = (EW - E\bar{X})/(2\gamma^2) = (EW - \mu)/(2\gamma^2) \quad,$$

$$(2.2.7) \qquad \text{var } \hat{\mu}_{ML} = (EW^2 + E\bar{X}^2 - 2E(\bar{X}W))/(4\gamma^4) - (E\hat{\mu}_{ML})^2$$

$$(2.2.8) \qquad E(\hat{\mu}_{ML} - \mu)^2 = (E\hat{\mu}_{ML} - \mu)^2 + \text{var } \hat{\mu}_{ML}$$

Für die hier auftretenden Terme EW und $E(\bar{X}W)$ geben JOSHI/SATHE (1976) - leider ohne Beweis bzw. Zitat -, folgende Darstellung:

$$(2.2.9) \qquad EW = 2(4\gamma^2) \frac{\mu}{\sqrt{\nu}} \varphi(\sqrt{\nu}) \sum_{h=0}^{\infty} \frac{\Gamma\left(h+\frac{1}{2}\right)\Gamma(h+1+f/2)}{\Gamma(h+1)\Gamma(h+(1+f)/2)} \left(\frac{1}{4\gamma^2+1}\right)^{h+1/2}$$
$$\cdot M(-h; 1/2; -2n)$$

$$(2.2.10) \qquad E(\bar{X}W) = 4(4\gamma^2)^2 \frac{\mu^2}{\sqrt{\nu}} \varphi(\sqrt{\nu}) \sum_{h=0}^{\infty} \frac{\Gamma\left(h+\frac{3}{2}\right)\Gamma(h+2+f/2)}{\Gamma(h+1)\Gamma(h+(3+f)/2)} \left(\frac{1}{4\gamma^2+1}\right)^{h+3/2}$$
$$\cdot M(-h; 3/2; -2n) \quad,$$

wobei $f = n-1$ und $\varphi(x)$ die Dichte der Standard-Normalverteilung ist; $M(a;b;x)$ ist die *konfluente hypergeometrische Funktion*, vgl. ABRAMOWITZ/STEGUN (1964), Abschn. 13.

In JOSHI/SATHE ist $R(\mu) = E(\hat{\mu}_{ML} - \mu)^2$ für einige Wertekombinationen (n,γ) exakt angegeben, vgl. auch Abschn. 2.10. Die entsprechenden in GOVINDARAJULU/SAHAI (1972) simulierten Werte stimmen damit bis auf wenige Ausnahmen sehr gut überein.

GLESER/HEALY (1976) weisen nach, daß $\hat{\mu}_{ML}$ in der Klasse der äquivarianten Schätzer bezüglich V_R *unzulässig ist*,- zur Definition vgl. FERGUSON, S. 54 -, da die Verzerrung in Richtung auf den Ursprung nicht stark genug ist, vgl. auch Formel (2.8.17) von Abschnitt 2.8.

Als Testgröße ist $\hat{\mu}_{ML}$ bei kleinen Stichproben wegen der komplizierten Verteilungsstruktur nicht praktikabel.

2.3. METHODE DER KLEINSTEN QUADRATE

Das zur $N(\mu;\gamma\mu)$ passende Fehlermodell für X_i ist

$$(2.3.1) \qquad X_i = \mu(1+\varepsilon_i) \quad \text{bzw.} \quad \varepsilon_i = (X_i-\mu)/\mu;$$

ε_i ist dabei $N(0;\gamma)$ und stellt den relativen Schätzfehler von X_i dar. Sinnvollerweise sucht man daher diejenige Schätzfunktion $\hat{\mu}_{KQ}$, welche die relative Fehlerquadratsumme $SQ(\mu)$ bezüglich $\hat{\mu}$ minimiert:

$$(2.3.2) \qquad SQ(\hat{\mu}) = \Sigma((X_i-\hat{\mu})/\hat{\mu})^2 = \Sigma(X_i/\mu-1)^2 \overset{!}{\underset{\mu}{\to}} Min .$$

Die Funktion $SQ(\hat{\mu})$ stimmt in ihrer Struktur mit dem Exponenten in der Likelihoodfunktion $L(\underline{X}|\mu)$ überein.
Aus $\partial SQ/\partial\hat{\mu}=0$ erhält man

$$(2.3.3) \qquad \hat{\mu}_{KQ} = \frac{\Sigma X_i^2}{\Sigma X_i} = \frac{(n-1)S^2 + n\bar{X}^2}{n\bar{X}} .$$

Daraus ergibt sich mit dem empirischen Variationskoeffizienten $C:=S/\bar{X}$ die Darstellung

$$(2.3.3a) \qquad \hat{\mu}_{KQ} = \bar{X}\left(1 + \frac{n-1}{n} C^2\right) .$$

Für große n hat man daher

$$(2.3.3b) \qquad \hat{\mu}_{KQ} \doteq \bar{X}(1+C^2) ; \qquad C = S/\bar{X} ,$$

wobei das Zeichen "$\doteq$" als "asymptotisch gleich" zu lesen ist.

Da $\bar{X}$ negativ werden kann, gehört $\hat{\mu}_{KQ}$ nicht zu Δ_P gemäß (2.1.16). Die exakte Verteilungsfunktion von $\hat{\mu}_{KQ}$ hat einen komplizierten Aufbau. Der Zähler von $\hat{\mu}_{KQ}$ ist im wesentlichen nichtzentral χ^2-verteilt, - vgl. hierzu Abschnitt A 4 -,

$$\Sigma X_i^2 \overset{d}{=} (\gamma\mu)^2 \chi_n'^2(\nu) \qquad \text{mit} \quad \nu = n/\gamma^2 .$$

Demnach gilt mit (A 4.8) und (A 4.9):

$$E(\Sigma X_i^2) = (\gamma\mu)^2(n+\nu) ; \qquad var(\Sigma X_i^2) = 2(\gamma\mu)^4(n+2\nu) .$$

18

Der Nenner ist normalverteilt :

$$\Sigma X_i \overset{d}{=} N(n\mu;\ \sqrt{n}\gamma\mu)\ .$$

Zähler und Nenner sind abhängig mit dem Korrelationskoeffizienten

$$(2.3.4)\qquad \rho(\Sigma X_i^2;\ \Sigma X_i) = 2/\sqrt{4+2\gamma^2}\ .$$

Die Korrelation ist unabhängig von n , für $\gamma \to 0$ gilt $\rho \to 1$ und für $\gamma \to \infty$ gilt $\rho \to 0$.

Als Testgröße ist $\hat{\mu}_{KQ}$ bei kleinen Stichproben wegen der komplizierten Struktur der Verteilungsfunktion nicht praktikabel. Für großes n oder kleines γ , d.h. für großes $\nu=n/\gamma^2$ sind die Variationskoeffizienten von ΣX_i^2 und ΣX_i nahe bei 0 . Gemäß den Näherungsformeln für Erwartungswerte und Varianzen von Quotienten, vgl. STANGE (1970), S. 175 erhält man dann:

$$(2.3.5)\qquad E\hat{\mu}_{KQ} \doteq \mu(1+\gamma^2)$$

$$(2.3.6)\qquad \mathrm{var}\ \hat{\mu}_{KQ} \doteq \frac{\gamma^2\mu^2}{n}\ (1+\gamma^2)^2\left[1-\frac{2\gamma^2}{(1+\gamma^2)^2}\right]$$

Wegen $\lim \mathrm{var}\ \hat{\mu}_{KQ}=0$ und $\lim E\hat{\mu}_{KQ}\neq\mu$ für $n\to\infty$ ist $\hat{\mu}_{KQ}$ nicht konsistent. Jedoch bildet $\hat{\mu}_{KQ}/(1+\gamma^2)$ eine konsistente Schätzung mit der Varianz

$$(2.3.7)\qquad \mathrm{var}\ (\hat{\mu}_{KQ}/(1+\gamma^2)) \doteq \frac{\gamma^2\mu^2}{n}\left[1-\frac{2\gamma^2}{(1+\gamma^2)^2}\right] < \frac{\gamma^2\mu^2}{n} = \mathrm{var}\ \bar{X}$$

Für großes ν ist also $\hat{\mu}_{KQ}/(1+\gamma^2)$ asymptotisch wirksamer als $\bar{X}$.

Die asymptotische Verteilungsfunktion $F(y)$ von $\hat{\mu}_{KQ}/\mu$ ist indirekt mit Hilfe der Verteilungsfunktion Φ der Standardnormalverteilung darstellbar.
Für große ν gilt $W(\Sigma X_i<0)=\Phi(-\sqrt{\nu}) \doteq 0$; daher hat man

$$(2.3.8)\qquad F(y) = W\!\left(\frac{1}{\mu}\frac{\Sigma X_i^2}{\Sigma X_i} \leq y\right) \doteq W\!\left(\underbrace{\frac{1}{\mu}\Sigma X_i^2-y\Sigma X_i}_{=:D} \leq 0\right) = W(D \leq 0)\ ;\quad y\geq 0.$$

$y\Sigma X_i$ ist $N(n y\mu;\ \sqrt{n}y\gamma\mu)$; $\frac{1}{\mu}\Sigma X_i^2$ ist gemäß (A 4.10) für große n asymptotisch $N(n\mu(\gamma^2+1);\ \gamma\mu\sqrt{2n(\gamma^2+2)})$. Unter Berücksichtigung von (2.3.4) hat man daher

$$D \overset{d}{=} N(n\mu[1+\gamma^2-y];\ \sqrt{n}\gamma\mu\ \sqrt{(y-2)^2+2\gamma^2})$$

und man erhält

$$(2.3.9) \qquad F(y) \doteq \Phi\left(-\sqrt{\nu} \cdot \frac{1+\gamma^2-y}{\sqrt{(y-2)^2+2\gamma^2}}\right) .$$

Diese asymptotische Formel ist im Fall kleiner Stichproben leider
nicht verwertbar.

2.4 χ^2-MINIMUM-METHODE

Die χ^2-Minimum-Methode, vgl. KENDALL/STUART II, Abschn. 19.25, hat
gute asymptotische Eigenschaften, da sie ebenfalls BAN -Schätzer liefert, vgl. hierzu auch Abschnitt 2.2 . Sie soll hier jedoch außer
acht bleiben, da bei ihrer Anwendung die Daten klassifiziert werden
müssen, was im Fall kleiner Stichproben nicht sinnvoll ist. Es käme
außerdem wegen der geeignet zu wählenden Klassengrenzen eine zusätz-
liche unerwünschte Komplikation hinzu.

2.5. MOMENTENMETHODE

Bei der Momentenmethode, - vgl. KENDALL/STUART II, Abschn. 18.36 -,
werden die Stichprobenmomente als Schätzungen für die entsprechenden
theoretischen Momente der Verteilung verwendet. Man erhält hier:

	empirisches Moment	entsprechendes theoretisches Moment
(2.5.1)	$\bar{X} = \frac{1}{n} \sum_{i=1}^{n} X_i$	$\int_{-\infty}^{\infty} x f(x\mid\mu)dx = \mu$
(2.5.2)	$\frac{1}{n} \sum_{i=1}^{n} X_i^2$	$\int x^2 f(x\mid\mu)dx = \mu^2(1+\gamma^2)$
(2.5.3)	$\hat{S}^2 = \frac{1}{n} \sum_{i=1}^{n} (X_i-\bar{X})^2$	$\int (x-\mu)^2 f(x\mid\mu)dx = \sigma^2 = \gamma^2\mu^2$

Man erhält also mit den ersten beiden Momenten im wesentlichen jeweils
eine Komponente der minimal suffizienten Statistik $T = (\Sigma X_i; \Sigma X_i^2)$ bzw.
$T = (\bar{X}; S^2)$ mit $S^2 = n\hat{S}^2/(n-1)$, vgl. (1.2.7) .

In den Abschnitten 2.5.1 bis 2.5.6 werden Varianz und Verteilungsfunktion für die aus $\bar{X}$, S^2 und ΣX_i^2 gebildeten erwartungstreuen

Tabelle 2.1

	Schätzfunktion D_E	$E D_E$	var D_E	Effizienz	Verteilung
1	$\gamma^2 \bar{X}^2 / (1+1/\nu)$	σ^2	$2\sigma^4 (1-\nu^2/(1+\nu)^2)$	$\dfrac{1}{n} \cdot \dfrac{2\gamma^2}{(1+2\gamma^2)} / (1-\nu^2/(1+\nu)^2)$	$\sigma^2 \cdot \chi_1'^2(\nu)/(1+\nu)$
2	S^2	σ^2	$2\sigma^4/(n-1)$	$\dfrac{n-1}{n} \cdot \dfrac{2\gamma^2}{1+2\gamma^2}$	$\sigma^2 \cdot \chi_f^2/f$
3	$(1+\gamma^2)^{-1} \Sigma X_i^2/\nu$	σ^2	$\dfrac{2\sigma^4}{n}(1-(1+\gamma^2)^{-2})$	$\dfrac{2\gamma^2}{1+2\gamma^2} \cdot \dfrac{1}{1-(1+\gamma^2)^{-2}}$	$\dfrac{\gamma^2}{1+\gamma^2} \cdot \dfrac{\sigma^2}{n} \chi_n'^2(\nu)$
4	$\bar{X}$	μ	σ^2/n	$1/(1+2\gamma^2)$	$N(\mu;\sigma/\sqrt{n})$
5	$S/(a_n\gamma)$	μ	$b_n^2\sigma^2/(a_n^2\gamma^2)$	$\dfrac{a_n^2}{2nb_n^2} \cdot \dfrac{2\gamma^2}{1+2\gamma^2}$	$\dfrac{\sigma}{a_n\gamma} \cdot \dfrac{\chi_f}{\sqrt{f}}$
6	$\sqrt{\Sigma X_i^2}/(\gamma\mu)^2/e$	μ	$(\sigma^2/\gamma^2)((n+\nu)/e^2-1)$	$\dfrac{\gamma^2}{n} \cdot \dfrac{1}{1+2\gamma^2} \cdot \dfrac{e^2}{n+\nu-e^2}$	$\chi_n'(\nu)/e$

Anmerkung: $\nu = n/\gamma^2$; $\qquad a_n := E(\chi_{n-1}/\sqrt{n-1})$, vgl. (2.5.25) und (2.5.29);

$\qquad\qquad b_n^2 := 1-a_n^2$; vgl. (2.5.26) und (2.5.29); $\qquad e := E\chi_n'(\nu)$; vgl. (2.5.34)

$\qquad\qquad$ Rao-Cramer-Schranke für μ: $\dfrac{\sigma^2}{n} \cdot \dfrac{1}{1+2\gamma^2}$; vgl. (2.1.8)

$\qquad\qquad$ Rao-Cramer-Schranke für σ^2: $\dfrac{2\sigma^4}{n} \cdot \dfrac{2\gamma^2}{1+2\gamma^2}$; vgl. (2.1.27)

Schätzungen von σ^2 bzw. μ hergeleitet und in Tabelle 2.5.1 übersichtlich zusammengestellt. Dort wird zusätzlich noch die Effizienz (Wirksamkeit) angegeben. Die Ergebnisse von Tabelle 2.5.1 sind zum Teil auch bei GOVINDARAJULU/SAHAI (1972) zu finden.

2.5.1 SCHÄTZUNG VON σ^2 MIT $\bar{\bar{X}}^2$

Aus der Umformung

$$(2.5.4) \qquad \left(\frac{\bar{\bar{X}}}{\gamma\mu}\sqrt{n}\right)^2 = \left(\frac{\bar{\bar{X}}}{\mu}\sqrt{\nu}\right)^2 = \left(\underbrace{\frac{\bar{X}-\mu}{\mu}\sqrt{\nu}}_{=:U} + \sqrt{\nu}\right)^2 = (U + \sqrt{\nu})^2 \ ,$$

wobei $U \overset{d}{=} N(o;1)$ gilt, erkennt man mit der Definition (A 4.1):

$$(2.5.5) \qquad (\sqrt{\nu}\ \bar{X}/\mu)^2 \overset{d}{=} \chi_1'^2(\nu) \ .$$

Daraus folgt mit (A 4.8) und (A 4.9):

$$(2.5.6) \qquad E(\sqrt{\nu}\ \bar{X}/\mu)^2 = 1+\nu$$

$$(2.5.7) \qquad \text{var}\ (\sqrt{\nu}\ \bar{X}/\mu)^2 = 2(1+2\nu)$$

bzw.

$$(2.5.8) \qquad E(\gamma^2\bar{\bar{X}}^2/(1+1/\nu)) = \sigma^2$$

$$(2.5.9) \qquad \text{var}\ (\gamma^2\bar{\bar{X}}^2/(1+1/\nu)) = 2\sigma^4\left[1- \left(\frac{\nu}{1+\nu}\right)^2\right] \ ,$$

oder asymptotisch für großes ν, d.h. großes n oder kleines γ

$$(2.5.9a) \qquad \text{var}\ (\gamma^2\bar{\bar{X}}^2/(1+1/\nu)) \overset{\cdot}{=} 4\sigma^4/\nu \ .$$

2.5.2 SCHÄTZUNG VON σ^2 MIT $S^2 = \Sigma(X_i-\bar{X})^2/(n-1)$

Bekanntlich gilt:

$$(2.5.10) \qquad f\ S^2/\sigma^2 \overset{d}{=} \chi_f^2 \quad \text{mit}\ f = n-1 \ ,$$

bzw. gemäß (A 3.11)

(2.5.11) $f\,S^2/\sigma^2 \overset{d}{=} G(f/2\,;\,2)$.

Demnach ist mit (A 3.5) bzw. (A 3.6):

(2.5.12) $E\,S^2 = \sigma^2 \equiv \gamma^2\mu^2$

(2.5.13) $\mathrm{var}\,S^2 = 2\sigma^4/f$; $f = n-1$

2.5.3 SCHÄTZUNG VON σ^2 MIT $\frac{1}{n}\,\Sigma X_i^2$

Aus der Umformung

$$(2.5.14)\qquad \sum_{i=1}^{n}\left(X_i/(\gamma\mu)\right)^2 = \sum_{i=1}^{n}\left(\underbrace{\frac{X_i-\mu}{\gamma\mu} + \frac{1}{\gamma}}_{=:U_i}\right)^2 = \sum_{i=1}^{n}\left(U_i + 1/\gamma\right)^2 \;,$$

wobei $U_i \overset{d}{=} N(o;1)$ gilt, folgt mit der Definition (A 4.1):

(2.5.15) $\Sigma X_i^2/(\gamma\mu)^2 \overset{d}{=} \chi_n'^2(\nu)$.

Daraus ergibt sich mit (A 4.8) und (A 4.9):

(2.5.16) $E(\Sigma X_i^2/(\gamma\mu)^2) = n(1+1/\gamma^2) = n+\nu$

(2.5.17) $\mathrm{var}\,(\Sigma X_i^2/(\gamma\mu)^2) = 2n(1+2/\gamma^2) = 2n+4\nu$

bzw.

(2.5.18) $E\!\left(\dfrac{\gamma^2}{1+\gamma^2}\cdot\dfrac{1}{n}\cdot\Sigma X_i^2\right) = E(\Sigma X_i^2/(n+\nu)) = \sigma^2$

(2.5.19) $\mathrm{var}\!\left(\dfrac{\gamma^2}{1+\gamma^2}\cdot\dfrac{1}{n}\cdot\Sigma X_i^2\right) = \dfrac{2\sigma^4}{n}\left[1-\dfrac{1}{(1+\gamma^2)^2}\right]$

oder asymptotisch für kleines γ

(2.5.19a) $\mathrm{var}\!\left(\dfrac{\gamma^2}{1+\gamma^2}\cdot\dfrac{1}{n}\cdot\Sigma X_i^2\right) \doteq 4\sigma^4/\nu$.

Die mit ΣX_i^2 und $\bar{X}^2$ gebildeten erwartungstreuen Schätzfunktionen sind also gemäß (2.5.9a) und (2.5.19a) für kleine γ asymptotisch äquivalent.

2.5.4 SCHÄTZUNG VON μ MIT $\bar{X}$

Bekanntlich gilt:

$$(2.5.20) \qquad \bar{X} \overset{d}{=} N(\mu; \sigma/\sqrt{n}) = N(\mu; \mu/\sqrt{\nu}) \ ,$$

$$(2.5.21) \qquad U := \sqrt{\nu}(\bar{X}-\mu)/\mu \overset{d}{=} N(0;1) \ ,$$

$$(2.5.22) \qquad E\bar{X} = \mu \ ,$$

$$(2.5.23) \qquad \mathrm{var}\,\bar{X} = \sigma^2/n = \mu^2/\nu \ .$$

$\bar{X}$ gehört nicht zur Klasse Δ_p positiver Schätzfunktionen.

2.5.5 SCHÄTZUNG VON μ MIT S

Aus (2.5.10) folgt

$$(2.5.24) \qquad S/\sigma \overset{d}{=} \chi_f/\sqrt{f} \ ; \ f = n-1 \ .$$

Dichte bzw. Verteilungsfunktion von χ_f sind durch Variablensubstitution aus (A 3.1) bzw. (A 3.2) herleitbar, vgl. auch STANGE (1970), S. 296. Mit Hilfe der Dichte von $\chi_f^2 \overset{d}{=} G(f/2; 2)$, siehe (A 3.11), findet man, vgl. STANGE (1970), S. 299

$$(2.5.25) \qquad a_n := E(\chi_f/\sqrt{f}) = \sqrt{\tfrac{2}{f}} \ \frac{\Gamma((f+1)/2)}{\Gamma(f/2)} \ ; \ f = n-1$$

$$(2.5.26) \qquad b_n^2 := \mathrm{var}(\chi_f/\sqrt{f}) = 1-a_n^2 \ .$$

Demzufolge ist $S/(a_n\gamma)$ eine Schätzfunktion für μ mit

$$(2.5.27) \qquad E(S/(a_n\gamma)) = \mu \ ,$$

$$(2.5.28) \qquad \mathrm{var}(S/(a_n\gamma)) = b_n^2\sigma^2/(a_n^2\gamma^2) = b_n^2\mu^2/a_n^2 \ .$$

Für großes n bzw. großes f gilt, vgl. STANGE (1970), S. 301

$$(2.5.29) \qquad a_n \doteq 1-1/(4f) \ ; \ b_n^2 \doteq 1/(2f)$$

und

$$(2.5.30) \quad \chi_f/\sqrt{f} \overset{d}{\mp} N(a_n; b_n) \quad ,$$

sodaß

$$(2.5.31) \quad S/(a_n\gamma) \mp S/\gamma \overset{d}{\cong} N(\mu; \mu/\sqrt{2f}) \quad .$$

2.5.6 SCHÄTZUNG VON μ MIT $\sqrt{\Sigma X_i^2}$

Mit (2.5.15) ist

$$(2.5.32) \quad V/\mu := \sqrt{\Sigma(X_i/(\gamma\mu))^2} \overset{d}{\cong} \chi'_n(\lambda) \quad \text{mit} \quad \lambda = \nu \quad .$$

Dichte bzw. Verteilungsfunktion von $\chi'_n(\lambda)$ sind durch Variablensubstitution aus der Dichte $f(t|n;\lambda)$ von $\chi'^2_n(\lambda)$, vgl. (A 4.3) , herleitbar. Aus (A 4.3) findet man durch die hier zulässige Vertauschung von Integration und Summation und mit der Definition der Gammafunktion

$$(2.5.33) \quad e := E(V/\mu) = E\chi'_n(\lambda) = \int_0^\infty \sqrt{t} \; f(t|n;\lambda) \, dt$$

$$= \int_0^\infty \sqrt{t} \; \sum_{j=0}^\infty \frac{e^{-\lambda/2}}{j!} (\lambda/2)^j \underbrace{\frac{1}{2^{j+n/2}\Gamma(j+n/2)} \; t^{n/2+j-1} e^{-t/2}}_{= \, f(t|n+2j; \lambda=0)} \, dt$$

$$= \sqrt{2} \; e^{-\lambda/2} \frac{\Gamma\left(\frac{n+1}{2}\right)}{\Gamma\left(n/2\right)} \sum_{j=0}^\infty \frac{(\lambda/2)^j}{j!} \frac{\Gamma\left(\frac{n+1}{2} + j\right)}{\Gamma\left(\frac{n}{2} + j\right)} \frac{\Gamma\left(\frac{n}{2}\right)}{\Gamma\left(\frac{n+1}{2}\right)} \quad .$$

Mit der Definition der konfluenten hypergeometrischen Funktion $M(a;b;z)$, ABRAMOWITZ/STEGUN, Abschn. 13, hat man dann

$$(2.5.34) \quad e = E(V/\mu) = E\chi'_n = \sqrt{2} \; e^{-\lambda/2} \frac{\Gamma((n+1)/2)}{\Gamma(n/2)} M\left(\frac{n+1}{2} ; \frac{n}{2} ; \frac{\lambda}{2}\right) \quad .$$

Eine andere Darstellung von e wird in Abschnitt 2.9 hergeleitet. $\mathrm{var}\,(V/\mu)$ ergibt sich mit Hilfe von (A 4.8):

$$(2.5.35) \quad \mathrm{var}(V/\mu) = \mathrm{var}\,\chi'_n = E\chi'^2_n - e^2 = n+\nu-e^2 \quad .$$

Gemäß (2.5.33) und (2.5.35) hat man dann

(2.5.36) $E(V/e) = \mu$,

(2.5.37) $var(V/e) = \mu^2((n+\nu)/e^2-1)$.

Eine Approximation für die Verteilung von $V/\mu = \chi'_n$ erhält man mit der sogenannten Patnaik-Näherung, vgl. (A 4.12) . Demnach ist asymptotisch für großes ν :

$$(2.5.38) \qquad (V/\mu)^2 \equiv \Sigma X_i^2/(\gamma\mu)^2 \overset{d}{=} {\chi'_n}^2(\nu) \overset{\cdot}{=} c\chi_f^2$$

mit

$$(2.5.39) \qquad c = \frac{\gamma^2+2}{\gamma^2+1} \quad \text{und} \quad f = \frac{n(1+\gamma^2)^2}{\gamma^2(\gamma^2+2)} = \frac{n}{1-(1+\gamma^2)^{-2}} \quad .$$

Für

$$(2.5.40) \qquad (V/\mu) \overset{d}{=} \chi'_n(\nu) \overset{d}{\doteqdot} \sqrt{c}\, \chi_f = \sqrt{cf}(\chi_f/\sqrt{f})$$

ergibt sich daraus mit (2.5.25) , (2.5.26) und (2.5.29) für große n:

$$(2.5.41) \qquad e = E\chi'_n(\nu) \overset{\cdot}{=} \sqrt{cf}\, E(\chi_f/\sqrt{f}) = \sqrt{cf} \cdot a_n \overset{\cdot}{=} \sqrt{\nu}\, \sqrt{1+\gamma^2}$$

$$(2.5.42) \qquad var\, \chi'_n(\nu) \overset{\cdot}{=} cf \cdot var(\chi_f/\sqrt{f}) = cf \cdot b_n^2 \overset{\cdot}{=} cf/(2f) = c/2$$

Diese asymptotischen Näherungen stimmen mit denen überein, die man aus (2.5.16) und (2.5.17) mit Hilfe der asymptotischen Formeln für Erwartungswert und Varianz einer Wurzel erhält, vgl. STANGE (1970), S. 168.

Aus (2.5.41) und aus (2.5.42) mit (2.5.39) folgt weiter:

$$(2.5.43) \qquad E\left(\sqrt{\frac{1}{1+\gamma^2}} \cdot \frac{1}{n} \Sigma X_i^2\right) \overset{\cdot}{=} \mu \quad ,$$

$$(2.5.44) \qquad var\left(\sqrt{\frac{1}{1+\gamma^2}} \cdot \frac{1}{n} \Sigma X_i^2\right) \overset{\cdot}{=} \frac{1}{2} \cdot \frac{\gamma^2+2}{(\gamma^2+1)^2} \cdot \frac{\sigma^2}{n} \quad . \quad .$$

2.5.7 WIRKSAMKEITSVERGLEICH DER SCHÄTZFUNKTIONEN AUS 2.5.1 BIS 2.5.6

Nachstehend wird mit E_i, $i = 1,\ldots,6$ die Wirksamkeit (Effizienz), - vgl. (2.1.8a) und (2.1.28) -, für die Schätzfunktionen aus den Abschnitten 2.5.1 bis 2.5.6 bezeichnet und ein Wirksamkeitsvergleich durchgeführt.

Die Formeln für die Wirksamkeiten E_i sind aus Tabelle 2.1 zu entnehmen. Allgemein zeigt sich dabei: Die Schätzung für μ und die zugehörige Schätzung für σ^2 besitzen asymptotisch in n die gleiche Wirksamkeit. Die wichtigsten Eigenschaften sind im einzelnen:

$$E_1 := \mathrm{Eff}(\gamma^2\bar{X}^2/(1+1/\nu)) \quad \text{und} \quad E_4 := \mathrm{Eff}(\bar{X})$$

E_4 ist unabhängig von n. E_4 wächst monoton für fallendes γ und es gilt:

$$(2.5.45) \qquad \lim_{\gamma\to 0} E_4 = 1 \quad , \quad \lim_{\gamma\to\infty} E_4 = O \ .$$

Im Gegensatz zu E_4 ist E_1 von n abhängig und für festes n nicht monoton in γ. Ein Minimum von E_1 liegt bei $\gamma^2 = 4n^2-3n$. E_1 besitzt bei festem n die Grenzwerte:

$$(2.5.46) \qquad \lim_{\gamma\to 0} E_1 = 1 \quad , \quad \lim_{\gamma\to\infty} E_1 = 1/n \ .$$

Bei festem γ gilt für $n\to\infty$

$$(2.5.47) \qquad \lim_{n\to\infty} E_1 = 1/(1+2\gamma^2) = E_4 \ .$$

$$E_2 := \mathrm{Eff}(S^2) \quad \text{und} \quad E_5 := \mathrm{Eff}(S/(a_n\gamma))$$

Im Gegensatz zu E_4 fallen E_2 und E_5 monoton für abnehmendes γ und es gelten die Grenzwerte:

$$(2.5.48) \qquad \lim_{\gamma\to 0} E_2 = O \quad , \quad \lim_{\gamma\to\infty} E_2 = (n-1)/n \quad ,$$

$(2.5.49) \quad \lim_{\gamma \to 0} E_5 = 0 \quad , \quad \lim_{\gamma \to \infty} E_5 = a_n^2 / (2nb_n^2) \ .$

Bei festem γ gilt:

$$\lim_{n \to \infty} E_2 = \lim_{n \to \infty} E_5 = 2\gamma^2 / (1+2\gamma^2).$$

Daraus folgt mit $(2.5.47)$:

$(2.5.50) \quad \lim_{n \to \infty} (E_1 + E_2) = 1 \ ,$

$(2.5.51) \quad \lim_{n \to \infty} (E_4 + E_5) = 1 \ ,$

d.h. für große n ergänzen sich die Wirksamkeiten von $\bar{X}^2$ und S^2 bzw. von $\bar{X}$ und S zu 1 . Diese Eigenschaft wird in Abschnitt 2.6 ausgenützt.

$$E_3 := \mathrm{Eff}\left((1+\gamma^2)^{-1} \Sigma X_i^2 / \nu\right) \quad \text{und} \quad E_6 := \mathrm{Eff}\left(\sqrt{\Sigma X_i^2 / (\gamma\mu)^2} / e\right)$$

E_3 ist unabhängig von n , aber nicht monoton in γ . Ein Minimum von E_3 liegt bei $\gamma=1$ mit dem Wert

$(2.5.52) \quad E_3 = 8/9 \quad \text{für} \quad \gamma=1 \ .$

Es gelten die Grenzwerte:

$(2.5.53) \quad \lim_{\gamma \to 0} E_3 = 1 \quad \text{und} \quad \lim_{\gamma \to \infty} E_3 = 1 \ .$

E_3 bzw. E_6 sind demnach nur schwach von γ abhängig. Daß die geringste Wirksamkeit bei $\gamma=1$ erzielt wird, hängt vermutlich mit der für $\gamma=1$ maximalen statistischen Krümmung zusammen; vgl. Abschnitt 1.2.
Die Sonderrolle von ΣX_i^2 in der Verwendung als bedingt suffiziente Statistik, vgl. Abschnitt 1.2 , wird in den Abschnitten 2.9 bzw. 2.8 noch ausführlich erörtert.

Aus dem Quotienten

$$(2.5.54) \quad E_3 / E_2 = \frac{1 + 1/(n-1)}{1 - (1/(1+\gamma^2))^2} > 1$$

ersieht man, daß σ^2 durch die mit ΣX_i^2 gebildete Schätzfunktion für alle n und γ wirksamer geschätzt wird als durch S^2 , und zwar umso wirksamer, je kleiner n und je kleiner γ ist.

2.5.8 BILDUNG EINER POSITIVEN SCHÄTZFUNKTION FÜR μ AUS $\bar{X}$

Unter den Schätzfunktionen der Tabelle 2.1 kann $\bar{X}$ als einzige negativ werden und zwar mit der Wahrscheinlichkeit $\Phi(-\sqrt{\nu})$. Zur Behebung dieses Nachteils konstruieren JOSHI/SATHE (1976) aus $\bar{X}$ Schätzfunktionen $\bar{X}_h$ der Bauart:

$$(2.5.55) \qquad \bar{X}_h = \bar{X}_h(h_1,h_2) = \begin{cases} h_1\bar{X} & \text{für} \quad \bar{X} \geq 0 \\ -h_2\bar{X} & \text{für} \quad \bar{X} < 0 \end{cases} .$$

Aus diesen wird die erwartungstreue, varianzoptimale Schätzfunktion $\bar{X}_+ := \bar{X}_h(h_1^+,h_2^+)$ gesucht. Das Varianzminimum v^+ ,

$$v^+ = \underset{(h_1,h_2)}{\text{Min}} \{\text{var } \bar{X}_h \,|\, E\bar{X}_h = \mu\} = \text{var } \bar{X}_+ ,$$

ist kleiner als var $\bar{X}$, da $\bar{X}$ mit $h_1=1$ und $h_2=-1$ ebenfalls ein erwartungstreuer Schätzer aus der Klasse (2.5.55) ist. Es ist gemäß JOSHI/SATHE

$$(2.5.56) \qquad h_1^+ = \frac{q}{q_1 p_1} > 0 \quad ; \quad h_2^+ = \frac{q-1}{q_1 p_2} > 0 \quad ;$$

$$(2.5.57) \qquad v^+ = (1/q_1 - 1)\mu^2$$

mit den abkürzenden Bezeichnungen

$$(2.5.58) \qquad \nu = n/\gamma^2 \quad ,$$

$$(2.5.59) \qquad q = \varphi(\sqrt{\nu})/\sqrt{\nu} + \Phi(\sqrt{\nu}) \quad ,$$

$$(2.5.60) \qquad p_1 = 1 + \Phi(\sqrt{\nu})/\nu \quad ; \quad p_2 = 1 - p_1 + 1/\nu \quad ,$$

$$(2.5.61) \qquad q_1 = q^2/p_1 + (q-1)^2/p_2 \quad .$$

Demnach ist $W(\bar{X}_+ > 0) = 1$, d.h. $\bar{X}_+$ ist fast sicher positiv.

Für $\nu \to 0$, d.h. für $\gamma \to \infty$ gilt

$$(2.5.62) \qquad \lim_{\gamma\to\infty} h_1^+ = 0 \quad ; \quad \lim_{\gamma\to\infty} h_2^+ = 0 \; .$$

Für $\nu\to\infty$, d.h. für $n\to\infty$ oder $\gamma\to 0$ gilt:

$$(2.5.63) \qquad \lim_{\nu\to\infty} h_1^+ = 1 \quad ; \quad \lim_{\nu\to\infty} h_2^+ = \infty \; .$$

Die Verteilungsfunktion $F(t)$ von $\bar{X}_+/\mu$ ist

$$(2.5.64) \qquad F(t) = W(\bar{X}_+/\mu \leq t) = W(-t/h_2^+ \leq \bar{X}/\mu \leq t/h_1^+)$$

$$= \Phi((t/h_1^+ - 1)\sqrt{\nu}) - \Phi(-(t/h_2^+ + 1)\sqrt{\nu})$$

Für großes ν ergibt sich daraus mit (2.5.63) und mit dem Grenzwert $\lim\limits_{\nu\to\infty} \sqrt{\nu}/h_2^+ = 0$:

$$(2.5.65) \qquad F(t) \doteq \Phi((t-1)\sqrt{\nu}) \; ,$$

d.h. $F(t)$ stimmt für große ν asymptotisch mit der Verteilungsfunktion von $\bar{X}/\mu$ überein. Für großes ν sind also $\bar{X}$ und $\bar{X}_+$ asymptotisch äquivalente Schätzfunktionen.

2.6. BLUE-SCHÄTZUNG AUS DEN KOMPONENTEN DER MINIMAL SUFFIZIENTEN STATISTIK

Hier wird zunächst der nachstehend benötigte Satz 2.2 (ohne den elementaren Beweis) mitgeteilt.

<u>Satz 2.2</u>

Seien D_1 und D_2 unkorrelierte (oder unabhängige), erwartungstreue Schätzfunktionen für die Potenz σ^r des Skalenparameters σ . Bei Gültigkeit der Äquivarianzeigenschaft,

$$D_i(kX_1,\ldots,kX_n) = k^r D_i(X_1,\ldots,X_n), \quad i = 1,2,$$

hat man $\mathrm{var}\, D_i = v_i \sigma^{2r}$, mit den von σ unabhängigen Konstanten v_i . Daraus folgt für die lineare unverzerrte Schätzfunktion

$$(2.6.1) \qquad L_E := a\, D_1 + (1-a)\, D_2 .$$

mit der gleichmäßig in σ kleinsten Varianz (*BLUE-Schätzung* aus D_1 und D_2 für σ^r):

$$(2.6.2) \qquad a = \frac{\text{var } D_2}{\text{var } D_1 + \text{var } D_2} = \frac{v_2}{v_1+v_2} \quad , \quad o<a<1$$

$$(2.6.3) \qquad \text{var } L_E = a \text{ var } D_1 = (1-a) \text{ var } D_2 = [v_1 v_2/(v_1+v_2)]\sigma^{2r} \quad .$$

Wegen $o<a<1$ gilt

$$(2.6.3a) \qquad \text{var } L_E < \text{var } D_1 \quad \text{und} \quad \text{var } L_E < \text{var } D_2 \quad .$$

Für die lineare Schätzfunktion $L^* = k^* L_E$ mit dem gleichmäßig in σ kleinsten quadratischen Fehler R^* gilt, vgl. hierzu auch Satz 2.1 aus Abschnitt 2.1.2.5:

$$(2.6.4) \qquad L^* = k^* L_E = k^* (aD_1 + (1-a) D_2) =: b_1 D_1 + b_2 D_2$$

mit

$$(2.6.5) \qquad k^* = 1/(1+av_1) = 1/(1+v_1 v_2/(v_1+v_2))$$

$$(2.6.6) \qquad b_1 = a/(1+av_1) = v_2/(v_1+v_2+v_1 v_2) \quad ,$$

$$(2.6.7) \qquad b_2 = (1-a)/(1+av_1) = v_1/(v_1+v_2+v_1 v_2) \quad ,$$

$$(2.6.8) \qquad R^* = k^* \text{var } L_E/\sigma^{2r} = v_1 v_2/(v_1+v_2+v_1 v_2) \quad ,$$

$$(2.6.9) \qquad \text{var}(L^*/\sigma^r) = EL^* R^* = v_1 v_2 (v_1+v_2)/(v_1+v_2+v_1 v_2)^2 \quad .$$

Für die Wirksamkeit bei der Schätzung von σ^r gilt:

$$(2.6.10) \qquad \text{Eff}(L_E) = \text{Eff}(D_1) + \text{Eff}(D_2) \quad .$$

Hat man eine weitere Schätzfunktion D_3 mit den gleichen Eigenschaften wie D_1 und D_2 und unkorreliert (oder unabhängig) von D_2, jedoch mit $\text{var } D_3 = v_3 \sigma^{2r} < \text{var } D_1$, so gilt für die BLUE-Schätzung $\hat{L}_E$ aus D_2 und D_3, $\hat{L}_E := \hat{a}D_3 + (1-\hat{a})D_2$, bzw. für das zu (2.6.4) analoge $\hat{L}^* := \hat{k}^* \hat{L}_E$:

$$(2.6.11) \qquad \text{var } \hat{L}_E < \text{var } L_E \quad ,$$

$$(2.6.12) \qquad R(\hat{L}^*) < R(L^*) \quad \text{für} \quad \hat{L}^* = \hat{k}^* \hat{L}_E \quad ,$$

d.h. $\hat{L}_E$ bzw. $\hat{L}*$ sind bessere Schätzungen von σ^r als L_E bzw. $L*$. Man sagt auch, $\hat{L}$ *dominiert* L , und L ist bezüglich der Verlustfunktion V aus (2.1.1) bzw. (2.1.2) *unzulässig* , vgl. FERGUSON, S. 54.

Die Voraussetzungen dieses Satzes sind für $\bar{X}$ und $S/(a_n\gamma)$ bzw. für S^2 und $\gamma^2\bar{X}^2/(1+1/\nu)$ erfüllt. Wegen (2.5.50/51) und (2.6.10) sind die aus diesen Schätzfunktionen gemäß Satz 2.2 gebildeten BLUE-Schätzungen asymptotisch wirksamst. Sie werden in den Abschnitten 2.6.1 und 2.6.2 untersucht.

2.6.1 BLUE-SCHÄTZUNG VON μ AUS $\bar{X}$ UND S

Wendet man den Satz 2.2 bei der Schätzung des Skalenparameters μ auf die unabhängigen Größen $D_1 := \bar{X}$ und $D_2 := S/(a_n\gamma)$ aus Tabelle 2.1 an, so findet man für

$$(2.6.13) \qquad P := a\bar{X} + (1-a)\, S/(a_n\gamma)$$

die Ergebnisse in Tabelle 2.2. , vgl. auch KHAN (1968), mit dem Koeffizienten a

$$(2.6.14) \qquad a := nb_n^2/(a_n^2\gamma^2 + nb_n^2) \quad .$$

Das Ergebnis einer hier nicht dargestellten Analyse des Koeffizienten $a = a(n,\gamma)$ lautet:

$\qquad\qquad$ a nimmt bei fallendem γ monoton zu ,
$\qquad\qquad$ a nimmt bei wachsendem n monoton ab .
Speziell erhält man bei Limesbildung folgende Ergebnisse:

__Grenzübergang__ $\gamma\to 0$:

$$(2.6.15) \qquad \lim_{\gamma\to 0} a=1 \quad ,$$

$$(2.6.16) \qquad \lim_{\gamma\to 0} P=\bar{X} \quad ,$$

$$(2.6.17) \qquad \mathrm{Eff}(P) \doteq \mathrm{Eff}(\bar{X}) \doteq 1/(1+2\gamma^2) \to 1 \quad ,$$

Tabelle 2.2

Schätzfunktion L_E	EL_E	var L_E	Effizienz
$P := a\bar{X} + (1-a)S/(a_n\gamma)$ mit $\quad$ $o<a<1$; $a = \dfrac{nb_n^2}{a_n^2\gamma^2 + nb_n^2} = \dfrac{1}{1+(a_n/b_n)^2/\nu}$	μ	$a \cdot \dfrac{\sigma^2}{n} = a\mu^2/\nu$	$\dfrac{1}{a} \cdot \dfrac{1}{1+2\gamma^2}$
$Q := bS^2 + (1-b)\,\gamma^2\bar{X}^2/(1+1/\nu)$ mit $\quad$ $o<b<1$; $b = \dfrac{(n-1)\gamma^2\,(\gamma^2+2n)}{n(\gamma^4+2n\gamma^2+n)}$	σ^2	$b \cdot \dfrac{2\sigma^4}{n-1}$	$\dfrac{n-1}{n} \circ \dfrac{1}{b} \circ \dfrac{2\gamma^2}{1+2\gamma^2}$

Anmerkung: $\quad \nu = n/\gamma^2$

$a_n = E(\chi_{n-1}/\sqrt{n-1})$ $\quad$ vgl. (2.5.25) $\quad$; $\quad$ $a_n \doteq 1 - \dfrac{1}{4(n-1)}$ $\quad$ vgl. (2.5.29)

$b_n^2 = 1-a_n^2$ $\quad$ vgl. (2.5.26) $\quad$; $\quad$ $b_n^2 \doteq \dfrac{1}{2(n-1)}$ $\quad$ vgl. (2.5.29)

d.h. je kleiner γ , umso stärker wird $\bar{X}$ in P gewichtet und P ist asymptotisch wirksamst.

Grenzübergang $\gamma \to \infty$:

$$(2.6.18) \qquad \lim_{\gamma \to \infty} a = o \quad ,$$

$$(2.6.19) \qquad \lim_{\gamma \to \infty} P = S/(a_n \gamma) \quad ,$$

$$(2.6.20) \qquad \mathrm{Eff}(P) \doteq \mathrm{Eff}(S/(a_n \gamma)) \doteq \frac{a_n^2}{b_n^2} \cdot \frac{\gamma^2/n}{1+2\gamma^2} \to \frac{a_n^2}{b_n^2} \cdot \frac{1}{2n} \quad ,$$

d.h. je größer γ, umso weniger stark wird $\bar{X}$ in P gewichtet. Mit (2.5.29) erhält man hieraus weiter: $a_n^2/(2nb_n^2) \to 1$ für $n \to \infty$, d.h. für große n <u>und</u> γ wird P asymptotisch wirksamst.

Grenzübergang $n \to \infty$:

$$(2.6.21) \qquad \lim_{n \to \infty} a = \lim_{n \to \infty} \frac{1}{1+2\gamma^2 (a_n^2/(2nb_n^2))} = 1/(1+2\gamma^2)$$

$$(2.6.22) \qquad \mathrm{Eff}(P) \doteq 1 \quad ,$$

d.h. P ist asymptotisch wirksamst und zwar unabhängig von γ .

Wegen (2.5.20) und (2.5.31) und mit EP und var P aus Tabelle 2.2 gilt für die asymptotische Verteilung von P :

$$(2.6.23) \qquad P \overset{d}{\doteq} N(\mu; \sqrt{a}\gamma\mu/\sqrt{n}) \quad \text{mit} \quad a \doteq 1/(1+2\gamma^2) \quad .$$

Demnach und wegen (2.6.22) ist P wie die ML-Schätzung $\hat{\mu}_{ML}$ ein BAN-Schätzer; vgl. Abschnitt 2.2 .

Die exakte Verteilung von P wird nachstehend auf die nichtzentrale t-Verteilung, vgl. Abschnitt A 5 , zurückgeführt. Für die standardisierte Zufallsvariable

$$(2.6.24) \qquad U := \frac{P-\mu}{\sqrt{a}\mu} \sqrt{\nu}$$

erhält man nach einigen elementaren Umformungen:

(2.6.25) $F(t) = W(U \leq t)$

$$= W\left(\frac{\sqrt{n}(\bar{X}-\mu)/\sigma - (\sqrt{\nu}(1/a-1) + t/\sqrt{a})}{S/\sigma} \leq -\sqrt{\nu}\,\frac{1-a}{a}\cdot\frac{1}{a_n}\right)$$

$$= W\left(T_f(\delta) \leq -\sqrt{\nu}\,\frac{1-a}{a}\cdot\frac{1}{a_n}\right)$$

$$= \Psi\left(-\sqrt{\nu}\,\frac{1-a}{a}\cdot\frac{1}{a_n}\,\Big|\,f=n-1 \;\;;\;\; \delta= -\left(\sqrt{\nu}\,\frac{1-a}{a} + \frac{t}{\sqrt{a}}\right)\right) \quad .$$

Dabei ist $T_f(\delta)$ gemäß (A 5.1) nichtzentral t-verteilt mit dem Freiheitsgrad $f=n-1$, dem Nichtzentralitätsparameter δ und der Verteilungsfunktion $\Psi(x|f;\delta)$.

Wegen (2.6.23) gilt asymptotisch für große n:

(2.6.26) $F(t) \stackrel{\cdot}{=} \Phi(t)$,

d.h. $F(t)$ ist durch die Standardnormalverteilung approximierbar.

Da gemäß (2.6.15) für kleine γ der Koeffizient a Werte nahe bei 1 annimmt, der Einfluß von $\bar{X}$ in P also überwiegt, liegt die Vermutung nahe, daß dann die Approximation (2.6.26) bereits für kleine n verwendbar ist. Die Tabelle 2.3 zeigt für einige (n,γ) - Kombinationen die maximalen Abweichungen $|F(t) - \Phi(t)|$, die in der Umgebung von t=o auftreten.

Tabelle 2.3				
n	γ	ν	a	$\max\limits_{t} \; |F(t) - \Phi(t)|$
2	1/3	18	0,911	0.0017
2	1	2	0,533	0.0226
2	3	2/9	0,113	0.0667
5	1/3	45	0,856	0.0014
5	1	5	0,397	0.0130
5	3	5/9	0,068	0.0252

Man erkennt hieraus, daß die Abweichungen nur für große γ -Werte relevant werden. Mit wachsendem n werden jedoch die Abweichungen kleiner, unabhängig von γ , da sich dann die Verteilung von S gemäß (2.5.31) und damit auch die Verteilung von P rasch der Normalverteilung nähert.

Das Fazit der Tabelle 2.3 ist, daß man für $\gamma \gtrsim 1$ bzw. für $\nu = n/\gamma^2 \lesssim 2$ bei der Verwendung der Approximation (2.6.26) vorsichtig sein muß. Mit $\bar{X}$ kann auch P negativ werden und zwar wegen (2.6.24) bis (2.6.26) mit der Wahrscheinlichkeit

$$(2.6.27) \qquad W(P \leq 0) = W(U \leq -\sqrt{\nu/a}) \doteq \Phi(-\sqrt{\nu/a}) \quad .$$

Da stets $a < 1$ gilt, hat man

$$(2.6.28) \qquad W(P \leq 0) < W(\bar{X} \leq 0) = \Phi(-\sqrt{\nu}) \quad .$$

Die exakten Werte für $W(P < 0)$ sind für einige (n, γ) - Kombinationen der Tabelle 2.4 zu entnehmen.

Tabelle 2.4				
n	γ	ν	$W(P \leq 0)$	$W(\bar{X} \leq 0)$
2	1/3	18	$3.2 \ 10^{-6}$	$1.1 \ 10^{-5}$
5	1/3	45	$5.7 \ 10^{-14}$	$9.0 \ 10^{-12}$
2	1	2	$1.7 \ 10^{-2}$	$7.9 \ 10^{-2}$
3	1	3	$2.0 \ 10^{-3}$	$4.2 \ 10^{-2}$
5	1	5	$2.7 \ 10^{-5}$	$1.3 \ 10^{-2}$
20	1	20	$1.2 \ 10^{-8}$	$3.9 \ 10^{-6}$
2	3	$0,2\bar{2}$	$3.5 \ 10^{-2}$	0.319
3	3	$0,3\bar{3}$	$3.5 \ 10^{-3}$	0.282
5	3	$0,5\bar{5}$	$3.7 \ 10^{-5}$	0.228
20	3	$2,2\bar{2}$	$4.4 \ 10^{-6}$	0.068

Aus der Tabelle wird erkennbar, daß das Auftreten negativer Schätzungen P für μ sich nur dann praktisch bemerkbar macht, wenn $n \lesssim 4$ und $\gamma \gtrsim 3$ ist.

P wird durch

$$(2.6.29) \qquad P^* = k^* P$$

mit k^* gemäß Satz 2.1 dominiert; d.h. P ist unzulässig. GLESER/ HEALY (1976) zeigen, daß P^* durch den Schätzer $\text{pos}(P^*)$

$$(2.6.30) \qquad \text{pos}(P^*) = \begin{cases} P^* & \text{falls } P^* > 0 \\ 0 & \text{sonst} \end{cases}$$

dominiert wird, und somit P^* ebenfalls unzulässig ist.
Aus praktischer Sicht ist (2.6.30) im Fall $P<0$ genauso unbefriedigend wie die Schätzung P bzw. P^* . Praktikabler sind daher die Schätzer P_+ bzw. P_+^* von JOSHI/SATHE (1976):

$$(2.6.31) \qquad P_+ = a_+ \bar{X}_+ + (1-a_+) S/(a_n \gamma)$$

mit a_+ gemäß Satz 2.2 und $\bar{X}_+$ aus Abschnitt 2.5.8

bzw.

$$(2.6.32) \qquad P_+^* = k_+^* P_+$$

mit k_+^* gemäß Satz 2.1.

Mit $\bar{X}_+$ ist nämlich auch P_+ fast sicher positiv. Außerdem hat man wegen $\text{var } \bar{X}_+ < \text{var } \bar{X}$ aufgrund der Formeln (2.6.11) bzw. (2.6.12) von Satz 2.2:

$$(2.6.33) \qquad \text{var } P_+ < \text{var } P \quad \text{bzw.} \quad R(P_+^*) < R(P^*) \quad ,$$

d.h., P^* wird durch P_+^* dominiert.

Die Verteilungsfunktion $F_+(t)$ von P_+ läßt sich leicht herleiten. Wählt man zur Abkürzung die Bezeichnung

$$(2.6.34) \qquad c = a_+ \quad \text{und} \quad d = (1-a_+)/(a_n \gamma) \quad ,$$

so hat man zusammen mit (2.5.64)

$$(2.6.35) \qquad W((c\bar{X}_+ + dS)/\mu \leq t) = W(\bar{X}_+ \leq (t\mu - dS)/c)$$

$$= W\left(- \frac{t\mu - dS}{ch_2^+} \leq \bar{X} \leq \frac{t\mu - dS}{ch_1^+}\right) .$$

Daraus findet man durch analoge Umformung wie in (2.6.25)

$$(2.6.36) \quad W(P_+/\mu \leq t) =$$

$$= \psi\left(-\frac{d\sqrt{n}}{ch_1^+}\,|f\ ;\ -\left(\frac{t}{ch_1^+}-1\right)\sqrt{\nu}\right) - \psi\left(\frac{d\sqrt{n}}{ch_2^+}\,|f\ ;\ \left(\frac{t}{ch_2^+}+1\right)\sqrt{\nu}\right)\ .$$

Der Vollständigkeit halber sei abschließend die Arbeit von SEN (1979) zitiert, in der die verzerrte Schätzfunktion $\tilde{P} = \tilde{a}\bar{X}+(1-\tilde{a})\sqrt{(n-1)/n}S/\gamma$ untersucht und mit P aus (2.6.13) verglichen wird. Bezüglich des mittleren quadratischen Fehlers wird P von $\tilde{P}$ dominiert, jedoch wird $\tilde{P}$ von P* aus (2.6.29) dominiert.

2.6.2 BLUE-SCHÄTZUNG VON σ^2 AUS S^2 UND $\bar{X}^2$

Wendet man den Satz 2.2 bei der Schätzung von σ^2 auf die unabhängigen Größen $D_1 := S^2$ und $D_2 := \gamma^2\bar{X}^2/(1+1/\nu)$ aus Tabelle 2.1 an, so findet man für

$$(2.6.37) \quad Q := bS^2 + (1-b)\,\gamma^2\bar{X}^2/(1-1/\nu)$$

die Ergebnisse in Tabelle 2.2 , vgl. auch GOVINDARAJULU/SAHAI (1972), mit

$$(2.6.38) \quad b = \frac{(n-1)\gamma^2(\gamma^2+2n)}{n(\gamma^4+2n\gamma^2+n)} = \frac{1-(1+1/\nu)^{-2}}{1/(n-1)+(1-(1+1/\nu)^{-2})}\ .$$

Die Analyse des Koeffizienten $b=b(n,\gamma)$ ergibt: b nimmt mit γ monoton zu, während sich für die Abhängigkeit von n keine allgemeine Aussage machen läßt. Speziell erhält man bei Limesbildung folgende Ergebnisse:

Grenzübergang $\gamma\to o$

$$(2.6.39) \quad \lim_{\gamma\to o} b=o\ ,$$

$$(2.6.40) \quad \lim_{\gamma\to o} Q=\gamma^2\bar{X}^2/(1+1/\nu)\ ,$$

$$(2.6.41) \quad Eff(Q)\doteq Eff(\gamma^2\bar{X}^2/(1+1/\nu))\doteq 1\ ,$$

d.h. je kleiner γ , umso stärker wird $\bar{X}^2$ in Q gewichtet, und Q ist asymptotisch wirksamst.

Grenzübergang $\gamma \to \infty$:

$$(2.6.42) \qquad \lim_{\gamma \to \infty} b = (n-1)/n \ ,$$

$$(2.6.43) \qquad \lim_{\gamma \to \infty} Q = \Sigma X_i^2/n \ ,$$

$$(2.6.44) \qquad Eff(Q) \doteq Eff(\ X_i^2/n) \doteq 1 \ ,$$

d.h. je größer γ , umso stärker wird S^2 in Q gewichtet.

Grenzübergang $n \to \infty$:

$$(2.6.45) \qquad \lim_{n \to \infty} b = \frac{2\gamma^2}{1+2\gamma^2} \ ,$$

$$(2.6.46) \qquad \lim_{n \to \infty} Eff(Q) = 1 \ ,$$

d.h. Q ist asymptotisch wirksamst und zwar unabhängig von γ .
Der Vergleich mit den analogen Formeln für P zeigt, daß P und Q
dasselbe asymptotische Verhalten aufweisen.

Die Verteilung von Q wird wegen (2.5.5) , (2.5.10) und (2.6.37)
beschrieben durch die Linearkombination aus einer zentralen und einer
davon unabhängigen nichtzentralen χ^2-verteilten Zufallsvariablen

$$(2.6.47) \qquad Q = b \, \frac{(\gamma\mu)^2}{n-1} \, \chi_{n-1}^2 + (1-b) \, \frac{n\gamma^2}{n+\gamma^2} \, (\mu/\sqrt{\nu})^2 \, {\chi'_1}^2(\nu) \ .$$

Q ist somit eine positiv definite quadratische Form der Stichprobenvariablen X_i , die sich in folgender Form schreiben läßt:

$$(2.6.48) \qquad W = \sum_{i=1}^{n} d_i (U_i - \omega_i)^2 \quad \text{mit} \quad U_i = \frac{X_i - \mu}{\gamma\mu} \ .$$

Die exakte Verteilungsfunktion dieser quadratischen Form ist als ge-
wichtete Summe aus Verteilungsfunktionen zentraler bzw. nichtzentra-
ler χ^2-Variablen darstellbar, wobei die Gewichte rekursiv zu berechnen sind, vgl. JOHNSON/KOTZ (1970), Abschnitt 2.9.6. Als Testgröße
ist Q bei kleinen Stichproben wegen der komplizierten Verteilungsstruktur nicht praktikabel.
Für großes n bzw. ν läßt sich jedoch eine praktikable Approximation finden:

Man verwendet für $\chi_1'^2(\nu)$ die Patnaik-Näherung, vgl. (A 4.12). Damit stellt Q approximativ eine Linearkombination von zwei unabhängigen χ^2-verteilten Zufallsvariablen dar, deren Verteilungsfunktion sich dann mit Hilfe der Methode von ROBBINS/PITMAN (1949) als Mischverteilung von unabhängigen χ^2-Verteilungen mit negativ-binomialverteilten Gewichten darstellen läßt. Dieser Weg soll hier jedoch nicht beschritten werden.

2.7. LINEARE SCHÄTZUNGEN AUS DEN ORDER-STATISTICS

Für die Stichprobe $(X_1,\ldots,X_n)$ werden hier die geordneten Stichprobenvariablen X_{in}

$$(2.7.1) \qquad X_{1n} \leq X_{2n} \leq \cdots \leq X_{nn}$$

zum Spaltenvektor X_0 bzw. zum Zeilenvektor X_0'

$$(2.7.2) \qquad X_0' := (X_{1n},\ldots,X_{nn})$$

und die daraus abgeleiteten Größen $U_{in}:=(X_{in}-\mu)/(\gamma\mu)$ zum Vektor

$$(2.7.3) \qquad U':=(X_0-\mu)'/(\gamma\mu)=(U_{1n},\ldots,U_{nn})$$

zusammengefaßt.
Die Verteilung von U ist unabhängig von γ und μ , mit den Parametern

$$(2.7.4) \qquad \theta_{in}:=EU_{in} \quad ; \qquad \theta'=(\theta_{1n},\ldots,\theta_{nn})$$

$$(2.7.5) \qquad \sigma_{ijn}:=cov(U_{in},U_{jn}) \quad ;$$

$$\Sigma:=(\sigma_{ijn}) \quad ; \quad i,j=1(1)n \quad ;$$

$$\Omega:=\Sigma^{-1}$$

Mit dem "Eins-Vektor" $i':=(1,\ldots,1)$ kann man daher schreiben:

$$(2.7.6) \qquad X_0 = \mu(i+\gamma U)$$

$$(2.7.7) \qquad EX_0 = \mu(i+\gamma\theta)$$

$$(2.7.8) \qquad E((X_O - EX_O)(X_O - EX_O)') = \gamma^2 \mu^2 \Sigma$$

Speziell bei Normalverteilung gelten nun die Beziehungen, vgl.
SARHAN/GREENBERG (1962), Abschnitt 3.2 ff.

$$(2.7.9) \qquad i'\theta = o \quad \text{und} \quad \Omega i = i$$

oder daraus folgend

$$(2.7.10) \qquad i'\Omega\theta = o \quad \text{und} \quad i'\Omega i = n \quad .$$

Bestimmt man aus den bekannten Formeln für die verallgemeinerte Methode der kleinsten Quadrate mit der Gewichtungsmatrix Ω ,- vgl.
SARHAN/GREENBERG (1962), Abschnitt 3 -, die erwartungstreuen Schätzungen aus den Order-Statistics, und zwar $\bar{X}_O$ für den Location-Parameter
μ und S_O für den Scale-Parameter σ einer symmetrischen Location-
Scale-Parameter-Verteilung, und berücksichtigt dabei die Gültigkeit
von (2.7.9) bzw. (2.7.10) , so erhält man

$$(2.7.11) \qquad \bar{X}_O = \frac{i'\Omega X_O}{i'\Omega i} = \frac{1}{n} \sum_{j=1}^{n} X_j \quad \text{mit} \quad \text{var } \bar{X}_O = \frac{\sigma^2}{n} \quad ,$$

$$(2.7.12) \qquad S_O = \frac{\theta'\Omega X_O}{\theta'\Omega\theta} \quad \text{mit} \quad \text{var } S_O = \frac{\sigma^2}{\theta'\Omega\theta} \quad .$$

Die Identität von $\bar{X}_O$ und $\bar{X}$ läßt sich aus der hier vorliegenden
Identität des Parameters μ mit dem Erwartungswert und daraus erklären, daß $\bar{X}$ beste lineare unverzerrte Schätzfunktion der Stichprobenvariablen X_i ist. Für die Schätzung S_O für σ gilt im Vergleich zur Schätzung S/a_n aus (2.5.27)

$$(2.7.13) \qquad \text{var } S_O = \sigma^2/\theta'\Omega\theta > \text{var } (S/a_n) = (b_n^2/a_n^2)\sigma^2 \quad ;$$

denn S/a_n ist bei Normalverteilung eine beste unverzerrte Schätzung
von σ , vgl. ZACKS (1971), S. 173.

Bildet man aus $\bar{X}$ und S_O gemäß Satz 2.2, Abschnitt 2.6, die für
μ erwartungstreue varianzminimale Linearkombination P_O

$$(2.7.14) \qquad P_O := a_O \bar{X}_O + (1-a_O) S_O/\gamma \quad ,$$

so erhält man aus (2.7.11) und (2.7.12) mit (2.6.2)

$$(2.7.15) \quad a_O = 1/(1+\theta'\Omega\theta/\nu)$$

und damit

$$(2.7.16) \quad P_O = (\bar{X}+(\gamma/n)\theta'\Omega X_O)/(1+\theta'\Omega\theta/\nu)$$

Für P_O findet man gemäß (2.6.3)

$$(2.7.17) \quad \mathrm{var}(P_O/\mu) = 1/(\nu+\theta'\Omega\theta) \quad .$$

GOVINDARAJULU/SAHAI (1972) erhalten die gleiche Schätzung für μ , allerdings auf einem anderen Wege: Sie suchen die lineare Schätzfunktion $\hat{\mu}_O$ der order statistics für μ ,

$$(2.7.18) \quad \hat{\mu}_O := \Sigma a_{in} X_{in} =: a'X_O \quad ,$$

unter den Forderungen

$$(2.7.19) \quad E\hat{\mu}_O = \mu$$

$$(2.7.20) \quad (X_O-\hat{\mu}_O(i+\gamma\theta))'\Omega(X_O-\hat{\mu}_O(i+\gamma\theta)) \overset{!}{\underset{\hat{\mu}_O}{\to}} \mathrm{Min} \quad .$$

Dies ist ebenfalls identisch mit der verallgemeinerten Methode der kleinsten Quadrate bei der Gewichtungsmatrix $\Omega = \Sigma^{-1}$, jedoch für den Skalenparameter μ der $N(\mu;\gamma\mu)$.

Die Verwendung der zugehörigen bekannten Lösungsformeln, vgl. SARHAN/ GREENBERG (1962) Abschnitt 3.4 , liefert hier unter Berücksichtigung von (2.7.9) bzw. (2.7.10):

$$(2.7.21) \quad \hat{\mu}_O = \frac{(i+\gamma\theta)'\Omega X_O}{(i+\gamma\theta)'\Omega(i+\gamma\theta)} = \frac{\bar{X}+(\gamma/n)\theta'\Omega X_O}{1+\theta'\Omega\theta/\nu} \equiv P_O$$

Wegen (2.7.13) ergibt sich beim Vergleich von P aus (2.6.13) mit P_O gemäß Formel (2.6.11) aus Satz 2.2:

$$(2.7.22) \quad \mathrm{var}\, P_O = \mathrm{var}\,\hat{\mu}_O > \mathrm{var}\, P \quad .$$

Diese Eigenschaft wird auch von JOSHI/SATHE (1977), jedoch mittels des *Blackwell-Rao-Theorems*, (vgl. KENDALL/STUART II, Abschnitt 17.35)

42

nachgewiesen.

Wegen (2.7.22) ist es nicht lohnenswert $\hat{\mu}_O$ zum Schätzen zu verwenden. Gleiches gilt auch für das Testen, vgl. die Ausführungen zu (3.1.15). Außerdem ist $\hat{\mu}_O$ als Testgröße wegen der komplizierten Struktur der Verteilungsfunktion nicht praktikabel.

Der Vorteil, den die mit Hilfe der Order-Statistics durchgeführte Kleinste-Quadrate-Schätzung bietet, liegt einzig darin, daß sie im Fall zensorisierter Stichproben im Vergleich zu alternativen Schätzmethoden relativ einfach zu handhaben ist. Die Lösungsformeln der Kleinste-Quadrate-Methode sind dabei nur mit den entsprechenden Teilmatrizen zu bilden, vgl. SARHAN/GREENBERG (1962), Abschnitt 10c . GOVINDARAJULU/SAHAI betrachten diesen Fall; in dieser Arbeit sollen jedoch nur vollständige Stichproben untersucht werden.

In (2.7.20) wird die Modelleigenschaft $\sigma=\gamma\mu$ in der Kovarianzmatrix von X_O nicht berücksichtigt. Für das aus (2.7.3) gebildete problemadäquate Fehlermodell

$$(2.7.23) \qquad X_{in} = \mu + \gamma\mu U_{in} =: \mu + \varepsilon_{in}$$

mit

$$(2.7.24) \qquad E\varepsilon_{in} = \mu(1+\gamma\theta_{in}) \ , \quad \mathrm{cov}(\varepsilon_{in} \ , \ \varepsilon_{jn}) = (\gamma\mu)^2\Sigma$$

erhält man die Minimierungsforderung für die Schätzfunktion $\hat{\mu}_{OKQ}=:\hat{\mu}$.

$$(2.7.25) \qquad [X_O-\hat{\mu}(i+\gamma\theta)]'[(\gamma\hat{\mu})^2\Sigma]^{-1}[X_O-\hat{\mu}(i+\gamma\theta)] \overset{!}{\to} \underset{\hat{\mu}}{\mathrm{Min}} \quad .$$

Daraus resultiert die Schätzung

$$(2.7.26) \qquad \hat{\mu} = \hat{\mu}_{OKQ} = \frac{X_O'\Omega X_O}{(1+\gamma\theta)'\Omega X_O} \quad .$$

Dies stellt die Verallgemeinerung der in Abschnitt 2.3 beschriebenen Methode der kleinsten Quadrate auf Linearkombinationen aus den Order-Statistics dar. Die stochastischen Eigenschaften von $\hat{\mu}_{OKQ}$ sind allerdings noch schwerer überschaubar als bei $\hat{\mu}_{KQ}$ von Abschnitt 2.3, weshalb hier nicht weiter auf $\hat{\mu}_{OKQ}$ eingegangen werden soll.

Die Parameter θ und Σ bzw. Ω , die bei der Ermittlung von Schätzwerten $\hat{\mu}_O$ benötigt werden, können aus SARHAN/GREENBERG (1962) , Abschnitt 10 B, für Proben bis zu n=20 entnommen werden.

Die Koeffizienten a_{in} in $\hat{\mu}_O$ werden bei GOVINDARAJULU/SAHAI (1972)
für einige (n,γ)-Kombinationen angegeben und diskutiert mit dem Ergebnis:

(1) Die Koeffizienten sind nicht symmetrisch bezüglich der zentralen
     Order-Statistics. Ihre Summe ist von 1 verschieden, im Gegensatz zu den Eigenschaften, die man sonst bei der Schätzung von
     Erwartungswerten symmetrischer Verteilungen im linearen Modell
     hat.

(2) Für kleine Werte von γ sind alle a_{in} positiv; mit wachsendem
     γ werden immer mehr Koeffizienten der linksextremen Order-Statistics negativ. Die Eigenschaft (2) deutet darauf hin, daß
     $\hat{\mu}_O$ auch bei hohen γ-Werten nur mit geringer Wahrscheinlichkeit
     negativ werden kann.
     Der exakte Wert von $W(\hat{\mu}_O < O)$ ist nur über die exakte Verteilung von $\hat{\mu}_O$, einer Faltung über die Verteilung der X_{in}, zu ermitteln.

Ersetzt man die Parameter θ und Σ durch Näherungswerte oder bei
größerem Probenumfang durch ihre asymptotischen Werte, so ergeben sich
bei entsprechender Anwendung der verallgemeinerten Kleinste-Quadrate-
Methode vereinfachte und nahezu beste Schätzungen; einige davon sind
bei GOVINDARAJULU/SAHAI (1972) hergeleitet.

2.8 ÄQUIVARIANTE SCHÄTZFUNKTION MIT MINIMALEM RISIKO

Jede Schätzfunktion $\hat{\mu}_I$ aus der Klasse $\Delta_T \cap \Delta_I$,- vgl. Abschnitt
2.1.2.1 und 2.1.2.2 -, ist eine Funktion von $T=(\Sigma X_i, \Sigma X_i^2)$ mit der
Eigenschaft

$$(2.8.1) \qquad \hat{\mu}_I = d(\Sigma X_i, \Sigma X_i^2) = \frac{1}{k}\, d(k\Sigma X_i, k^2 \Sigma X_i^2) \quad .$$

Setzt man hier speziell $k = \gamma/\sqrt{\Sigma X_i^2}$, dann folgt für die Gestalt der
Funktion d:

$$(2.8.2) \qquad \hat{\mu}_I = d(\Sigma X_i, \Sigma X_i^2) = \frac{\sqrt{\Sigma X_i^2}}{\gamma}\, d\!\left(\gamma^2\, \frac{\Sigma X_i}{\gamma \sqrt{\Sigma X_i^2}} \; ; \; \gamma^2 \right) \quad ,$$

d.h. $\hat{\mu}_I$ ist darstellbar in der Form

44

$$(2.8.3) \qquad \hat{\mu}_I = V\varphi(Z)$$

$$\text{mit } V := \sqrt{\Sigma X_i^2}/\gamma \quad \text{und} \quad Z := \Sigma X_i/(\gamma\sqrt{\Sigma X_i^2}) \quad .$$

Dabei ist Z von der Gestalt her identisch mit der ancillary statistic aus (1.2.10) und $\sqrt{\Sigma X_i^2}/\gamma$ ist identisch mit V aus (1.2.10) .

GLESER/HEALY (1976) bestimmen die Funktion $\varphi(\cdot)$ so, daß $\hat{\mu}_I$ risikominimal wird:

$$(2.8.4) \qquad \frac{1}{\mu^2} E(\mu-\hat{\mu}_I)^2 = E(1-V\varphi(Z)/\mu)^2 \overset{!}{\to} \underset{\varphi}{\text{Min}} \quad .$$

Durch Umformung in bedingte Erwartungswerte unter der Bedingung $Z=z$ erhält man daraus die Minimierungsforderung

$$(2.8.5) \qquad E_Z(E([1-V\varphi(z)/\mu]^2 \mid z)) \overset{!}{\to} \underset{\varphi}{\text{Min}} \quad ,$$

oder äquivalent dazu

$$(2.8.6) \qquad E([1-kB]^2 \mid z) \overset{!}{\underset{k}{\to}} \text{Min} \quad \text{mit} \quad k := \varphi(z) \; ; \; B := V/\mu \; .$$

Daraus folgt der optimale Wert $k* = \varphi*(z)$ zu

$$(2.8.7) \qquad k* = \varphi*(z) = \frac{E(B\mid z)}{E(B^2 \mid z)}$$

$$= \frac{\int_0^\infty b\, g(b,z)\,db}{\int_0^\infty b^2 g(b,z)\,db} = \frac{\int_0^\infty b\, g(b\mid z)\,db}{\int_0^\infty b^2 g(b\mid z)\,db} \quad ,$$

wobei $g(b,z)$ die gemeinsame Dichte von $(V/\mu;Z) = (B;Z)$ und $g(b\mid z)$ die Dichte von B unter der Bedingung $Z=z$ ist. Aus der gemeinsamen Dichte $f(\bar{x},\hat{s}^2)$ von $\bar{X}$ und $\hat{S}^2 = \Sigma(X_i-\bar{X})^2/n$

$$(2.8.8) \qquad f(\bar{x},s) = \frac{\left(\hat{s}^2\right)^{\frac{n-3}{2}} n^{n/2} \exp\left\{-\frac{\nu}{2\mu^2}\left[(\bar{x}-\mu)^2+\hat{s}^2\right]\right\}}{2^{(n-1)/2}\, \Gamma((n-1)/2)\, \sqrt{2\pi}\, (\gamma\mu)^n}$$

ergibt sich mit der Variablentransformation

$$(2.8.9) \qquad \bar{X} = BZ\mu/\nu \qquad \hat{S}^2 = [1-Z^2/\nu]\, B^2\mu^2/\nu$$

die Dichte $g(b,z) = g(b|z)\, g(z)$. Dabei ist

$$(2.8.10) \qquad g(b|z) = b^{n-1} \exp\left\{- \frac{1}{2} (b-z)^2\right\} / I_{n-1}(z) \quad ;$$

$$g(z) = \frac{2}{2^{(n-1)/2}\sqrt{2\pi\nu}\ \Gamma((n-1)/2)} (1-z^2/\nu)^{\frac{n-3}{2}} .$$

$$\cdot\ I_{n-1}(z)\ \exp\left\{- \frac{1}{2} (\nu-z^2)\right\}$$

mit der abkürzenden Bezeichnung

$$(2.8.11) \qquad I_{n-1+r}(z) := \int_0^\infty b^r g(b|z)\, db = \int b^{n-1+r} \exp\left\{- \frac{1}{2} (b-z)^2\right\} db > 0$$

$$\text{für}\quad r \geq o \quad .$$

Setzt man (2.8.11) in (2.8.7) ein, so ergibt sich

$$(2.8.12a) \qquad \varphi^*(z) = \frac{I_n(z)}{I_{n+1}(z)} =: h_{n+1}(z) \quad .$$

Demnach lautet die risikominimale äquivariante Schätzung $\overset{*}{\mu}_I$:

$$(2.8.12b) \qquad \overset{*}{\mu}_I = V \cdot \varphi^*(z) = V \cdot h_{n+1}(z) \quad .$$

Aufgrund der Herleitung von $\overset{*}{\mu}_I$ wird ersichtlich, daß $\overset{*}{\mu}_I$ ein sog.
PITMAN-Schätzer für den Skalenparameter ist, vgl. FERGUSON, S. 186 ff.
Weiter ist $\overset{*}{\mu}_I$ bezüglich der Klasse $\Delta_I \cap \Delta_T$ zulässig für die Schät-
zung von μ und ist bezüglich der Risikofunktion R aus (2.1.4) eine
Minimax-Schätzung, vgl. GLESER/HEALY.

Wegen $I_n(z) > o$ gilt auch stets $\overset{*}{\mu}_I \geq o$. $I_n(z)$ ist mit dem wiederholten
Integral $J_n(z)$ der Normalverteilung ,- vgl. ABRAMOWITZ/STEGUN (1964),
Abschnitt 26.2 -,

$$(2.8.13) \qquad J_n(z) = \int_z^\infty J_{n-1}(t)\, dt = \int_z^\infty \frac{(t-z)^n}{n!}\, e^{-t^2/2} /\sqrt{2\pi}\, dt \quad ,$$

verknüpft durch die Relation

$$(2.8.14) \qquad I_n(z) = \sqrt{2\pi}\ n!\ J_n(-z) \quad .$$

Für $I_n(z)$ gilt die mittels partieller Integration beweisbare Rekursionsformel

46

$$(2.8.15) \qquad I_{n+1}(z) = n\, I_{n-1}(z) + z\, I_n(z) \quad .$$

Daraus entsteht die bei GLESER/HEALY angegebene Rekursionsformel für $h_{n+1}(z)$

$$(2.8.16) \qquad h_{n+1}(z) = \frac{1}{n h_n(z) + z} \quad ,$$

mit deren Hilfe eine Kettenbruchentwicklung zur numerischen Bestimmung von $\varphi^*(z)$ möglich ist.

Aus der Kettenbruchentwicklung leiten GLESER/HEALY folgende Ungleichung her:

$$(2.8.17) \qquad \frac{n}{n+1} \, \frac{1}{2\gamma^2} \left(-\bar{X} + \sqrt{\bar{X}^2 + \frac{n+1}{n} \, 4\gamma^2 \, \frac{1}{n} \, \Sigma X_i^2} \right) \leq \overset{*}{\mu}_I \leq \overset{\wedge}{\mu}_{ML}$$

$$\text{mit} \quad \overset{\wedge}{\mu}_{ML} = \left(-\bar{X} + \sqrt{\bar{X}^2 + 4\gamma^2 \, \Sigma X_i^2 / n} \right) / (2\gamma^2) \quad \text{aus} \quad (2.2.2) \quad .$$

Demnach gilt asymptotisch für große n:

$$(2.8.18) \qquad \overset{*}{\mu}_I \overset{\cdot}{=} \overset{\wedge}{\mu}_{ML} \quad .$$

Also gehört $\overset{*}{\mu}_I$ ebenfalls zur Klasse der BAN-Schätzer, (vgl. Abschnitt 2.2) .

$\overset{*}{\mu}_I$ besitzt also aus theoretischer Sicht eine Reihe von günstigen und, im Vergleich zu den anderen hier beschriebenen Schätzern, die besten Eigenschaften. Diese müssen jedoch durch eine numerisch aufwendige Ermittlung der Schätzwerte erkauft werden.
Als Testgröße ist $\overset{*}{\mu}_I$ nicht so gut geeignet, da sowohl die analytische Herleitung als auch die numerische Verarbeitung der Verteilungsfunktion bei kleinen Stichproben große Schwierigkeiten bereitet. Sogar die Berechnung des minimalen Risikos erweist sich als schwieriges numerisches Problem.

Analog zu dieser Schätzung $\overset{*}{\mu}_I$ für μ gemäß der Methode von GLESER/ HEALY ist selbstverständlich auch die äquivariante risikominimale Schätzung von σ^2 bzw. μ^2 durchführbar.
Setzt man in die entsprechende Äquivarianzforderung

$$(2.8.19) \qquad \overset{\wedge}{\sigma}_I^2 = d(\Sigma X_i, \Sigma X_i^2) = \frac{1}{k^2} \, d(k\Sigma X_i, k^2 \Sigma X_i^2)$$

für die Schätzfunktion $\hat{\sigma}_I^2$ von σ^2 speziell $k=\gamma/\sqrt{\Sigma X_i^2}$ ein, so folgt mit V und Z aus (2.8.3) für die Gestalt von d :

$$(2.8.20) \qquad \hat{\sigma}_I^2 = V^2 \varphi(Z) \quad .$$

Aus der Forderung für minimales Risiko,

$$(2.8.21) \qquad E_Z(E([1-B^2\varphi(z)]^2 \mid z)) \underset{\varphi}{\to} \text{Min} \quad , \quad B := V/\sigma$$

ergibt sich dann

$$(2.8.22) \qquad \overset{*}{\sigma}_I^2 = V^2 \cdot \frac{I_{n+1}(z)}{I_{n+3}(z)} \quad ,$$

oder mit der Definition von $h_n(z)$ aus (2.8.12a) unter Verwendung der Rekursionsformel (2.8.15)

$$(2.8.23) \qquad \overset{*}{\sigma}_I^2 = V^2 \cdot \frac{h_{n+2}(z)}{(n+2)\, h_{n+2}(z)+z} \quad .$$

Die Eigenschaften von $\overset{*}{\mu}_I$ übertragen sich analog auf $\overset{*}{\sigma}_I^2$. Insbesondere hat man analog zu (2.8.18) asymptotisch für große n :

$$(2.8.24) \qquad \overset{*}{\sigma}_I^2 \doteq \hat{\sigma}_{ML}^2 = (\gamma\hat{\mu}_{ML})^2 \quad .$$

An dieser Stelle sei der Vollständigkeit halber noch erwähnt, daß in GLESER/HEALY auch ein Bayes-Schätzer für μ hergeleitet wird und zwar bei "inverser Gammaverteilung", - vgl. hierzu STANGE (1977), - als Priori-Verteilung. Dabei zeigt es sich, daß $\overset{*}{\mu}_I$ für eine spezielle Parameterkonstellation der Priori-Verteilung auch als Bayes-Schätzer interpretierbar ist.

2.9 SCHÄTZUNG MIT DER BEDINGT SUFFIZIENTEN STATISTIK

HINKLEY (1977) untersucht die Schätzung von μ mit der unter der Bedingung $Z=z$ suffizienten Statistik V aus (1.2.10) , hier mit V_z bezeichnet,

$$(2.9.1) \qquad V_z = \sqrt{\Sigma X_i^2}/\gamma \quad \text{bzw.} \quad B := V_z/\mu \quad .$$

Dabei ist Z die ancillary statistic aus (1.2.10):

$$(2.9.2) \qquad Z = n\bar{X} / \left(\gamma \sqrt{\Sigma X_i^2} \right) \ .$$

Gemäß (2.8.10) besitzt B die bedingte Dichte

$$(2.9.3) \qquad g(b|z) = b^{n-1} \exp\left\{-(b-z)^2/2\right\} / \ I_{n-1}(z)$$

mit der Normierungskonstanten $I_{n-1}(z)$.
Die Verteilung von Z ist auf die nichtzentrale t-Verteilung zurückführbar,- siehe Abschnitt A 5 -, aufgrund der Verknüpfung

$$(2.9.4) \qquad \frac{\sqrt{n-1}}{\sqrt{\nu/Z^2-1}} \ \mathrm{sign}(Z) = \frac{\sqrt{n}\ \bar{X}}{S} \stackrel{\mathrm{d}}{=} T_f'(\delta)$$

$$\text{mit} \quad \delta = \sqrt{\nu} \quad \text{und} \quad f = n-1 \quad .$$

Hieraus ersieht man, daß der empirische Variationskoeffizient $C=S/\bar{X}$
eine zu Z äquivalente ancillary statistic darstellt.
Um den Zusammenhang mit der äquivarianten Schätzung nach GLESER/HEALY
(1976) herzustellen, wird hier eine andere Darstellung als bei HINKLEY
gegeben.

Aus (2.9.3) folgt mit der Definition (2.8.11) bzw. (2.8.12a) von
$I_n(z)$ bzw. $h_n(z)$ der Erwartungswert $EB = E(B|z)$,

$$(2.9.5) \qquad EB = I_n(z)/I_{n-1}(z) = 1/h_n(z) \quad ,$$

oder mit (2.9.1)

$$(2.9.6) \qquad E\left(\left(\sqrt{\Sigma X_i^2}/\gamma\right) \cdot h_n(z) \,|\, z\right) = \mu \quad .$$

Aus (2.9.5) läßt sich,- wie hier nebenbei bemerkt sei -, für den (unbedingten) Erwartungswert $e = E(V/\mu)$ aus (2.5.34) eine andere
Darstellung herleiten. Mit g(z) aus (2.8.10) gilt nämlich:

$$e = E\left(\sqrt{\Sigma X_i^2}/(\gamma\mu)\right) = E(V/\mu) = E_Z(E(B|z)) = \int (1/h_n(z))g(z)\ dz \ .$$

Wegen (2.9.6) ist die Größe $\hat{\mu}_{B|z}$,

$$(2.9.7) \qquad \hat{\mu}_{B|z} := \left(\sqrt{\Sigma X_i^2}/\gamma\right) \cdot h_n(z) = V_z \cdot h_n(z),$$

unter der Bedingung Z=z eine erwartungstreue Schätzung für μ .

Um die Güte der Schätzung $\hat{\mu}_{B|z}$ zu untersuchen, benötigt man die zur Dichte von V_z gehörige Rao-Cramer-Schranke; zum Vergleich soll hier auch die unter $Z=z$ bedingte Maximum-Likelihood-Schätzung $\hat{\mu}_{ML|z}$ für μ untersucht werden.

Aus $g(b|z)$ erhält man die Dichte $g(v|z,\mu)$ von $V_z = B \cdot \mu$ und daraus weiter die notwendige Bedingung für $\hat{\mu} := \hat{\mu}_{ML|z}$:

$$(2.9.8) \qquad \frac{\partial \log g(v|z,\mu)}{\partial \mu}\bigg|_{\mu=\hat{\mu}} = [-n\hat{\mu}^2 + v^2 - zv\hat{\mu}]/\hat{\mu}^3 \overset{!}{=} 0$$

mit der Lösung

$$(2.9.9) \qquad \hat{\mu}_{ML|z} = V_z \cdot [-z + \sqrt{z^2 + 4n}]/(2n) \quad .$$

Aus der in der Formel (4.12) von GLESER/HEALY angegebenen Abschätzung

$$(2.9.10) \qquad [-z+\sqrt{z^2+4n}]/(2n) \leq h_n(z) \leq [-z+\sqrt{z^2+4(n-1)}]/(2n-2)$$

wird ersichtlich, daß

$$(2.9.11) \qquad h_{n+1}(z) \leq h_n(z)$$

und asymptotisch für große n

$$(2.9.12) \qquad h_{n+1}(z) \overset{.}{=} h_n(z)$$

gilt. Aus (2.9.10) folgt sofort für $\hat{\mu}_{ML|z}$ und $\hat{\mu}_{B|z}$ die Relation

$$(2.9.13) \qquad \hat{\mu}_{ML|z} \overset{\leq}{-} \hat{\mu}_{B|z} \quad ,$$

bzw. asymptotisch für große n

$$(2.9.14) \qquad \hat{\mu}_{ML|z} \overset{.}{=} \hat{\mu}_{B|z} \quad ,$$

d.h. $\hat{\mu}_{ML|z}$ ist asymptotisch erwartungstreu, wie es sein muß.

Setzt man (2.9.2) in (2.9.9) ein, so zeigt der Vergleich von $\hat{\mu}_{ML|z}$ und $\hat{\mu}_{ML}$ aus (2.2.2), daß die beiden Schätzungen formal, also von der äußeren Gestalt her, übereinstimmen, wie das wegen der bei der bedingt suffizienten Statistik möglichen Aufspaltung der gemeinsamen Dichten gemäß (1.2.11) und der Konstruktion der ML-Schätzung nicht anders zu erwarten ist.

Der Unterschied von $\hat{\mu}_{ML}$ und $\hat{\mu}_{ML|z}$ liegt ausschließlich in der Interpretation. Angenommen in einer konkreten Stichprobe wurde $\hat{\mu}_{ML}$ und $Z=\hat{z}$ beobachtet.

$\hat{\mu}_{ML}$ wird dann interpretiert als eine aus allen möglichen Realisationen für $\hat{\mu}_{ML}$, die entstehen, wenn $(X_1,\ldots,X_n)$ den $\mathbb{R}^n$ durchläuft. $\hat{\mu}_{ML|z}$ wird interpretiert als eine aus allen möglichen Realisationen für $\hat{\mu}_{ML|z}$, die entstehen, wenn $(X_1,\ldots,X_n)$ den durch $Z=\hat{z}$ eingeschränkten Unterraum des $\mathbb{R}^n$ durchläuft.

Aus (2.8.17), (2.8.18) und (2.9.14) folgt die Gültigkeit der Relationen:

$$(2.9.15) \qquad \overset{*}{\mu}_I \le \hat{\mu}_{ML} = \hat{\mu}_{ML|z} \le \hat{\mu}_{B|z}$$

und asymptotisch für große n

$$(2.9.16) \qquad \overset{*}{\mu}_I \doteq \hat{\mu}_{ML} = \hat{\mu}_{ML|z} \doteq \hat{\mu}_{B|z} \quad .$$

Formt man $\mathrm{var}(B|z)$,

$$(2.9.17) \qquad \mathrm{var}(B|z) = E(B^2|z) - (E(B|z))^2 = I_{n+1}(z)/I_{n-1}(z) - (E(B|z))^2$$

mit der Rekursionsformel (2.8.15) um, so erhält man mit der Definition (2.8.12a) von $h_n(z)$:

$$(2.9.18) \qquad \mathrm{var}\,\hat{\mu}_{B|z} = \mu^2[nh_n^2(z) + zh_n(z) - 1]$$

Wie man anhand von (2.9.10) abschätzen kann, strebt die eckige Klammer für $n\to\infty$ gegen Null. Somit gilt

$$(2.9.19) \qquad \lim_{n\to\infty} \mathrm{var}\,\hat{\mu}_{B|z} = 0$$

Die Dichte von $\hat{\mu}_{B|z}$ gehört nicht zur Exponentialfamilie, wie aus (2.9.3) sofort ersichtlich wird. Damit ist klar, daß $\hat{\mu}_{B|z}$ in der Klasse der erwartungstreuen Schätzungen unter der Bedingung $Z=z$ nicht wirksamst sein kann (vgl. KENDALL/STUART II, Abschnitt 17.17). Die zu $\hat{\mu}_{B|z}$ gehörige Rao-Cramer-Ungleichung findet man aus

(2.9.20) $\qquad \dfrac{\partial^2 \log g(v|\mu,z)}{\partial\mu^2} = [n\mu^2 + 2zv\mu - 3v^2]/\mu^4$

unter Verwendung von (2.9.5) und (2.9.17):

(2.9.21) $\quad \text{var } \hat{\mu}_{B|z} \geq -1/E(\partial^2\log g/\partial\mu^2) = \mu^2/[2n+z/h_n(z)] =: RC(\mu|z)$,

vgl. auch Formel (2.6) von HINKLEY.

Da die ML-Schätzung $\hat{\mu}_{ML|z}$ asymptotisch erwartungstreu und asymptotisch wirksamst ist und $\hat{\mu}_{B|z}$ asymptotisch mit $\hat{\mu}_{ML|z}$ übereinstimmt, gilt für große n

(2.9.22) $\quad \text{var } \hat{\mu}_{B|z} \doteq \mu^2/[2n+z/h_n(z)]$.

Es interessiert nun vor allem, welchen Einfluß die Einschränkung des Stichprobenraumes durch die Bedingung Z=z auf die Schätzgenauigkeit hat. Dieser Einfluß läßt sich messen durch den Quotienten Q_z ,

(2.9.23) $\quad Q_z := RC(\mu|z)/RC(\mu)$,

mit den Rao-Cramer-Schranken $RC(\mu|z)$ aus (2.9.21) und $RC(\mu)$ aus (2.1.8).
Daher sind in Tabelle 2.5 die Quotienten Q_z für einige (n;γ)-Kombinationen in Abhängigkeit von der Bedingung Z=z angegeben. Für z sind dabei die Schwellenwerte z_ε von Z für verschiedene Werte von ε vorgegeben, wobei z_ε wegen (2.9.4) aus den Schwellenwerten $T_\varepsilon := T_{f;\varepsilon}(\sqrt{v})$ bestimmbar ist.
Es stellt sich hier auch die Frage, für welchen Wert von Z=z jeweils $Q_z \approx 1$ gilt. Für $s^2 \approx \gamma^2 \bar{x}^2$, hat man $1/z^2 \approx \gamma^2(1+\gamma^2)/n$. Dies in (2.9.10) eingesetzt, ergibt $nh_n(z)/z \approx \gamma^2$ und damit $Q_z \approx 1$, siehe auch HINKLEY. Um ein Bild zu bekommen, wie weit die Effizienz von $\hat{\mu}_{B|z}$

(2.9.24) $\quad E_z := \dfrac{RC(\mu|z)}{\text{var } \hat{\mu}_{B|z}}$

unterhalb von 1 liegt, und wie stark sie von z abhängt, ist in Tabelle 2.5 neben Q_z jeweils auch E_z angegeben.

Aus der Tabelle läßt sich für den Quotienten Q_z folgendes ablesen:

Für $\varepsilon \approx 0.5$ gilt $Q_z \approx 1$, unabhängig von n und γ . Die Bedingung

Tabelle 2.5:

n	ε	$\gamma = 0.1$				$\gamma = 1$				$\gamma = 10$			
		T_ε	z_ε	Q_z	E_z	T_ε	z_ε	Q_z	E_z	T_ε	z_ε	Q_z	E_z
n = 5	0.010	11.632	22.037	0.980	0.996	− 0.098	−0.109	0.682	0.460	− 3.265	−0.190	1.034	0.326
	0.025	13.218	22.109	0.986	0.996	0.281	0.311	0.714	0.954	− 2.377	−0.171	1.030	0.351
	0.250	19.222	22.240	0.997	0.996	1.569	1.380	0.933	0.945	− 0.489	−0.053	1.006	0.633
	0.500	24.400	22.285	1.001	0.996	2.403	1.718	1.023	0.944	0.238	0.026	1.001	0.957
	0.750	32.291	22.317	1.004	0.996	3.533	1.945	1.090	0.944	0.997	0.099	1.017	0.956
	0.975	64.407	22.349	1.007	0.996	7.721	2.164	1.160	0.944	3.189	0.189	1.037	0.955
	0.990	82.232	22.354	1.007	0.996	9.902	2.191	1.169	0.944	4.278	0.202	1.040	0.955
n = 1o	0.010	20.249	31.281	0.988	0.998	0.813	0.827	0.764	0.974	− 2.380	−0.196	1.024	0.264
	0.025	21.635	31.323	0.990	0.998	1.163	1.143	0.807	0.973	− 1.860	−0.166	1.020	0.299
	0.250	28.065	31.443	0.998	0.998	2.455	2.003	0.948	0.971	− 0.370	−0.038	1.001	0.647
	0.500	32.839	31.491	1.001	0.998	3.263	2.327	1.011	0.971	0.325	0.034	1.000	0.977
	0.750	39.101	31.530	1.003	0.998	4.235	2.580	1.063	0.971	1.038	0.103	1.011	0.976
	0.975	57.886	31.580	1.006	0.998	6.910	2.900	1.133	0.971	2.675	0.210	1.028	0.976
	0.990	65.873	31.590	1.007	0.998	8.014	2.961	1.147	0.971	3.265	0.232	1.032	0.976
n = 15	0.010	26.701	38.355	0.990	0.999	1.479	1.423	0.811	0.982	− 2.149	−0.192	1.019	0.235
	0.025	28.218	38.393	0.992	0.999	1.831	1.702	0.846	0.981	− 1.695	−0.159	1.015	0.272
	0.250	34.976	38.510	0.998	0.999	3.148	2.493	0.957	0.981	− 0.293	−0.030	0.999	0.665
	0.500	39.672	38.558	1.000	0.999	3.951	2.812	1.007	0.981	0.394	0.040	1.000	0.984
	0.750	45.495	38.599	1.002	0.999	4.880	3.073	1.051	0.981	1.095	0.108	1.009	0.984
	0.975	61.238	38.657	1.005	0.999	7.204	3.437	1.115	0.981	2.603	0.221	1.024	0.984
	0.990	67.351	38.670	1.006	0.999	8.079	3.514	1.130	0.981	3.111	0.247	1.027	0.984
n = 2o	0.010	32.190	44.316	0.992	0.999	2.042	1.897	0.839	0.986	− 2.021	−0.188	1.015	0.217
	0.025	33.866	44.355	0.993	0.999	2.399	2.156	0.868	0.986	− 1.595	−0.153	1.012	0.255
	0.250	40.850	44.468	0.998	0.999	3.736	2.910	0.962	0.985	− 0.230	−0.023	0.998	0.691
	0.500	45.518	44.517	1.000	0.999	4.538	3.225	1.005	0.985	0.453	0.046	1.000	0.988
	0.750	51.126	44.559	1.002	0.999	5.446	3.491	1.043	0.985	1.148	0.113	1.008	0.988
	0.975	65.471	44.622	1.005	0.999	7.610	3.880	1.103	0.985	2.600	0.229	1.021	0.989
	0.990	70.723	44.636	1.006	0.999	8.386	3.968	1.117	0.985	3.069	0.257	1.024	0.988

"$Z=z_{0.5}$ = Median von Z" ist also nahezu gleichwertig mit der vorstehend genannten Bedingung $s^2 \approx \gamma^2 \bar{x}^2$. Je weiter ε von o.5 abweicht, umso stärker ist die Abweichung $|Q_z-1|$. Diese ist bei konstantem z umso kleiner, je größer n ist. Bei verschiedenen γ-Werten zeigt Q_z in Abhängigkeit von z ein uneinheitliches Verhalten: Bei $\gamma<1$ gilt $Q_z<1$ für $\varepsilon<o.5$ und $Q_z>1$ für $\varepsilon>o.5$. Im Gegensatz dazu hat man bei $\gamma=10$, also bei extrem großen Werten von γ , die Relation $Q_z>1$ unabhängig von ε und n . Für E_z läßt sich aus der Tabelle folgendes entnehmen: E_z ist nahezu unabhängig von ε bzw. z und liegt unabhängig von n und γ nahe bei 1 , bis auf folgende Ausnahme: Sobald bei kleinem ε das zugehörige z_ε negativ wird, geht E_z rapide zurück. E_z liegt umso näher bei 1 , je größer n und je größer $|\gamma-1|$ ist.

2.10   ZUSAMMENFASSENDER VERGLEICH DER SCHÄTZFUNKTIONEN

Die hier vorgestellten Schätzfunktionen sind nun hinsichtlich ihrer Eigenschaften insbesondere der Schätzgüte miteinander zu vergleichen.

Unter den äquivarianten Schätzfunktionen besitzt $\overset{*}{\mu}_I$ den kleinsten mittleren quadratischen Fehler und ist somit in dieser Klasse die beste Schätzfunktion. Um wieviel besser $\overset{*}{\mu}_I$ gegenüber seinen Konkurrenten ist, läßt sich allerdings wegen der komplizierten Formelstruktur analytisch nicht ablesen und die praktische Ermittlung ist ein numerisch sehr aufwendiges und schwieriges Problem, das hier und auch von den Autoren GLESER/HEALY (1976) nicht in Angriff genommen wurde.

Unter den erwartungstreuen Schätzfunktionen für μ bzw. σ^2 lassen sich folgende Relationen für die Varianzen angeben:

(2.10.1) $\operatorname{var} \bar{X} > \operatorname{var} \bar{X}_+ > \operatorname{var} P > \operatorname{var} P_+$ mit P aus (2.6.13)
und P_+ aus (2.6.31)

(2.10.2) $\operatorname{var} S/(a_n\gamma) > \operatorname{var} P$

(2.10.3) $\operatorname{var} \bar{X} > \operatorname{var} \hat{\mu}_O > \operatorname{var} P$ mit $\hat{\mu}_O$ aus (2.7.21)

(2.10.4) $\operatorname{var} \bar{X} > \operatorname{var} \hat{\mu}_{KQ}$ mit $\hat{\mu}_{KQ}$ aus (2.3.3)

(2.10.5) $\operatorname{var} \bar{X}^2 > \operatorname{var} Q$ mit Q aus (2.6.37)

54

(2.10.6)   var S^2 > var Q

Diese Relationen gelten auch für den mittleren quadratischen Fehler
der Schätzfunktionen $k*D_E$, die gemäß Satz 2.1 aus erwartungstreuen Schätzfunktionen D_E konstruiert sind. Denn wegen (2.1.22)
und (2.1.25) gilt

$$(2.10.7) \qquad E\left(\frac{k*D_E - \mu}{\mu}\right)^2 = \frac{v^2}{1+v^2} \qquad , \quad \text{mit} \quad \text{var } D_E = v^2 \sigma^2 \quad ,$$

sodaß z.B. aus var $\bar{X}$ > var P sofort $R*(\bar{X}*) > R*(P*)$ folgt.

Leider lassen sich nicht zwischen allen untersuchten Schätzfunktionen
analytisch solche, von n und γ unabhängigen Relationen der Varianzen herleiten. In dieser Situation kann ein numerischer Wirksamkeitsvergleich wertvolle Aufschlüsse geben und einen Eindruck über die Ef-
fizienzunterschiede und deren Praxisrelevanz vermitteln.

Für kleine Stichproben wird daher der Vergleich anhand der auch bei
GOVINDARAJULU/SAHAI (1972) und JOSHI/SATHE (1976) benutzten Parameterwerte n=5(5) 20 und γ=o,o1; o,1; 1; 10 durchgeführt.

Die Tabellen 2.6 bzw. 2.7 geben die Wirksamkeit, die Tabellen 2.8
bzw. 2.9 den mittleren quadratischen Fehler der Schätzungen für μ
bzw. σ^2 an; vgl. auch die beiden oben zitierten Arbeiten. Es ist an-
zumerken, daß die Werte für die Schätzung mit $\sqrt{\Sigma X_i^2}$ bzw. $\hat{\mu}_{KQ}$ nicht
exakt sondern durchweg nur mit den hier entwickelten Näherungen er-
mittelt sind. Die Wirksamkeit für die Schätzung mit der bedingt suffizienten Statistik ist aus Tabelle 2.5 von Abschnitt 2.9 zu entnehmen.
Anhand der in den Tabellen untersuchten Schätzfunktionen lassen sich
nun folgende Empfehlungen für die Praxis geben:

Neben $\overset{*}{\mu}_I$ sind $\hat{\mu}_{ML}$ und P_+ zur Schätzung von μ zu empfehlen.
(Für viele Parameterkombinationen kann P_+ durch das einfacher zu hand-
habende P ersetzt werden). $\hat{\mu}_{ML}$ und P_+ (bzw. P) sind praktisch
äquivalent. Nur in der Umgebung von γ=1 ist P_+ geringfügig schlechter als $\hat{\mu}_{ML}$.

Trotz der etwas umständlicheren Bestimmung der Schätzwerte ist P_+
(bzw. P) der Vorrang vor $\hat{\mu}_{ML}$ zu geben, da die Eigenschaften von
P_+ (bzw. P) analytisch leichter faßbar sind.

Aus gleichen Gründen ist bei der Schätzung von σ^2 neben $\overset{*}{\sigma}{}^2_I$ die Verwendung von Q zu empfehlen.

Die hier für kleine Stichproben empfohlenen Schätzfunktionen haben aber auch sehr gute asymptotische Eigenschaften im Vergleich zu den anderen Schätzfunktionen:
Für $\nu\to\infty$, d.h. für $n\to\infty$ oder $\gamma\to 0$, sind sie asymptotisch wirksamst. Für $\gamma\to\infty$ sind Q und $\hat{\mu}_{ML}$ ebenfalls asymptotisch wirksamst, während sich für P bzw. P_+ eine asymptotische Effizienz ergibt, die umso näher bei 1 liegt, je größer n ist.

Schließlich soll an dieser Stelle noch die Abhängigkeit der Schätzgenauigkeit von den Modellannahmen bzw. vom Informationsstand kurz angesprochen werden.

Die Punktschätzung ist auch ohne Kenntnis von γ bzw. unter Nichtberücksichtigung der Eigenschaft $\sigma/\mu=\gamma=constans$ durchführbar: In diesem Fall wird man die erwartungstreue Schätzfunktion $\bar{X}$ bzw. S^2 zur Schätzung von μ bzw. σ^2 verwenden. Für eine erwartungstreue Schätzfunktion D_E aus Abschnitt 2.2 bis 2.8, welche die durch γ gegebene Information verwertet, interessiert daher vor allem der durch die Kenntnis von γ erzielbare Gewinn an Schätzgenauigkeit. Dieser läßt sich angeben bei der Schätzung von μ durch

$$(2.10.8) \qquad \mathrm{var}\, D_E/\mathrm{var}\, \bar{X}=\mathrm{Eff}(\bar{X})/\mathrm{Eff}(D_E) \;=\; \frac{1/(1+2\gamma^2)}{\mathrm{Eff}\, D_E}$$

bei der Schätzung von σ^2 durch

$$(2.10.9) \qquad \mathrm{var}\, D_E/\mathrm{var}\, S^2=\mathrm{Eff}(S^2)/\mathrm{Eff}(D_E) \;=\; \frac{n-1}{n} \cdot \frac{2\gamma^2/(1+2\gamma^2)}{\mathrm{Eff}\, D_E} \quad .$$

Tabelle 2.6: Effizienzvergleich von Schätzfunktionen für μ

n	γ	$\bar{X}$	$\bar{X}_+$	S	μ_O	P	P_+	$\sqrt{\Sigma X_i^2}$	μ_{KQ}
5	0.01	0.9998	0.9998	0.0001	0.999	0.9999	0.999	0.9999	0.9999
5	0.10	0.9803	0.9803	0.0148	0.995	0.9952	0.995	0.9951	0.9999
5	1.00	0.3333	0.3604	0.5059	0.833	0.8392	0.866	0.8888	0.6667
5	10.00	0.0049	0.1771	0.7551	0.751	0.7601	0.932	0.9951	0.0051
10	0.01	0.9998	0.9998	0.0001	0.999	0.9999	0.999	0.9999	0.9999
10	0.10	0.9803	0.9803	0.0171	0.997	0.9975	0.997	0.9951	0.9999
10	1.00	0.3333	0.3355	0.5847	0.912	0.9180	0.920	0.8888	0.6667
10	10.00	0.0049	0.0899	0.8726	0.869	0.8776	0.963	0.9951	0.0051
15	0.01	0.9998	0.9998	0.0001	0.999	0.9999	0.999	0.9999	0.9999
15	0.10	0.9803	0.9803	0.0179	0.998	0.9983	0.998	0.9951	0.9999
15	1.00	0.3333	0.3335	0.6117	0.940	0.9450	0.945	0.8888	0.6667
15	10.00	0.0049	0.0609	0.9129	0.911	0.9179	0.974	0.9951	0.0051
20	0.01	0.9998	0.9998	0.0001	0.999	0.9999	0.999	0.9999	0.9999
20	0.10	0.9803	0.9803	0.0183	0.998	0.9987	0.999	0.9951	0.9999
20	1.00	0.3333	0.3333	0.6253	0.955	0.9586	0.959	0.8888	0.6667
20	10.00	0.0049	0.0464	0.9333	0.933	0.9383	0.980	0.9951	0.0051

Tabelle 2.7: Effizienzvergleich von Schätzfunktionen für σ^2

n	γ	S^2	$\bar{X}^2$	ΣX_i^2	Q
5	0.01	0.0001	0.9998	0.9999	0.9999
5	0.10	0.0156	0.9833	0.9951	0.9990
5	1.00	0.5333	0.4363	0.8888	0.9696
5	10.00	0.7960	0.1994	0.9951	0.9954
10	0.01	0.0001	0.9998	0.9999	0.9999
10	0.10	0.0176	0.9818	0.9951	0.9995
10	1.00	0.6000	0.3841	0.8888	0.9841
10	10.00	0.8955	0.1003	0.9951	0.9958
15	0.01	0.0001	0.9998	0.9999	0.9999
15	0.10	0.0183	0.9813	0.9951	0.9996
15	1.00	0.6222	0.3670	0.8888	0.9892
15	10.00	0.9286	0.0674	0.9951	0.9961
20	0.01	0.0001	0.9998	0.9999	0.9999
20	0.10	0.0186	0.9811	0.9951	0.9997
20	1.00	0.6333	0.3585	0.8888	0.9918
20	10.00	0.9452	0.0511	0.9951	0.9964

Tabelle 2.8 : Mittlerer quadratischer Fehler
von Schätzfunktionen für μ

n	γ	$\bar{X}$	$\bar{X}_+$	S	μ_O	P	P_+	$\sqrt{\Sigma X_i^2}$	μ_{MLE}
5	0.01	0.00001	0.00001	0.11642	0.00002	0.00001	0.00002	0.00001	0.0000
5	0.10	0.00199	0.00199	0.11642	0.00196	0.00196	0.00196	0.00196	0.0019
5	1.00	0.16666	0.15608	0.11642	0.07410	0.07358	0.07147	0.06977	0.0674
5	10.00	0.95238	0.35967	0.11642	0.11699	0.11575	0.09646	0.09090	0.0965
10	0.01	0.00000	0.00000	0.05393	0.00001	0.00000	0.00001	0.00000	0.0000
10	0.10	0.00099	0.00099	0.05393	0.00098	0.00098	0.00098	0.00098	0.0009
10	1.00	0.09090	0.09036	0.05393	0.03526	0.03503	0.03496	0.03614	0.0335
10	10.00	0.90909	0.35601	0.05393	0.05415	0.05364	0.04912	0.04761	0.0491
15	0.01	0.00000	0.00000	0.03505	0.00000	0.00000	0.00000	0.00000	0.0000
15	0.10	0.00066	0.00066	0.03505	0.00065	0.00065	0.00065	0.00065	0.0006
15	1.00	0.06250	0.06246	0.03505	0.02309	0.02297	0.02297	0.02439	0.0223
15	10.00	0.86956	0.35241	0.03505	0.03512	0.03487	0.03293	0.03225	0.0329
20	0.01	0.00000	0.00000	0.02596	0.00000	0.00000	0.00000	0.00000	0.0000
20	0.10	0.00049	0.00049	0.02596	0.00049	0.00049	0.00049	0.00049	0.0005
20	1.00	0.04761	0.04761	0.02596	0.01715	0.01708	0.01708	0.01840	0.0167
20	10.00	0.83333	0.34885	0.02596	0.02596	0.02582	0.02475	0.02438	0.0247

Tabelle 2.9 : Mittlerer quadratischer Fehler
von Schätzfunktionen für σ^2

n	γ	S^2	$\bar{X}^2$	ΣX_i^2	Q
5	0.01	0.33333	0.00007	0.00007	0.00007
5	0.10	0.33333	0.00791	0.00781	0.00778
5	1.00	0.33333	0.37931	0.23076	0.21568
5	10.00	0.33333	0.66616	0.28569	0.28562
10	0.01	0.18181	0.00003	0.00003	0.00003
10	0.10	0.18181	0.00397	0.00392	0.00390
10	1.00	0.18181	0.25766	0.13043	0.11931
10	10.00	0.18181	0.66481	0.16665	0.16655
15	0.01	0.12500	0.00002	0.00002	0.00002
15	0.10	0.12500	0.00265	0.00262	0.00260
15	1.00	0.12500	0.19496	0.09090	0.08244
15	10.00	0.12500	0.66284	0.11763	0.11752
20	0.01	0.09523	0.00001	0.00001	0.00001
20	0.10	0.09523	0.00199	0.00196	0.00195
20	1.00	0.09523	0.15678	0.06976	0.06298
20	10.00	0.09523	0.66037	0.09090	0.09079

3. Einstichprobenteste

Zum Einstichproben-Testproblem sind bislang nur zwei Arbeiten erschienen, nämlich von HINKLEY (1977) und KHAN (1978) ,- vgl. Abschnitt 3.3 und 3.5 . Der Test von HINKLEY ist ein bedingter Test. Da für einen solchen Test die Entscheidungsregel und die Testschärfe von der im Einzelfall realisierten Bedingung abhängen, wird er von manchen Praktikern nicht gerne angewendet. Der Test von KHAN nutzt die Information "γ bekannt" nicht aus. Insoweit sind die Lösungen dieser beiden Autoren zum Teil unbefriedigend.

Daher sollen hier weitere Lösungen zum Problem des Einstichprobentests entwickelt und untersucht und eine vergleichende Diskussion der aus verschiedenen Lösungsansätzen resultierenden Teste vorgenommen werden. Mit diesem zentralen Teil der vorliegenden Arbeit soll also die bestehende Lücke in der Literatur geschlossen werden.

In Abschnitt 3.1 erfolgt in ähnlicher Gliederung wie in 2.1 beim Schätzen eine entscheidungstheoretische Präsisierung des Testproblems. In Abschnitt 3.2.1 wird der Likelihood-Quotienten-Test für einfache Hypothesen hergeleitet. Da dieser Test keinen gleichmäßig besten Test für zusammengesetzte Hypothesen darstellt, wird in 3.2.2 die aus dem Likelihood-Quotienten-Test resultierende, vom Parameter der Alternative abhängige Prüfgrößenschar betrachtet, worunter sich auch der lokal beste Test befindet. Die zum Teil anomalen Testeigenschaften dieser Prüfgrößenschar werden ausführlich in 3.2.3 bis 3.2.6 analysiert.

Abschnitt 3.3 erörtert den von HINKLEY (1977) vorgeschlagenen bedingten Test mit der bedingt suffizienten Statistik als Prüfgröße und der ancillary-statistic als Bedingung, wobei insbesondere deren Einfluß auf den OC-Verlauf untersucht wird.

Da bei Verwendung von "guten" Schätzfunktionen als Teststatistiken im allgemeinen "gute" Tests entstehen, erscheint es sinnvoll, hier auch die aus den Schätzfunktionen von Abschnitt 2 resultierenden Tests zu untersuchen. So werden in 3.4 und 3.5 zunächst jede Komponente der minimal suffizienten Statistik $(\bar{X}, S^2)$ für sich allein als Testgröße untersucht. In 3.6 werden dann geeignete Kombinationen beider Komponenten betrachtet, und zwar die Testkombination nach WILKINSON (1951), die BLUE-Schätzung aus $\bar{X}$ und S in der Verwendung als Prüfgröße und der klassische t-Test.

Zu jedem Test werden Entscheidungsregel und Operationscharakteristik (abgekürzt: OC) nicht nur formal hergeleitet, sondern auch die zugehörigen numerischen Verfahren,- siehe auch den Anhang -, angegeben und für konkrete Parameterkonstellationen durchgerechnet.

Bei der analytischen Untersuchung der Testschärfe anhand der OC's wird jeweils besonderes Augenmerk auf Monotonieeigenschaften und asymptotisches Verhalten in Abhängigkeit vom Argument und von den Parametern gerichtet.

Aus den Entscheidungsregeln werden jeweils Vertrauensbereiche für μ hergeleitet.
In 3.7 schließlich werden die untersuchten Teste noch einmal zusammenfassend miteinander verglichen und gewertet sowie Empfehlungen für die Praxis ausgesprochen.

3.1. PRÄZISIERUNG DES TESTPROBLEMS ALS ENTSCHEIDUNGSPROBLEM

3.1.1 HYPOTHESEN

Beim Einstichprobentest soll anhand der Stichprobe $(X_1,\ldots,X_n)$ aus der $N(\mu;\gamma\mu)$ über das Verwerfen einer Nullhypothese H_0 bezüglich des Parameters μ zugunsten einer problemadäquat gewählten Alternativhypothese H_1 entschieden werden.

Fall a) Einfache Hypothesen

Soll zwischen einem fest vorgegebenen μ_0 und einem anderen fest vorgegebenen Wert μ_1 mit $\mu_1=\kappa\mu_0$, $\kappa\neq1$, κ fest, entschieden werden, so lauten die zugehörigen einfachen Hypothesen

$$(3.1.1) \qquad \text{Nullhypothese} \quad H_0:\mu=\mu_0$$

$$(3.1.2) \qquad \text{Alternative} \quad H_1:\mu=\mu_1=\kappa\mu_0 \ ;\kappa\neq1 \ , \ \kappa \text{ fest} \ .$$

Fall b) Zusammengesetzte Hypothesen

Ist der Wert von μ_1 nicht konkret sondern von μ_0 aus gesehen nur seiner Richtung nach spezifiziert, sollen also mit dem Test nur Abweichungen des Parameters μ von μ_0 aus nach oben (rechts) bzw. nach unten (links) bzw. nach beiden Richtungen aufgedeckt werden, so lauten die zugehörigen zusammengesetzten Hypothesen

$$(3.1.3) \qquad H_0 : \mu = k\mu_0 ; (k \leq 1) \quad ; \quad H_1 : \mu = k\mu_0 ; k > 1$$

(rechtsseitige Alternative)

$$(3.1.4) \qquad H_0 : \mu = k\mu_0 ; (k \geq 1) \quad ; \quad H_1 : \mu = k\mu_0 ; k < 1$$

(linksseitige Alternative)

$$(3.1.5) \qquad H_0 : \mu = \mu_0 ; \qquad\qquad H_1 : \mu = k\mu_0 ; k \neq 1$$

(zweiseitige Alternative)

Äquivalent zu den Hypothesen (3.1.1) und (3.1.2) bezüglich μ sind die Hypothesen bezüglich $\sigma^2 = \gamma^2 \mu^2$

$$(3.1.6a) \qquad H_0 : \sigma^2 = \sigma_0^2 = (\gamma\mu_0)^2$$

$$(3.1.6b) \qquad H_1 : \sigma^2 = \sigma_1^2 = \kappa^2 \sigma_0^2$$

Entsprechend sehen die zu (3.1.3) bis (3.1.5) äquivalenten Hypothesen aus. Wegen dieser Äquivalenz der Hypothesen können sowohl Schätzfunktionen für μ als auch für σ^2 bzw. σ (oder für andere Potenzen von σ) als Testgrößen fungieren.

Die Struktur des Testproblems wird wesentlich durch die in Abschnitt 1.2 genannten Eigenschaften der Verteilung (keine Zugehörigkeit zur Exponentialfamilie) bzw. der Likelihoodfunktion (zweikomponentige minimalsuffiziente Statistik) bestimmt. Allerdings muß auch hier wie in Abschnitt 2.1 durch Angabe der Verlustfunktion und Einschränkung auf geeignete Klassen von Tests das Testproblem präzisiert werden.

3.1.2 VERLUSTFUNKTION

Ein Test wird durch Zerlegung des Stichprobenraumes, in den sogenannten *"kritischen Bereich"* (auch *Ablehnungsbereich* genannt) KB und sein Komplement den sogenannten *"Annahmebereich"* AB $\equiv \overline{\text{KB}}$ festgelegt. Die *Entscheidungsregel* des Tests lautet dann

Für $\underline{X} = (X_1, \ldots, X_n) \in KB$ wird H_o verworfen (Entscheidung a_1) .

Für $\underline{X} \notin KB$ wird H_o nicht verworfen (Entscheidung a_o) .

Die beim Testen üblicherweise verwendete situationsneutrale Verlust-funktion V lautet

$$V(\mu, a_o) = \begin{cases} o & \text{falls } H_o \text{ richtig} \\ 1 & \text{falls } H_o \text{ falsch} \end{cases}$$

(3.1.7)

$$V(\mu, a_1) = \begin{cases} 1 & \text{falls } H_o \text{ richtig} \\ o & \text{falls } H_o \text{ falsch} \end{cases} .$$

Bei der Verwendung dieser Verlustfunktion fungieren wie in der "klassischen Statistik" (der Neyman-Pearson-Theorie) die Wahrscheinlichkeiten für Fehlentscheidungen bzw. der Probenumfang als Gütekriterium für die Testverfahren.

Die Wahrscheinlichkeiten für Fehlentscheidungen lassen sich an der *Operationscharakteristik* $\beta(k)$ (abgekürzt: OC) ablesen. $\beta(k)$ ist die Wahrscheinlichkeit, mit der H_o nicht verworfen wird, unter der Bedingung, daß der wahre Parameterwert $\mu = k\mu_o$ ist, also

(3.1.8) $\quad \beta(k) = W(\underline{X} \in AB \,|\, \mu = k\mu_o) = W(a_o \,|\, \mu = k\mu_o)$.

Die komplementäre Wahrscheinlichkeit

(3.1.9) $\quad 1-\beta(k) = W(\underline{X} \in KB \,|\, \mu = k\mu_o) = W(a_1 \,|\, \mu = k\mu_o)$

heißt *Gütefunktion* oder *Macht* des Tests.
Bei Gültigkeit von H_o , d.h. bei $\mu = k\mu_o \in H_o$, gibt $\beta(k)$ die Wahrscheinlichkeit für eine richtige Entscheidung, nämlich H_o nicht zu verwerfen.
Bei Nichtgültigkeit von H_o , d.h. $\mu = k\mu_o \in H_1$, gibt $\beta(k)$ die Wahrscheinlichkeit für eine falsche Entscheidung, nämlich H_o nicht zu verwerfen,
Den Wert von $\beta(k)$ an der Stelle $k=1$, d.h. $\mu = \mu_o$, bezeichnet man als *Statistische Sicherheit* $1-\alpha$:

(3.1.10) $\quad \beta(1) = W(\underline{X} \in AB \,|\, \mu = \mu_o) = 1-\alpha$;

α heißt *Signifikanzniveau* des Tests. Der Verlauf der vom Argument k abhängigen Funktion $\beta(k)$ ist von den Parametern n , α , γ , μ_o und im Fall der einfachen Hypothese auch von $\mu_1 = \kappa\mu_o$ abhängig. Das soll im folgenden durch die Schreibweise $\beta(k) = \beta(k|n,\alpha,\gamma,\mu_o,\mu_1)$ zum Ausdruck kommen.

Bezüglich der Bestimmung der Entscheidungsregel und der Parametervorgabe sind in der Praxis folgende Problemstellungen wichtig:

Problemstellung 1

Fall a)   Einfache Hypothesen

Gegeben ist n und α . Dann gilt:

$$(3.1.11) \qquad \beta(k) = \beta(k|\mu_o ; \mu_1 = \kappa\mu_o ; \alpha , n , \gamma) \quad .$$

Gesucht ist der *beste Test* mit dem Annahmebereich AB* und der OC $\beta^*(k)$, für den gilt:

$$(3.1.12) \qquad \beta^*(\kappa) = W(\underline{X} \in AB^* | \mu=\kappa\mu_o) = \underset{AB}{Min}\ W(\underline{X} \in AB | \mu=\kappa\mu_o) \quad .$$

Fall b)   Zusammengesetzte Hypothesen

Gegeben ist n und α . Dann gilt:

$$(3.1.13) \qquad \beta(k) = \beta(k|\mu_o ; \alpha , n , \gamma) \quad .$$

Bei <u>einseitiger Alternative</u> sucht man den *gleichmäßig besten Test*, falls er existiert, für den bei beliebigem $\mu=k\mu_o \in H_1$ gilt:

$$(3.1.14) \qquad \beta^*(k) = W(\underline{X} \in AB^* | \mu \in H_1) = \underset{AB}{Min}\ W(\underline{X} \in AB | \mu \in H_1) \quad .$$

Bei <u>zweiseitiger Alternative</u> sucht man den *gleichmäßig besten unverzerrten Test*, falls er existiert, für den bei beliebigem $\mu=k\mu_o \in H_1$ die Minimierung in (3.1.14) unter der Bedingung $\beta^*(k) \leq 1-\alpha$ vorgenommen wird.

Gesucht ist in allen Fällen neben AB* auch $\beta^*(k)$.

Problemstellung 2

Gegeben ist n , α und eine Teststatistik $D = D(X_1,\dots,X_n)$. Ge-

sucht ist ein kritischer Bereich K_D für D und $\beta(k)$ für den mit
D gebildeten Test.

Eine Teststatistik D_1 mit $\beta_1(k)$ liefert dabei einen besseren Test
als D_2 mit $\beta_2(k)$, falls die Relation $\beta_1(k) \leq \beta_2(k)$ für $\mu \in H_1$
und $\beta_1(k) \geq \beta_2(k)$ für $\mu \in H_o$ und die Ungleichheit für mindestens ein
k gilt. Sind D_1 und D_2 Schätzfunktionen für μ bzw. σ^2 , so
führt die wirksamere Schätzfunktion nicht unbedingt zum besseren Test.
Es gilt jedoch für erwartungstreue (asymptotisch) normalverteilte
Schätzfunktionen folgendes Lemma, vgl. KENDALL/STUART, Abschnitt 22.15:

<u>Lemma:</u>

Falls die Wirksamkeit $\text{Eff}(D_1)$ von D_1 im Vergleich zu $\text{Eff}(D_2)$ von
D_2 unter H_1 um den gleichen Faktor größer ist als unter H_o , falls
also

$$(3.1.15) \qquad \frac{\text{Eff}(D_1 \mid H_o)}{\text{Eff}(D_2 \mid H_o)} = \frac{\text{Eff}(D_1 \mid H_1)}{\text{Eff}(D_2 \mid H_1)} > 1 \quad ,$$

oder äquivalent dazu

$$(3.1.15a) \qquad \frac{\text{var}(D_1 \mid H_o)}{\text{var}(D_2 \mid H_o)} = \frac{\text{var}(D_1 \mid H_1)}{\text{var}(D_2 \mid H_1)} < 1 \quad ,$$

dann führt D_1 zum (asymptotisch) besseren Test und zwar gleichmäßig in
k und unabhängig vom Signifikanzniveau α .
Äquivariante Schätzfunktionen erfüllen die Bedingung (3.1.15) , da
dann wegen $\text{var } D_i = v_i \sigma^{2r}$; $i = 1,2$, die beiden Varianzquotienten in
(3.1.15a) unabhängig von σ bzw. μ den konstanten Wert v_1/v_2
annehmen.

Problemstellung 3

Vorgegeben sind für die OC die Punkte $\beta(1)=1-\alpha$ und $\beta(\kappa)=\beta$ (und
eine Teststatistik D) . Gesucht ist ein kritischer Bereich KB (bzw.
K_D) und der Probenumfang n so, daß die zugehörige OC durch die beiden vorgegebenen Punkte verläuft. Je kleiner n umso besser ist der
Test; der beste Test ist derjenige mit minimalem n .

3.1.3 BILDUNG EINER GEEIGNETEN KLASSE VON TESTS BZW. TESTSTATISTIKEN

(1) Suffizienz

Wie bei der Schätzung von μ kann man den n-dimensionalen Stichprobenraum auf den zweidimensionalen Raum der minimal suffizienten Statistik $(\bar{X}, S^2)$ einschränken. Kritische Bereiche sind also Teilmengen dieses zweidimensionalen Raumes. Anders als bei der Schätzung ist beim Testen eine Reduktion auf eine eindimensionale Statistik nicht nötig. Da die Stichprobenvariablen X_i stetig sind, braucht man nur *nichtrandomisierte* Tests zu betrachten. Daher sind in Vorwegnahme dieser Eigenschaft im obigen Text nur nichtrandomisierte Tests beschrieben.

(2) Skalenäquivarianz

Durch die Transformation der Stichprobenvariablen X_i zu $X_i^* = X_i / \mu_o$ kann man die Hypothesen (3.1.1) bis (3.1.5) stets in dimensionslose Hypothesen umformen:

	Nullhypothese	Alternative	
	$H_o: \mu=1$	$H_1: \mu=\kappa$	(einfach)
	$H_o: \mu\leq 1$	$H_1: \mu>1$	(rechtsseitig)
(3.1.16)	$H_o: \mu\geq 1$	$H_1: \mu<1$	(linksseitig)
	$H_o: \mu=1$	$H_1: \mu\neq 1$	(zweiseitig)

Bei der Problemstellung 2 verwendet man daher sinnvollerweise nur skalenäquivariante Teststatistiken. Dadurch wird nämlich der Verlauf der OC vom Parameter μ_o unabhängig:

$$(3.1.17) \qquad \beta(k) = \beta(k \mid \kappa, \alpha, n, \gamma) \quad \text{bzw.} \quad \beta(k) = \beta(k \mid \alpha, n, \gamma) \quad .$$

(3) Positivität

Im Gegensatz zu den Schätzfunktionen braucht bei Problemstellung 2 für die Teststatistiken aus Gründen der Testkonstruktion keine Positivitätsforderung gestellt werden.

Positive Schätzfunktionen $D \in \Delta_P$ für μ haben jedoch folgende angenehme Eigenschaft: Wegen der Verwendbarkeit von D^2 zur Schätzung von σ^2 , wegen der Äquivalenz von (3.1.6) mit (3.1.1) und weiter wegen der Monotonie der Transformation von $D>0$ nach D^2 sind D und D^2 als Teststatistiken äquivalent, d.h. sie führen zu Testen mit gleicher OC. Als Beispiel hierzu seien $\sqrt{\Sigma X_i^2}$ und ΣX_i^2 genannt. Bei nicht zu Δ_p gehörenden Schätzfunktionen $\bar{D}$ führen $\bar{D}$ und $\bar{D}^2$ nicht zu äquivalenten Tests, wie z.B. $\bar{X}$ und $\bar{X}^2$; vgl. hierzu auch Abschnitt 3.4 .

Die Positivität der Teststatistik muß allerdings dann gefordert werden, wenn eine Intervallschätzung durchgeführt werden soll; vgl. hierzu auch Abschnitt 3.1.4 .

(4) Konsistenz

Obwohl im Fall "kleiner" Stichproben die Eigenschaft der *Konsistenz* keine Bedeutung hat, fordert man i.a. für einen Test die Konsistenz:

$$(3.1.18) \qquad \lim_{n \to \infty} W(\underline{X} \in KB | H_1) = 1 \quad .$$

Bei einem konsistenten Test wird also H_0 im Falle, daß H_1 gilt, für $n \to \infty$ fast sicher abgelehnt.
Testgrößen, gebildet aus konsistenten Schätzfunktionen, führen zu konsistenten Tests. Insoweit sind im folgenden alle Tests konstistent.

(5) Unverzerrtheit

Für einen Test ist i.a. die *Unverzerrtheit* erwünscht; vgl. FERGUSON, S. 224: Falls $W(\underline{X} \in KB | H_0) \leq \alpha$, dann soll $W(\underline{X} \in KB | H_1) \geq \alpha$ gelten, d.h. H_0 soll bei Gültigkeit von H_1 nicht mit kleinerer Wahrscheinlichkeit verworfen werden als bei Gültigkeit von H_0 . Nicht alle hier untersuchten Tests sind unverzerrt; sie sind jedoch alle asymptotisch unverzerrt. Falls eine Verzerrung vorliegt, wird im folgenden ausdrücklich darauf hingewiesen.
Wird eine Schätzfunktion als Prüfgröße verwendet, so hat die Verzerrung der Schätzfunktion keinen Einfluß auf die Verzerrungseigenschaft des Tests.
Wird zur Konstruktion der kritischen Bereiche von zweiseitigen Tests eine symmetrische Aufteilung des Signifikanzniveaus vorgenommen, so

sind die meisten der nachfolgend beschriebenen Tests in der Umgebung von μ_o verzerrt und zwar in einem Bereich $\mu^* \leq \mu \leq \mu_o$ in gleicher Weise wie das i.a. beim Testen auf Skalenparameter beobachtet werden kann. Durch geeignete asymmetrische Aufteilung des Signifikanzniveaus könnte man im Prinzip die Verzerrung vermeiden. Dies soll hier jedoch nicht durchgeführt werden. Falls beim zweiseitigen Test keine Verzerrung vorliegt, muß $d\beta(k)/dk\big|_{k=1} = 0$ sein.

3.1.4 INTERVALLSCHÄTZUNG; KONSTRUKTION VON VERTRAUENSBEREICHEN

Aus dem zur statistischen Sicherheit $1-\alpha$ gebildeten Annahmebereich AB für die Teststatistik D gewinnt man beim Test bezüglich μ bzw. σ^2 einen Vertrauensbereich für μ bzw. σ^2 mit der statistischen Sicherheit $1-\alpha$ nach folgender Vorschrift:

Der Vertrauensbereich wird gebildet aus denjenigen Parameterwerten, die mit dem realisierten Prüfgrößenwert D "verträglich" sind, also aus denjenigen Werten $\mu = \mu_o$, für die D im zugehörigen Annahmebereich liegt.

Demgemäß hat man z.B. bei eindimensionalen Teststatistiken die den Annahmebereich definierende Ungleichung nach dem hypothetischen Parameter aufzulösen und erhält damit den Vertrauensbereich. So entsteht aus dem Annahmebereich bei einseitiger Abgrenzung nach oben bzw. unten bzw. bei zweiseitiger Abgrenzung ein nach unten bzw. oben bzw. zweiseitig abgegrenzter Vertrauensbereich.

3.2. DER LIKELIHOOD-QUOTIENTEN-TEST

3.2.1. EINFACHE HYPOTHESEN

Für einfache Hypothesen und Problemstellung 1 von Abschnitt 3.1.2. liefert das hier anwendbare Lemma von Neyman/Pearson, - vgl. FERGUSON, S. 198 ff. -, mit dem Likelihoodquotienten einen besten Test.
Der zu vorgegebenem n und α gehörige kritische Bereich KB wird bestimmt aus der Forderung für den *Likelihoodquotienten* q ,

$$(3.2.1) \qquad q = \frac{L(\underline{X}|\mu_o)}{L(\underline{X}|\mu_1 = \kappa\mu_o)} < q_{n;\alpha} \quad ,$$

wobei $q_{n;\alpha}$ so zu wählen ist, daß

$$(3.2.2) \qquad \int_{KB} L(\underline{X}|\mu_0)\,d\underline{X} = \alpha \quad .$$

Durch Einsetzen der Likelihoodfunktion $L(\underline{X}|\mu)$ aus (1.2.5) in (3.2.1) erhält man nach einer elementaren Umformung:

$$(3.2.3) \qquad \underbrace{(1/\kappa^2-1)}_{=:F} \sum_{i=1}^{n} [X_i^2-2\rho\mu_0 X_i]/(\gamma\mu_0)^2 < 2(\ln q_{n;\alpha}-\ln \kappa^n)$$

mit

$$(3.2.4) \qquad \rho := \kappa/(1+\kappa) \quad .$$

Der Faktor $F=(1/\kappa^2-1)$ vor der Summe ist positiv für $\kappa<1$ und negativ für $\kappa>1$. Damit ergibt sich nach Division durch F und Addition von $n\rho^2\mu_0^2/(\gamma\mu_0)^2$ auf beiden Seiten der kritische Bereich KB: H_0 verwerfen, falls

$$(3.2.5) \qquad L_\kappa := \sum_{i=1}^{n} [(X_i-\rho\mu_0)/(\gamma\mu_0)]^2 \begin{cases} > c_{n;\alpha}^2 & \text{im Fall } \kappa>1 \\[2ex] < c_{n;\alpha}^2 & \text{im Fall } \kappa<1 \end{cases}$$

mit

$$(3.2.6) \qquad c_{n;\alpha}^2 = \nu\rho^2+2\kappa^2[\ln q_{n;\alpha}+n\ln \kappa]/(1-\kappa^2) > 0$$

Die praktische Ermittlung von $c_{n;\alpha}^2$ erfolgt nach der später gegebenen Formel (3.2.11). Im n-dimensionalen Raum der dimensionslosen Stichprobenvariablen $X_i^*=X_i/\mu_0$ betrachtet, stellt dieser kritische Bereich also im Fall $\kappa>1$ das Äußere und im Fall $\kappa<1$ das Innere einer Hyperkugel mit Radius $\gamma c_{n;\alpha}$ und Mittelpunkt $(\rho;\ldots;\rho)$ dar.

L_κ läßt sich auch in der Form

$$(3.2.7) \qquad L_\kappa = n[(\bar{X}-\rho\mu_0)^2+\hat{S}^2]/(\gamma\mu_0)^2 \quad \text{mit} \quad \hat{S}^2 = \Sigma(X_i-\bar{X})^2/n$$

schreiben, so daß der kritische Bereich im zweidimensionalen Raum der dimensionslos gemachten suffizienten Statistik $(\bar{X}/\mu_0;\hat{S}/\mu_0)$ das Äußere $(\kappa>1)$ bzw. das Innere $(\kappa<1)$ des Halbkreises mit Radius $\gamma c_{n;\alpha}/\sqrt{n}$ und Mittelpunkt $(\rho;0)$ in der oberen Halbebene $\hat{S}>0$ darstellt.

Die Form (3.2.7) der Prüfgröße wird auch von KHAN (1978) hergeleitet. Er bearbeitet den Test jedoch nicht weiter mit der Begründung: "Es ist ziemlich schwierig (den Schwellenwert) c zu bestimmen, ganz zu schweigen vom Problem der Gütefunktion oder der Auffindung von n für gegebene Irrtumswahrscheinlichkeiten (Kommentar: hier Problemstellung 3 von Abschnitt 3.1.)"
Offenbar hat KHAN den nachfolgend hergeleiteten Zusammenhang mit der nicht-zentralen χ^2-Verteilung nicht erkannt. Als Ersatz schlägt er eine andere Prüfgröße vor, nämlich die Stichprobenvarianz, vgl. hierzu Abschnitt 3.5.

Aus der Umformung

$$(3.2.8) \qquad L_\kappa = \Sigma \left(\frac{X_i - \rho\mu_o}{\gamma\mu_o} \right)^2 = \Sigma \left[\underbrace{\frac{X_i - \mu_o}{\gamma\mu_o}}_{=:U_i} + \frac{\mu_o - \rho\mu_o}{\gamma\mu_o} \right]^2 = \Sigma \left(U_i - \frac{1}{\gamma} \frac{1}{1+\kappa} \right)^2$$

folgt mit der Definition (A 4.1) der nichtzentralen χ^2-Verteilung

$$(3.2.9) \qquad L_\kappa \overset{d}{=} \chi_n'^2 (\lambda_{\kappa;1})$$

mit dem Nichtzentralitätsparameter

$$(3.2.10) \qquad \lambda_{\kappa;1} = \nu/(1+\kappa)^2 = \nu(1-\rho)^2 \ .$$

Demnach ist $c_{n;\alpha}^2$ ein Schwellenwert der χ^2-Verteilung, und zwar

$$(3.2.11) \qquad c_{n;\alpha}^2 = \begin{cases} \chi_{n;1-\alpha}'^2 (\lambda_{\kappa;1}) & \text{im Fall} \quad \kappa > 1 \\[2ex] \chi_{n;\alpha}'^2 (\lambda_{\kappa;1}) & \text{im Fall} \quad \kappa < 1 \ , \end{cases}$$

d.h. $c_{n;\alpha}^2$ ist abhängig von n, α und κ, nicht aber von μ_o. Die Schwellenwerte sind mit den in Abschnitt A 4 zitierten Tabellen bzw. Verfahren erhältlich.

Der Likelihood-Quotienten-Test ist ein bester Test (Problemstellung 1, Fall a), d.h. die Wahrscheinlichkeit $\beta(\kappa|\kappa)$ für die Fehlentscheidung zweiter Art an der Stelle $\mu = \kappa\mu_o$, also die Annahmewahrscheinlichkeit von H_o bei Gültigkeit von $H_1 : \mu = \kappa\mu_o$,

$$(3.2.12) \qquad \beta(\kappa|\kappa) := W(L_\kappa \in AB | \mu = \kappa\mu_o) \ ,$$

ist bei fest vorgegebenem α minimal bezüglich aller anderen Aufteilungen des Stichprobenraums in kritischen Bereich KB und Annahmebereich AB = $\overline{KB}$.

Obwohl bei einfachen Hypothesen der Wert $\beta(\kappa|\kappa)$ zur Beurteilung der Testgüte ausreicht, stellt sich gelegentlich aus praktischer Sicht die Frage, mit welcher Wahrscheinlichkeit der Test sich bei $\mu=k\mu_0$ mit $k\neq1$ für H_0 entscheidet, wobei vornehmlich die k-Werte im Bereich zwischen $k=1$ und $k=\kappa$ interessieren. Es wird also die OC $\beta(k|\kappa)$ gesucht:

$$(3.2.13) \qquad \beta(k|\kappa) = W(L_\kappa \in AB|\mu=k\mu_0) \quad .$$

Man benötogt $\beta(k|\kappa)$ außerdem zur Untersuchung der Frage, ob der Test mit L_κ nicht nur ein bester Test zur speziellen Alternative $H_1:\mu=\kappa\mu_0$, sondern auch ein gleichmäßig bester Test ist (Problemstellung 1, Fall b) .

Zur Berechnung dieser OC braucht man die Verteilung von L_κ für den Fall, daß $\mu=k\mu_0$ gilt. Eine Umformung analog zu der in (3.2.8) ergibt:

$$(3.2.14) \qquad L_\kappa = k^2\Sigma\left[U_i + \frac{1}{\gamma}\left(1 - \frac{1}{k}\,\frac{\kappa}{1+\kappa}\right)\right]^2 \quad ,$$

d.h. es gilt für $\mu=k\mu_0$

$$(3.2.15) \qquad L_\kappa \stackrel{d}{=} k^2\chi_n'^2(\lambda_{\kappa;k})$$

mit

$$(3.2.16) \qquad \lambda_{\kappa;k} = \nu\left(1 - \frac{1}{k}\,\frac{\kappa}{1+\kappa}\right)^2 = \nu(1-\rho/k)^2 \quad .$$

Speziell für die Alternative $\mu=\kappa\mu_0$ ist

$$(3.2.17) \qquad L_\kappa \stackrel{d}{=} \kappa^2\chi_n'^2(\lambda_{\kappa;\kappa})$$

mit

$$(3.2.18) \qquad \lambda_{\kappa;\kappa} = \nu\left(\frac{\kappa}{1+\kappa}\right)^2 = \nu\cdot\rho^2 \quad .$$

Damit lautet $\beta(k|\kappa)$ mit der Verteilungsfunktion $\Psi(\cdot|n;\lambda)$ von $\chi_n'^2(\lambda)$:

(3.2.19a) $\quad \beta(k|\kappa) = W(L_\kappa \leq \chi'^2_{n;1-\alpha}(\lambda_{\kappa;1})\,|\,\mu=k\mu_0)$

$\qquad\qquad = \Psi(\chi'^2_{n;1-\alpha}(\lambda_{\kappa;1})/k^2\,|\,n;\lambda_\kappa;k) \quad$ im Fall $\quad \kappa>1$

(3.2.19b) $\quad \beta(k|\kappa) = 1-\Psi(\chi'^2_{n;\alpha}(\lambda_{\kappa;1})/k^2\,|\,n;\lambda_\kappa;k) \quad$ im Fall $\quad \kappa<1$.

Bezüglich der exakten numerischen Bestimmung von Ψ wird auf die in Abschnitt A 4 genannten Verfahren verwiesen.

Aus (3.2.19) wird die Parameterabhängigkeit bei $\beta(k|\kappa)$ ersichtlich:

(3.2.20) $\quad \beta(k|\kappa) = \beta(k|n;\alpha;\kappa;\nu)$.

Demgemäß ist der Verlauf von $\beta(k|\kappa)$ zwar nicht von μ_0 , jedoch von κ , also von der speziell gewählten einfachen Alternative $H_1:\mu=\kappa\mu_0$ abhängig. Somit stellt der Test mit der Prüfgröße L_κ keinen gleichmäßig besten Test für die einseitige zusammengesetzte Alternative (Problemstellung 1, Fall b) dar. Infolgedessen existiert dafür auch kein gleichmäßig bester Test,- vgl. KENDALL/STUART II, Abschnitt 22.19 -, was aus der Nichtzugehörigkeit von $N(\mu;\gamma\mu)$ zur Exponentialfamilie erklärbar ist.

Der Test mit L_κ liefert jedoch für Problemstellung 3 einen besten Test. Aus der Forderung

(3.2.21) $\quad \beta(1|\kappa) = 1-\alpha \;;\; \beta(\kappa|\kappa) = \beta$

folgt im Fall $\kappa>1$ aus (3.2.19a) für n die Bedingung:

(3.2.22) $\quad \chi'^2_{n;1-\alpha}(\lambda_{\kappa;1}) = \kappa^2\chi'^2_{n;\beta}(\lambda_{\kappa;\kappa})$.

Diese implizite Gleichung für n ist iterativ zu lösen. Da n diskret ist, läßt sich dabei in (3.2.21) nicht exakt Gleichheit erreichen. Mit dem gefundenen minimalen n^* wird die Entscheidungsregel wie in (3.2.5) formuliert.

3.2.2 ZUSAMMENGESETZTE HYPOTHESEN; PRÜFGRÖSSENSCHAR L_κ

Das Ausmaß der Abweichung, die $N(\mu;\gamma\mu)$ von der Exponentialfamilie
besitzt, ist durch die statistische Krümmung $K(\gamma)$ gemäß (1.2.4)
meßbar. Da $K(\gamma)$ den Maximalwert bei $\gamma=1$ annimmt und für $\gamma\to\infty$ bzw.
$\gamma\to 0$ verschwindet,- vgl. Abschnitt 1.2 , Abb. 1.1 -, ist zu vermuten, daß für sehr große bzw. sehr kleine γ-Werte der OC-Verlauf nur
geringfügig von κ abhängt und daß für $\gamma=1$ die stärksten OC-Unterschiede in Abhängigkeit von κ auftreten.

Bei der Untersuchung dieser Unterschiede, d.h. bei der Erfassung der
Bandbreite für die Kurvenschar $\beta(k|\kappa)$ in Abhängigkeit vom Scharpa-
rameter κ und dem Vergleich der Bandbreite für verschiedene Werte
von γ sind die Grenzfälle $\kappa=0$, $\kappa=1$ und $\kappa=\infty$, bzw. äquivalent
dazu die Fälle $\rho=0$, $\rho=1/2$ und $\rho=1$ mit $\rho=\kappa/(1+\kappa)$ von besonderer Bedeutung.

Bei den nachstehenden Untersuchungen wird die Tatsache ignoriert, daß
L_κ durch seine Konstruktion bei Problemstellung 1, Fall a, spezifisch auf die konkrete einfache Alternative $H_0:\mu=\kappa\mu_0$ zugeschnitten
ist. Statt dessen wird L_κ als eine vom Parameter κ abhängige Prüfgrößenschar zur Überprüfung zusammengesetzter Hypothesen gemäß Problemstellung 2 aufgefaßt. Bei dieser Auffassung verliert natürlich
der Parameter κ bei der Prüfgröße die inhaltliche Bedeutung, die
ihm in Problemstellung 1 mit einfachen Hypothesen zukommt.
Für die Hypothesen jedoch wird aus dem Fall $\kappa>1$ die rechtsseitige
und aus $\kappa<1$ die linksseitige zusammengesetzte Alternative , nachfolgend H_r und H_l genannt. Entsprechend entstehen aus (3.2.5) und
(3.2.11) bzw. aus (3.2.19) Annahmebereich bzw. OC der Tabelle
3.2.1 . Der Test zur zweiseitigen Alternative H_z in Tabelle 3.2.1
und alle anderen zweiseitigen Tests dieser Arbeit sind so konstruiert, daß der kritische Bereich zum Signifikanzniveau α aus der Ver-
einigung der jeweils zum Signifikanzniveau $\alpha/2$ gebildeten kritischen
Bereiche der beiden einseitigen Teste ensteht. Es wird also eine symmetrische Aufteilung des Signifikanzniveaus α vorgenommen. Diese
Konstruktion des zweiseitigen Tests ist in der Statistik vor allem
aus der Sicht der praktischen Testdurchführung allgemein üblich, vielfach auch dann, wenn dieser Test nicht alle wünschenswerten Eigenschaften, z.B. Unverzerrtheit, besitzt.

Wie aus der Tabelle ersichtlich wird, läßt sich $\beta_z(k)$ auch mit den

Tabelle 3.2.1

Alternative $H_1 : \mu/\mu_0 = k$	Annahmebereich AB	OC: $\beta(k \mid \kappa)$
$H_r \;:\; k>1$	$\left[0\,; \chi^{'2}_{n;1-\alpha}(\lambda_\kappa;1) \right]$	$\Psi(\chi^{'2}_{n;1-\alpha}/k^2) =: \beta_r(k)$
$H_1 \;:\; k<1$	$\left[\chi^{'2}_{n;\alpha}(\lambda_\kappa;1)\,; \infty \right)$	$1-\Psi(\chi^{'2}_{n;\alpha}/k^2) =: \beta_1(k)$
$H_z \;:\; k\neq1$	$\left[\chi^{'2}_{n;\alpha/2}(\lambda_\kappa;1)\,; \right.$ $\left. \chi^{'2}_{n;1-\alpha/2}(\lambda_\kappa;1) \right]$	$\Psi(\chi^{'2}_{n;1-\alpha/2}/k^2)\;-$ $-\Psi(\chi^{'2}_{n;\alpha/2}/k^2) =: \beta_z(k)$

jeweils zum Signifikanzniveau $\alpha/2$ ermittelten OC's $\beta_r(k)$ und $\beta_1(k)$ darstellen:

$$(3.2.23) \qquad \beta_z(k \mid \kappa) = \beta_r(k \mid \alpha/2) + \beta_1(k \mid \alpha/2) - 1 \quad .$$

Diese Formel gilt allgemein für die hier verwendete Konstruktion des zweiseitigen Tests. Sie ist sowohl bei der praktischen Berechnung als auch zur Diskussion der Eigenschaften von $\beta_z(k)$ sehr nützlich und wird hier wie in den folgenden Abschnitten verwendet.

Nachstehend sollen nun die Grenzfälle $\kappa=0$, $\kappa=1$ und $\kappa=\infty$ und ihre Besonderheiten näher erörtert werden.

(1) Fall $\kappa=1$ bzw. $\rho=1/2$; der lokal beste Test

(a) einseitige Alternative

Da L_κ einen besten Test für die einfache Alternative $H_1 : \mu=\kappa\mu_0$ ergibt, und da H_1 für $\kappa\to1$ in die Nullhypothese $H_0 : \mu=\mu_0$ übergeht, ist zu vermuten, daß $L_1 = \lim\limits_{\kappa\to1} L_\kappa$, also

$$(3.2.24) \qquad L_1 = \Sigma\left(\frac{X_i-\mu_0/2}{\gamma\mu_0}\right)^2 \quad ,$$

die Prüfgröße des lokal besten einseitigen Tests darstellt. Dieser ist dadurch charakterisiert, daß er maximalen Absolutwert der OC-Steigung an der Stelle $\mu=\mu_0$ besitzt. Prüfgröße und kritischer Bereich des lokal besten einseitigen Tests werden zu vorgegebenem α bestimmt aus der Forderung, - vgl. FERGUSON, S. 235-237 -,

$$(3.2.25) \qquad \frac{\partial}{\partial \mu} \log L(\underline{X} \mid \mu) \Big|_{\mu=\mu_0} > q_{n;\alpha} \qquad ,$$

die aus (3.2.1) unter der Restriktion (3.2.2) durch Grenzübergang $\mu_1 \to \mu_0$ bzw. $\kappa \to 1$ entsteht.

Aus (3.2.25) ergibt sich nach wenigen Rechenschritten die Prüfgröße L_1 , - vgl. HINKLEY (1977)-, so daß L_1 tatsächlich den lokal besten Test darstellt.

Aufgrund der Regularitätseigenschaften der $N(\mu;\gamma\mu)$ geht also beim Grenzübergang $\kappa \to 1$ nicht nur die Konstruktionsforderung (3.2.1) in (3.2.25) über, sondern auch die zugehörige Lösung L_κ von (3.2.1) in die Lösung L_1 von (3.2.25) . Dementsprechend sind $\beta_r(k)$ bzw. $\beta_1(k)$ und die zugehörigen Annahmebereiche aus Tabelle 3.2.1 zu entnehmen, indem man dort $\kappa=1$ setzt.

(b) zweiseitige Alternative

Der lokal beste unverzerrte zweiseitige Test wird konstruiert aus der Forderung, daß die OC $\beta_z(k)$ für $\mu=\mu_0$ d.h. für $k=1$ ein Maximum und maximale 2. Ableitung besitzen soll. Daraus resultiert die Entscheidungsregel, vgl. FERGUSON, S. 237 ff.:

H_0 ablehnen, falls

$$(3.2.26) \qquad \frac{\partial^2 \log L}{\partial \mu}\Big|_{k=1} + \left(\frac{\partial}{\partial \mu} \log L\Big|_{k=1}\right)^2 > a_1 + a_2 \frac{\partial}{\partial \mu} \log L\Big|_{k=1} \qquad ,$$

wobei a_1 und a_2 so zu bestimmen sind, daß die Restriktionen

$$(3.2.27) \qquad \beta_z(1) = 1-\alpha \quad \text{und} \quad d\beta_z(k)/dk \Big|_{k=1} = 0$$

erfüllt sind.

Der zweite Term auf der linken Seite von (3.2.26) stellt im wesentlichen das Quadrat von L_1 dar, also das Quadrat einer quadratischen Form. Wegen der daraus resultierenden komplizierten Verteilungsstruktur wird dieser Test hier nicht weiter behandelt. Statt dessen wird die auf L_1 basierende verzerrte Ersatzlösung untersucht, bei der man den kritischen Bereich durch symmetrische Aufteilung des Signifikanzniveaus α gewinnt ,- vgl. den Text vor Tabelle 3.2.1.

(2) Fall $\kappa=0$ bzw. $\rho=0$; Prüfgröße ΣX_i^2

Für $\kappa\to 0$ bzw. $\rho\to 0$ entsteht aus (3.2.5) die Prüfgröße

$$(3.2.28) \qquad L_0 = \Sigma X_i^2/(\gamma\mu_0)^2 \quad,$$

die im wesentlichen mit der Schätzfunktion aus Abschnitt 2.5.3 übereinstimmt. Bei Gültigkeit von $\mu=k\mu_0$ hat man also gemäß (3.2.15)
und (3.2.16) für L_0:

$$(3.2.29) \qquad L_0 \overset{d}{=} k^2 \chi_n'^2(\lambda_{0;k}) \quad\text{mit}\quad \lambda_{0;k}=n/\gamma^2=\nu \quad.$$

Annahmebereiche und OC's sind aus Tabelle 3.2.1 zu entnehmen, indem
man dort $\kappa=0$ setzt.
Die Besonderheit von L_0 liegt darin, daß der Nichtzentralitätsparameter unabhängig von k und damit bei festem n und γ konstant ist.

(3) Fall $\kappa=\infty$ bzw. $\rho=1$; Prüfgröße $S^2(\mu_0)$

Für $\kappa\to\infty$ bzw. $\rho=\kappa/(1+\kappa)\to 1$ entsteht aus (3.2.5) mit der auf μ_0
bezogenen Stichprobenvarianz,

$$(3.2.30) \qquad S^2(\mu_0):= \frac{1}{n}\,\Sigma(X_i-\mu_0)^2 \quad,$$

die Prüfgröße L_∞ ,

$$(3.2.31) \qquad L_\infty = \Sigma(X_i-\mu_0)^2/(\gamma\mu_0)^2 = nS^2(\mu_0)/(\gamma\mu_0)^2 \quad.$$

L_∞ stimmt bis auf den Faktor $(-1/2)$ mit dem Exponenten der Likelihoodfunktion (1.2.5) für $\mu=\mu_0$ überein. Somit ist $S^2(\mu_0)$ bei Gültigkeit von $\mu=\mu_0$ eine suffiziente Schätzung für $\sigma_0^2=(\gamma\mu_0)^2$ mit den
Eigenschaften:

$$(3.2.32) \qquad E(S^2(\mu_0)\,|\,\mu_0) = \sigma_0^2 \quad,$$

$$(3.2.33) \qquad \text{var}(S^2(\mu_0)\,|\,\mu_0) = 2\sigma_0^4/n \quad.$$

Für $\mu=k\mu_0$, $k\ne 1$ ist jedoch $S^2(\mu_0)$ nicht mehr suffizient und es
gilt allgemein:

$$(3.2.34) \qquad E(S^2(\mu_0)\,|\,\mu = k\mu_0) = k^2\sigma_0^2[1+(k-1)^2/(\gamma k)^2] \quad,$$

$$(3.2.35) \qquad \mathrm{var}(S^2(\mu_0)\,|\,\mu = k\mu_0) = (2\sigma_0^4 k^4/n)[1+2(k-1)^2/(\gamma k)^2] \quad.$$

Bei Gültigkeit von $\mu = k\mu_0$ hat man für L_∞ gemäß (3.2.15) und (3.2.16):

$$(3.2.36) \qquad L_\infty \overset{d}{=} k^2\chi_n'^2(\lambda_{\infty;k}) \quad \text{mit} \quad \lambda_{\infty;k} = \nu(k-1)^2/k^2 \quad.$$

Die Besonderheit von L_∞ liegt darin, daß L_∞ bei Gültigkeit von H_0 zentral χ^2-verteilt ist, also

$$(3.2.37) \qquad L_\infty \overset{d}{=} \chi_n'^2(0) \equiv \chi_n^2 \quad \text{für} \quad \mu = \mu_0 \quad.$$

Der Annahmebereich läßt sich also leicht aus einer Tabelle der χ^2-Verteilung entnehmen. Die OC's findet man aus Tabelle 3.2.1 , indem man dort $\kappa = \infty$ setzt. .

3.2.3 EIGENSCHAFTEN DER OC VON L_κ

Bei einem einseitigen Test erwartet man, daß die OC bei rechtsseitiger bzw. linksseitiger Alternative monoton fällt bzw. steigt. Für die
Prüfgröße L_κ zeigt $\beta(k|\kappa)$ jedoch bei bestimmten Parameterkonstel-
lationen (n,γ,κ,α) ein davon abweichendes Verhalten. Dieses ist darauf zurückzuführen, daß die Verwendung von L_κ im Fall $\kappa<1$ bzw.
$\kappa>1$ für rechtsseitige bzw. linksseitige Alternative aufgrund der Herleitung von L_κ beim Likelihood-Ratio-Test mit einfacher Hypothese
nicht sinnvoll ist. Die beobachtbaren Anomalien treten stets für $k<\kappa$
auf.

3.2.3.1 BEISPIELE

Die nachfolgenden Beispiele sollen einige Formen der OC-Anomalien de-
monstrieren. Gleichzeitig sollen die Anomalien durch geometrische Über-
legungen plausibel gemacht werden. Eine analytische Diskussion erfolgt
dann in den Abschnitten 3.2.3.2 bis 3.2.3.4 .

Da $\beta(k|\kappa)$ sich jeweils aus Termen der Bauart

$$(3.2.38) \qquad \Psi_\varepsilon(k) := \Psi(c_\varepsilon/k^2 | n; \lambda_{\kappa;k})$$

mit

$$(3.2.39) \qquad c_\varepsilon := \chi'^2_{n;\varepsilon}(\lambda_{\kappa;1})$$

zusammensetzt, braucht man nur das Verhalten von c_ε/k^2 und den Ver-
lauf von $\Psi(\cdot|n;\lambda_{\kappa;k})$ in Abhängigkeit von k zu diskutieren.

Das Minimum von $\lambda_{\kappa;k}$ bezüglich k liegt bei $k=\rho$ mit $\lambda_{\kappa;\rho}=0$.
Speziell für $\lambda_{\kappa;\rho}=0$ ist $\Psi(\cdot|n;\lambda_{\kappa;\rho})$ die Verteilungsfunktion der
zentralen χ^2_n-Verteilung. Je weiter k von ρ abweicht, je größer
also $\lambda_{\kappa;k}$ ist, umso größer ist gemäß (A 4.8) bzw. (A 4.9) der
Erwartungswert bzw. die Varianz von $\chi'^2_n(\lambda_{\kappa;k})$. Mit wachsendem $\lambda_{\kappa;k}$
verschiebt sich also die Verteilungsfunktion unter Abflachung nach
rechts.

Im <u>Bereich $k>\rho$</u> nimmt bei <u>wachsendem k</u> einerseits c_ε/k^2 ab, an-
dererseits verschiebt sich $\Psi(\cdot|n;\lambda_{\kappa;k})$ unter Abflachung nach rechts,
so daß der Funktionswert $\Psi_\varepsilon(k)$ monoton abnimmt. Das bedeutet gemäß

(3.2.19) eine monotone Abnahme von $\beta(k|\kappa)$ im Fall $\kappa>1$ und ein monotones Wachstum von $\beta(k|\kappa)$ im Fall $\kappa<1$.

Im <u>Bereich $k<\rho$</u> nimmt bei <u>abnehmendem k</u> einerseits c_ε/k^2 zu, wobei sich $\Psi_\varepsilon(k)$ gleichzeitig unter Abflachung nach rechts verschiebt. Je nachdem, wie schnell die Verschiebung von Ψ in Relation zur Zunahme von c_ε/k^2 vor sich geht, kann $\Psi_\varepsilon(k)$ zunehmen oder abnehmen, so daß der Gesamtverlauf von $\beta(k|\kappa)$ weder im Fall $\kappa>1$ noch im Fall $\kappa<1$ monoton zu sein braucht.
Dazu soll hier jeweils ein Beispiel gegeben werden.

Beispiel 1

$\kappa=0{,}9$; $n=2$; $\gamma=1/3$; $\alpha=0{,}05$; $H_1:=\mu<\mu_0=1$.

Hierbei ist $\rho=\kappa/(1+\kappa)\approx0.474$ und $\lambda_{\kappa;1}\approx4.99$ und $\chi'^2_{2;\alpha}(\lambda_{\kappa;1})=0.924$.
Der Verlauf von $\beta(k|\kappa)$ ist in Abbildung 3.2.1 aufgezeichnet.

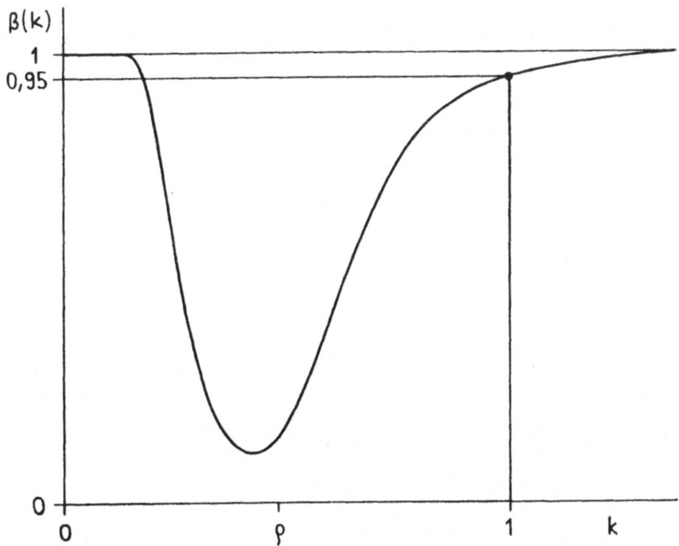

Abb. 3.2.1.: Die OC von L_κ im Beispiel 1
($\kappa=0.9$; $n=2$; $\gamma=1/3$; $\alpha=0.05$)

Die Entstehung des nichtmonotonen Verhaltens läßt sich im (X_1,X_2)-Raum anhand der Abbildung 3.2.2 veranschaulichen, vgl. hierzu auch Kommentar zu (3.2.6) .

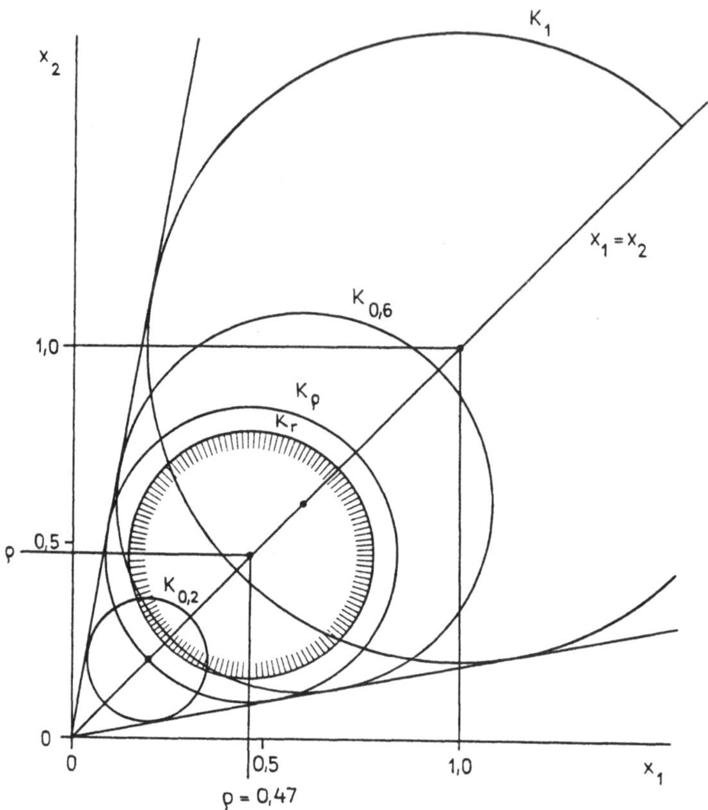

Abb. 3.2.2.: Kritischer Bereich und Zufallsbereiche bei Beispiel 1

Der kritische Bereich ist das Innere $J(K_r)$ des Kreises K_r mit Mittelpunkt $(\rho;\rho)$ und dem Radius $r=\gamma\sqrt{\chi'^2_{2;0,05}(\lambda_{\kappa;1})}=0.320$. Die Höhenlinien für die gemeinsame Dichte der unabhängigen, identisch $N(k;\gamma k)$-verteilten Stichprobenvariablen X_i sind bei festem k Kreise mit Mittelpunkt $(k;k)$.

In Abb. 3.2.2 ist für einige Werte k jeweils ein Kreis K_k mit Mittelpunkt $(k;k)$ und Radius $d_{k;\varepsilon}$ aufgezeichnet und zwar so, daß

$$(3.2.40) \quad W((X_1-k)^2 + (X_2-k)^2 \leq d^2_{k;\varepsilon}) = \varepsilon \; ; \; d_{k;\varepsilon} = k\gamma\sqrt{\chi^2_{2;\varepsilon}}$$

gilt; dabei wurde $\varepsilon=\alpha=0,05$ gewählt. Wie die Kreisschar K_k optisch veranschaulicht, nimmt $1-\beta(k|\kappa)=W((X_1,X_2)\in J(K_r))$ mit abnehmendem k bis $k=\rho$ monoton zu und unterhalb von $k=\rho$ wieder ab, so daß $\beta(k|\kappa)$ nicht monoton verläuft.

Aus Abb. 3.2.2 läßt sich nun eine notwendige Bedingung für Monotonie von $\beta(k|\kappa)$ ablesen: Damit $\beta(k|\kappa)$ monoton verläuft, darf $W((X_1,X_2)\in J(K_r))$ mit abnehmendem k nicht abnehmen. Das ist nur dann gewährleistet, wenn der Radius von K_r größer ist als der Abstand zwischen Ursprung und dem Kreismittelpunkt $(\rho;\rho)$. Verallgemeinert man diese geometrische Bedingung auf den n-dimensionalen Stichprobenraum, dann lautet sie

$$(3.2.41) \qquad \chi'^2_{n;\alpha}(\lambda_{\kappa;1}) > \nu\rho^2 .$$

Diese Bedingung wird nachfolgend auf analytischem Wege hergeleitet und ausführlich erörtert. Dabei wird sich zeigen, daß (3.2.41) nicht hinreichend ist.

Beispiel 2:

$\kappa=\infty$; $n=2$; $\gamma=1/3$; $\alpha=0,05$; $H_1:\mu>\mu_0=1$.

Es ist hier $\rho=\kappa/(1+\kappa)=1$ und daher $\lambda_{\kappa;1}=0$.

Der nicht monotone Verlauf von $\beta(k|\kappa)$ in diesem Beispiel wird aus Abb. 3.2.3 ersichtlich.
Bei der geometrischen Veranschaulichung im (X_1,X_2)-Raum ist der kritische Bereich das Äußere $\bar{J}(K_r)$ des Kreises K_r mit Mittelpunkt $(\rho;\rho)=(1;1)$ und Radius $r=\gamma\sqrt{\chi^2_{2;0,95}}=0,816$. Für die Schar der Kreise K_k gemäß (3.2.40) wurde $\varepsilon=1-\alpha=0,95$ in Abb. 3.2.4 gewählt. Aus Abb. 3.2.4 ist ersichtlich, daß $W((X_1,X_2)\in\bar{J}(K_r))$ sowohl für abnehmendes $k\leq\rho=1$ als auch für zunehmendes $k\geq\rho=1$ zunimmt und damit $\beta(k|\kappa)$ jeweils abnimmt.

Durch gleiche Überlegung wie in Beispiel 1 findet man (3.2.41) als notwendige Bedingung für Monotonie.

Anhand dieser zwei Beipiele wurde das Verhalten von $\beta(k|\kappa)$ geometrisch plausibel gemacht. Nachfolgend soll nun eine eingehende analytische Diskussion des OC-Verlaufs durchgeführt werden.

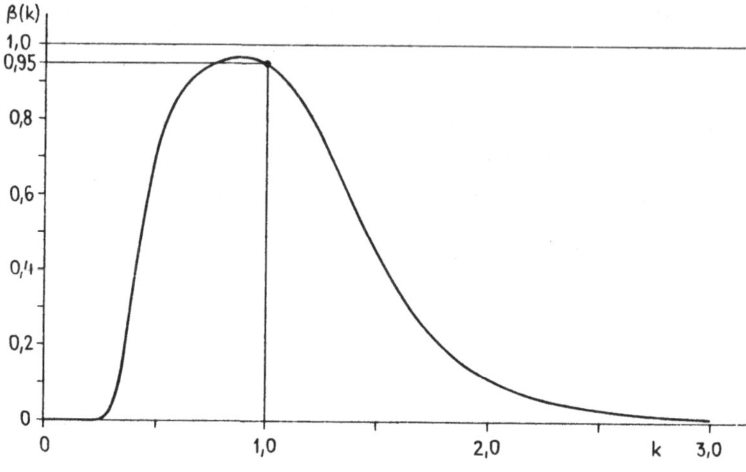

Abb. 3.2.3:   Die OC von L_κ im Beispiel 2
                ($\kappa=\infty$; n=2; $\gamma=1/3$; $\alpha=0.05$)

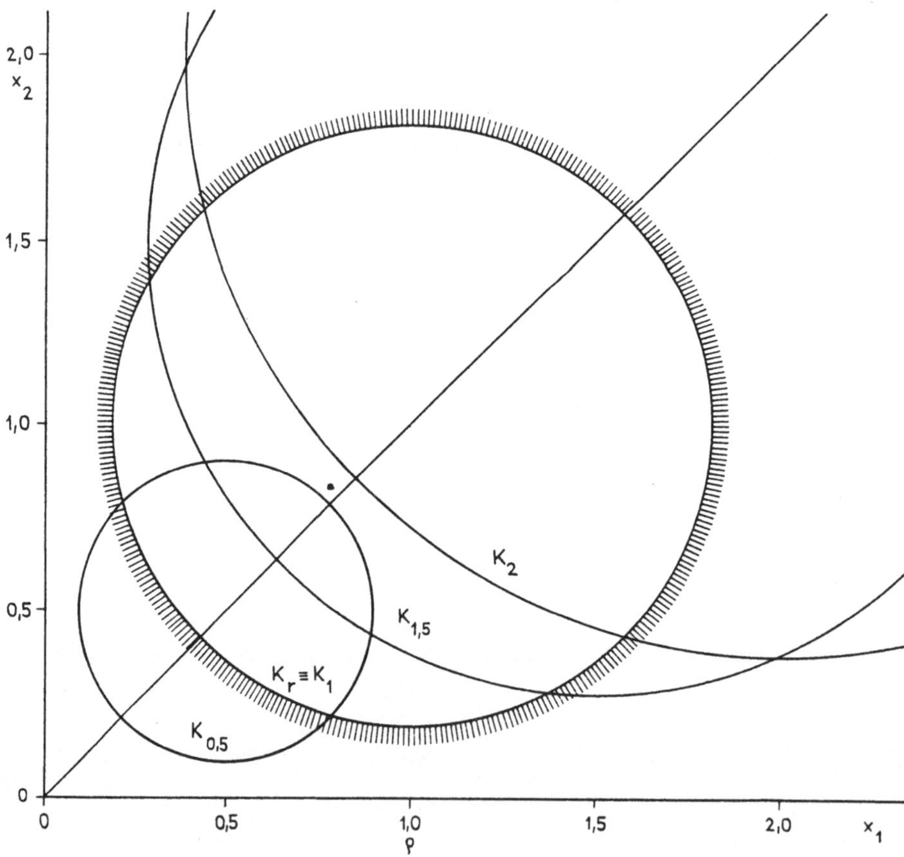

Abb. 3.2.4:   Kritischer Bereich und Zufallsbereiche bei
                Beispiel 2

3.2.3.2 GRENZWERTE VON $\beta(k|\kappa)$ FÜR $k\to\infty$

Wegen der Eigenschaft

$$(3.2.42) \qquad \Psi(O|n;\lambda) = O \quad \text{für alle} \quad n \quad \text{und} \quad \lambda$$

ergibt sich aus (3.2.38) für die OC's der Tabelle 3.2.1:

$$\lim_{k\to\infty} \beta_r(k|\kappa) = \lim_{k\to\infty} \Psi_{1-\alpha}(k) = O$$

$$(3.2.43) \qquad \lim_{k\to\infty} \beta_1(k|\kappa) = 1-\lim_{k\to\infty} \Psi_\alpha(k) = 1$$

$$\lim_{k\to\infty} \beta_z(k|\kappa) = O \; .$$

Beim Grenzübergang $k\to\infty$ zeigt also $\beta(k|\kappa)$ bei keiner Alternative ein anomales Verhalten.

3.2.3.3 GRENZWERTE VON $\beta(k|\kappa)$ für $k\to O$

Die Zufallsvariable $(\chi'^2-E\chi'^2)/\sqrt{\text{var}\ \chi'^2}$ mit $E\chi'^2$ aus (A 4.8) und var χ'^2 aus (A 4.9) ist standardisiert χ'^2-verteilt. Unter Verwendung der Verteilungsfunktion Ψ_s für die standardisierte χ'^2-Verteilung kann man (3.2.38) in der Form

$$(3.2.44) \qquad \Psi_\varepsilon(k) = \Psi_s \left(\underbrace{\frac{c_\varepsilon/k^2-n-\lambda_{\kappa;k}}{\sqrt{2n+4\lambda_{\kappa;k}}}}_{=:y(k)} \right)$$

schreiben. Für $\lambda_{\kappa;k}$ gilt:

$$(3.2.45) \qquad \lambda_{\kappa;k} = \nu(1-\rho/k)^2 = \begin{cases} O(1/k^2) & \text{für} \quad \rho>O \\ \nu= \text{const} & \text{für} \quad \rho=O \; . \end{cases}$$

Mit der Diskriminante Δ_ε ,

$$(3.2.46) \qquad \Delta := \Delta_\varepsilon := \nu\rho^2-c_\varepsilon \; ,$$

hat man für $y(k)$ in (3.2.44):

$$(3.2.47) \qquad \lim_{k \to 0} y(k) = \begin{cases} \infty & \text{für} \quad \Delta < 0 \\ \sqrt{\nu} & \text{für} \quad \Delta = 0 \\ -\infty & \text{für} \quad \Delta > 0 \end{cases}$$

und es folgt

$$(3.2.48) \qquad \lim_{k \to 0} \Psi_\varepsilon(k) = \begin{cases} 1 & \text{für} \quad \Delta < 0 \\ \Psi_s(\sqrt{\nu}) & \text{für} \quad \Delta = 0 \\ 0 & \text{für} \quad \Delta > 0 \end{cases} .$$

Für $\nu \to \infty$ gilt:

$$(3.2.49) \qquad \lim_{\nu \to \infty} \Psi_s(\sqrt{\nu}) = 1 \quad .$$

Damit ergeben sich für $\beta(k|\kappa)$ die Grenzwerte in den Tabellen 3.2.2 und 3.2.3 , aus denen sich folgendes ablesen läßt:

$\beta_r(k|\kappa)$ und $\beta_l(k|\kappa)$ sind wegen $\Psi_\varepsilon(0)=0$ für $\Delta_\varepsilon>0$ nicht monoton. Wegen $c_{1-\alpha/2}>c_{\alpha/2}$ bzw. $\Delta_{1-\alpha/2}<\Delta_{\alpha/2}$ können in Tabelle 3.2.3 nicht alle Vorzeichenkombinationen von $\Delta_{\alpha/2}$ und $\Delta_{1-\alpha/2}$ auftreten. Für die Kombination $\Delta_{1-\alpha/2}<0$ und $\Delta_{\alpha/2}>0$ ist der Test mit L_κ wegen $\beta_z(0)=1>1-\alpha$ verzerrt.

Tabelle 3.2.2: Werte von $\beta_r(0|\kappa)$ bzw. $\beta_l(0|\kappa)$

		sign Δ_ε		
ε	$\beta(0\|\kappa)$	-1	0	1
$1-\alpha$	$\beta_r(0\|\kappa) = \Psi_\varepsilon(0)$	1	$\Psi_s(\sqrt{\nu})$	0
α	$\beta_l(0\|\kappa) = 1-\Psi_\varepsilon(0)$	0	$1-\Psi_s(\sqrt{\nu})$	1

Tabelle 3.2.3: Werte von $\beta_z(0\mid\kappa)$			
sign $\Delta_{\alpha/2}$ sign $\Delta_{1-\alpha/2}$	-1	0	1
-1	0	$1-\Psi_s(\sqrt{\nu})$	1
0	$-$	$-$	$\Psi_s(\sqrt{\nu})$
1	$-$	$-$	0

3.2.3.4 DISKUSSION DER OC-STEIGUNG

Mit der neuen Variablen

$$(3.2.50) \qquad h:=1/k \quad \text{mit} \quad 0\leq h\leq\infty$$

schreibt man (3.2.44) in der Form:

$$(3.2.51) \qquad \Psi_\varepsilon(h(k)) = \Psi_s\left(\frac{c_\varepsilon h^2 - n - \nu(1-\rho h)^2}{\sqrt{2n+4\nu(1-\rho h)^2}}\right) .$$

Mit den Bezeichnungen

$$(3.2.52) \qquad \psi_s(x):=d\Psi_s(x)/dx$$

$$(3.2.53) \qquad c:=c_\varepsilon$$

$$(3.2.54) \qquad \Omega:=\Omega(h):=\sqrt{2n+4\nu(1-\rho h)^2} > 0$$

$$(3.2.55) \qquad \Pi:=\Pi(h):=ch[\underbrace{n+2\nu(1-\rho h)^2}_{>0}] + \nu\rho(1-\rho h)[\underbrace{ch^2+\nu(1-\rho h)^2}_{>0}]$$

erhält man aus $\Psi_\varepsilon(h(k))$ durch Differentiation nach k:

$$(3.2.56) \qquad \Psi' = \frac{d\Psi_\varepsilon(h)}{dk} = 4\psi_s(\cdot)\,\frac{\Pi}{\Omega^3}\cdot\left(\frac{-1}{k^2}\right) .$$

Speziell für $h=0$ bzw. $k=\infty$ ergibt sich:

$$(3.2.57) \qquad \Pi(0) = \nu^2\rho>0 \ ; \ \Omega(0) = \sqrt{2n+4\nu} > 0 .$$

Wegen $\psi_s(x) \geq 0$ folgt somit

$$(3.2.58) \qquad \lim_{k \to \infty} \psi' = 0$$

und damit

$$(3.2.59) \qquad \begin{aligned} \beta_r'(\infty) &= 0 \\ \beta_1'(\infty) &= 0 \\ \beta_z'(\infty) &= 0 \end{aligned} \quad .$$

Das Vorzeichen von ψ' wird durch $\mathrm{sign}\,\Pi(h)$ gesteuert. Aus (3.2.55) erkennt man:

$$(3.2.60) \qquad \Pi > 0 \quad \text{für} \quad h \leq 1/\rho \quad \text{bzw.} \quad k \geq \rho \quad .$$

Somit ist $\beta_r(k) = \psi_{1-\alpha}(k)$ bzw. $\beta_1(k) = 1 - \psi_\alpha(k)$ für $k \geq \rho$ monoton fallend bzw. steigend in k . Dieses Ergebnis wurde bei den Beispielen von Abschnitt 3.2.3.1 bereits mit geometrischer Argumentation hergeleitet.
Aus (3.2.60) folgt weiter, daß Π im Fall $\rho = 0$, d.h. im Fall der Prüfgröße ΣX_i^2 , für alle k positiv ist; für $\rho = 0$ verläuft also $\beta_1(k)$ bzw. $\beta_r(k)$ für alle k monoton.

Um das Verhalten von ψ_ε für $\rho > 0$ im Bereich $0 \leq k < \rho$ bzw. $h > 1/\rho$ näher zu untersuchen, formt man $\Pi(h)$ um zu

$$(3.2.61) \qquad \Pi = \Pi(h) = (\nu/\rho)[c(\rho/\nu)(n-\nu)h + c + \Delta(1-\rho h)^3] \quad .$$

Bei der Kurvendiskussion von $\Pi(h)$, einem Polynom 3. Grades, müssen Fallunterscheidungen anhand von $\mathrm{sign}\,(\Delta)$ und $\mathrm{sign}\,(n-\nu)$ getroffen werden. Für $n-\nu$ gilt dabei:

$$(3.2.62) \qquad \left.\begin{aligned} n-\nu &> 0 \\ n-\nu &= 0 \\ n-\nu &< 0 \end{aligned}\right\} \quad \text{ist äquivalent mit} \quad \left\{\begin{aligned} \gamma &> 1 \\ \gamma &= 1 \\ \gamma &< 1 \end{aligned}\right. \quad .$$

<u>Fall 1:</u> $\Delta = 0$

Für $\Delta = 0$ ist $\Pi(h)$ linear in h ,

$$(3.2.63) \qquad \Pi(h) = c(n-\nu)h + c\nu/\rho \quad ,$$

und zwar mit positiver bzw. negativer Steigung für $n-\nu>0$ bzw.
$n-\nu<0$. Die Bereiche mit $\Pi(h)>0$ sind in Tabelle 3.2.4 angegeben.

Tabelle 3.2.4	
Bei $\Delta=0$ ist $\Pi(h)>0$	
im Fall	für
$n-\nu>0$	$h>-(\nu/\rho)/(n-\nu)<0$ bzw. für $k>0$
$n-\nu=0$	unabhängig von h bzw. k
$n-\nu<0$	$h<(\nu/\rho)/(\nu-n)>0$ bzw. für $k>(\rho/\nu)(\nu-n)>0$

Für $\gamma\geq1$ gilt demnach $\Pi(h)>0$ für alle $k\geq0$ und $\Psi_\varepsilon(k)$ fällt monoton in k von $k=0$ mit $\Psi_\varepsilon(0)=\Psi_s(\sqrt{\nu})$ bis $k=\infty$ mit $\Psi_\varepsilon(\infty)=0$.

Für $\gamma<1$ gilt $\Pi(h)>0$ nur im Bereich $k>(\rho/\nu)(\nu-n)>0$ und $\Psi_\varepsilon(k)$ steigt monoton von $k=0$ mit $\Psi_\varepsilon(0)=\Psi_s(\sqrt{\nu})$ bis $k=(\rho/\nu)(\nu-n)>0$ und fällt dann im weiteren Verlauf monoton.

Fall 2: $\Delta\neq0$

Für $\Delta\neq0$ ist $\Pi(h)$ ein Polynom 3. Grades in h mit den speziellen Funktionswerten:

$$(3.2.64) \qquad \Pi(0)=\rho\nu^2>0 \quad ,$$

$$(3.2.65) \qquad \Pi(1)>0 \quad ,$$

$$(3.2.66) \qquad \Pi(1/\rho)=cn/\rho>0 \quad .$$

Aus $\Pi'(h)=c(n-\nu)-3\nu\Delta(1-\rho h)^2=0$ findet man die Extremstellen $e_1>1/\rho$ und $e_2<1/\rho$:

$$(3.2.67) \qquad e_{1,2}=\frac{1}{\rho}\left(1 \pm \sqrt{\frac{c}{3\nu}\cdot\frac{n-\nu}{\Delta}}\right) \quad .$$

<u>Für sign (n-ν) $\neq$ sign Δ</u> besitzt $\Pi(h)$ kein Extremum, sodaß sich $\Pi(h)$ monoton verhält und zwar für n-ν$\neq$0 streng monoton.

<u>Für sign (n-ν) = sign (Δ)</u> besitzt $\Pi(h)$ ein relatives Maximum und ein relatives Minimum und zwar das Minimum bei $e_1 > 1/\rho$ für $\Delta < 0$ bzw. $e_2 < 1/\rho$ für $\Delta > 0$. Die Extremalwerte sind:

$$(3.2.68) \qquad \Pi(e_{1,2}) = \frac{c}{\rho}\left(n \pm \frac{2}{3}(n-\nu)\sqrt{\frac{c}{3\nu}\cdot\frac{n-\nu}{\Delta}}\right) \ .$$

Der Fall 2 ist nun bezüglich der Vorzeichenkombinationen von Δ und n-ν in die Unterfälle 2a bis 2d zu unterteilen:

<u>Fall 2a:</u> $\Delta < 0$ und $n-\nu \geq 0$

$\Pi(h)$ steigt von $\Pi(0)=\rho\nu^2 > 0$ bis $\Pi(\infty)$ monoton und ist damit für $0 < h < \infty$ bzw. $0 \leq k < \infty$ stets positiv. Aus (3.2.56) folgt daher, daß $\Psi_\varepsilon(k)$ von k=0 mit $\Psi_\varepsilon(0)=1$ bis k=∞ mit $\Psi_\varepsilon(\infty)=0$ monoton fällt.

<u>Fall 2b:</u> $\Delta > 0$ und $n-\nu \leq 0$

$\Pi(h)$ fällt von $\Pi(0)=\rho\nu^2 > 0$ bis $\Pi(\infty)$ monoton und besitzt im Bereich $h > 1/\rho$ bzw. $k < \rho$ eine Nullstelle $h_0 = 1/k_0$.
$\Psi_\varepsilon(k)$ steigt demnach zunächst von k=0 mit $\Psi_\varepsilon(0)=0$ bis $k=k_0$ monoton und fällt dann monoton von $k=k_0$ bis k=∞ mit $\Psi_\varepsilon(\infty)=0$.

<u>Fall 2c:</u> $\Delta > 0$ und $n-\nu > 0$

Wegen (3.2.60) gilt $\Pi(h) > 0$ für $h \leq 1/\rho$. Für das relative Minimum bei $e_2 < 1/\rho$ gilt daher $\Pi(e_2) > 0$. Also besitzt $\Pi(h)$ nur eine reelle Nullstelle h_0 mit $h_0 = 1/k_0 > e_1$. Demnach steigt $\Psi_\varepsilon(k)$ zunächst monoton von k=0 mit $\Psi_\varepsilon(0)=0$ bis $k=k_0$ und fällt dann monoton von $k=k_0$ bis k=∞ mit $\Psi_\varepsilon(\infty)=0$.

<u>Fall 2d:</u> $\Delta < 0$ und $n-\nu < 0$

Wegen (3.2.60) ist $\Pi(h) > 0$ für $0 \leq h \leq 1/\rho$

<u>Gilt $\Pi(e_1) > 0$</u> für das relative Minimum bei $h = e_1 > 1/\rho$, dann ist $\Pi(h) > 0$ für $0 \leq h < \infty$, und $\Psi_\varepsilon(k)$ fällt monoton von k=0 mit $\Psi_\varepsilon(0)=1$ bis k=∞ mit $\Psi_\varepsilon(\infty)=0$.

Gilt $\underline{\pi(e_1)<0}$, dann besitzt $\pi(h)$ im Bereich $0<h<\infty$ zwei Nullstellen h_1 und h_2 mit $1/\rho<h_1<e_1<h_2$. Demnach fällt $\Psi_\varepsilon(k)$ zunächst monoton von $k=0$ mit $\Psi_\varepsilon(0)=1$ bis $k=1/h_1$, steigt dann bis $k=1/h_2$ und fällt dann wieder bis $k=\infty$ mit $\Psi_\varepsilon(\infty)=0$.
Dieser Effekt ist allerdings infolge der neben π noch in (3.2.56) wirkenden Faktoren nur so schwach ausgeprägt, daß der Verfasser trotz intensiver Bemühungen keine Parameterkonstellation finden konnte, bei dem der Effekt praxisrelevante Auswirkungen hat.

Gemäß dieser Diskussion ist $\Delta<0$ eine notwendige, jedoch keine hinreichende Bedingung für Monotonie der OC bei einseitiger Alternative, vgl. auch Abschnitt 3.2.3.1. Die dortigen Beispiele 1 und 2 für amonotone OC gehören zu Fall 2b.

Im folgenden werden einfach zu handhabende Kriterien hergeleitet, anhand derer man ablesen kann, welche der Fälle 1 bis 2d bei bestimmten Parameterkonstellationen $\underline{nicht}$ auftreten können. Wesentlich dabei ist die gewählte Alternative bzw. der Wert von ε in $c:=c_\varepsilon$ aus (3.2.39) .

Alternative $H_r:\mu>\mu_0$ bzw. $\varepsilon=1-\alpha>0,5$

Für $\mu=\mu_0$ d.h. für $k=1$ ist $L_\kappa \overset{d}{=} \chi_n'^2(\lambda_\kappa;1)$, vgl. (3.2.9) und (3.2.10); gemäß (A 4.8) und (A 4.9) ist daher $EL_\kappa=n+\nu(1-\rho)^2$ und var $L_\kappa=2n+4\nu(1-\rho)^2$. Im praktischen Normalfall ist $1-\alpha\gtrsim0,8$, bei dem sich $c_\varepsilon=c_{1-\alpha}$ mit Hilfe von EL_κ und var L_κ und einem Faktor $u>0$ in der Form

$$(3.2.69) \qquad c_\varepsilon=c_{1-\alpha}=n+\nu(1-\rho)^2+u\sqrt{2n+4\nu(1-\rho)^2}$$

darstellen läßt. Demnach hat man

$$(3.2.70) \qquad \Delta=\nu\rho^2-c=-\nu(\gamma^2+1-2\rho)-u\sqrt{2n+4\nu(1-\rho)^2} \quad .$$

Hinreichende Bedingung für $\Delta<0$ ist daher

$$(3.2.71) \qquad \gamma^2+1-2\rho\geq0$$

oder

$$(3.2.72) \qquad 0\leq\rho\leq \mathrm{Min}\!\left(\frac{\gamma^2+1}{2} \; ; \; 1\right) \quad .$$

Für ρ aus diesem Bereich können demnach die Fälle 1 , 2b , 2c mit $\Delta \geq 0$ <u>nicht</u> auftreten.

Alternative $H_1 : \mu < \mu_0$ bzw. $\varepsilon = \alpha < 0,5$

Hier gilt im praktischen Normalfall $\varepsilon = \alpha \underset{\sim}{\leq} 0,2$ in dem sich c_α analog zu (3.2.69) mit einem Faktor $u > 0$ in der Form

$$(3.2.73) \qquad c_\alpha = n + \nu(1-\rho)^2 - u\sqrt{2n+4\nu(1-\rho)^2}$$

darstellen läßt. Hinreichende Bedingung für $\Delta > 0$ ist daher

$$(3.2.74) \qquad \gamma^2 + (1-2\rho) \leq 0 \quad .$$

Somit können die Fälle 1 , 2a , 2d mit $\Delta \leq 0$ <u>nicht</u> auftreten, falls

$$(3.2.75) \qquad \text{Min}\left(1 , \frac{\gamma^2+1}{2}\right) \leq \rho \leq 1 \quad .$$

Eine mögliche Verschärfung dieser Kriterien soll hier nicht durchgeführt werden.

Mit der Diskussion von $\Psi_\varepsilon(k)$ ist nun simultan die Verlaufsdiskussion von $\beta_r(k) = \Psi_{1-\alpha}(k)$ und $\beta_l(k) = 1 - \Psi_\alpha(k)$ durchgeführt. Das Verhalten von $\beta_z(k)$ soll hier nicht diskutiert werden. Wegen $\beta_z(k) = \beta_r(k) + \beta_l(k) - 1$ ist hierzu die additive Überlagerung von $\beta_r(k)$ und $\beta_l(k)$ zu untersuchen, wobei wie in Tabelle 3.2.3 die 5 möglichen Vorzeichenkombinationen von $\Delta_{1-\alpha}$ und $\Delta_{\alpha/2}$ zu beachten sind.

Die hier beobachtete Amonotonie der OC wirkt sich in der Praxis bei einfacher Hypothese (Problemstellung 1a) nicht aus, da zum Ablesen der Trennschärfe nur der Wert von $\beta(\kappa|\kappa)$ oder allenfalls der Verlauf von $\beta(k|\kappa)$ im Bereich zwischen $k=1$ und $k=\kappa$ interessiert, in dem $\beta(k|\kappa)$ stets monoton verläuft; denn amonotoner Verlauf tritt für $\kappa < 1$ bzw. $\kappa > 1$ nur im Bereich $0 \leq k \leq \rho$ mit $\rho < \kappa$ bzw. $\rho \leq 1$ auf. Im Fall der zusammengesetzten Hypothese (Problemstellung 1b) jedoch kann sich die Amonotonie von $\beta(k|\kappa)$ unangenehm auswirken.

3.2.4 VERTRAUENSBEREICHE

Setzt man die realisierten Stichprobenwerte X_i in die Prüfgröße L_κ ein und löst die durch die Forderung

$$(3.2.76) \qquad L_\kappa = \Sigma\left(\frac{X_i - \rho\mu}{\gamma\mu}\right)^2 \in AB$$

gegebene Ungleichung nach μ auf, so erhält man einen Vertrauensbereich für μ . Dabei muß natürlich eine Fallunterscheidung nach dem Annahmebereich AB für rechtsseitige, linksseitige und zweiseitige Alternative vorgenommen werden.

3.2.4.1 ANNAHMEBEREICH $L_\kappa \leq c_{1-\alpha} =: c$ FÜR $H_1 : \mu > \mu_0$

Aus der Ungleichung

$$(3.2.77) \qquad O \leq \Sigma\left(\frac{X_i - \rho\mu}{\gamma\mu}\right)^2 \leq c_{1-\alpha} =: c$$

folgt mit $\Delta = \nu\rho^2 - c$ aus $(3.2.46)$:

$$(3.2.78) \qquad \frac{1}{n} \Sigma X_i^2 \leq -(\Delta/\nu)\mu^2 + 2\rho\bar{X}\mu \ .$$

Bei der Auflösung dieser quadratischen Gleichung gewinnt man je nach Vorzeichen der Diskriminante Δ unterschiedliche Lösungen.

Der Annahmebereich und die Diskriminante lassen sich auch geometrisch veranschaulichen. Durch Umformung von $(3.2.78)$ ergibt sich, vgl. auch $(3.2.7)$:

$$(3.2.79) \qquad (\bar{X} - \rho\mu)^2 + \hat{S}^2 \leq (\mu\sqrt{c/\nu})^2 \ .$$

Der Annahmebereich stellt also bei festem μ einen abgeschlossenen Halbkreis HK in der Halbebene $\hat{S} \geq O$ mit Mittelpunkt $M = (\rho\mu ; O)$ und Radius $r = \mu\sqrt{c/\nu}$ dar. Der Abstand $\overline{OM}$ des Mittelpunkts M vom Ursprung O ist $\overline{OM} = \rho\mu$ und man hat

$$(3.2.80) \qquad \overline{OM} - r = (\rho - \sqrt{c/\nu})\mu \ .$$

Weiter gilt:

$$(3.2.81) \qquad \text{sign} \ (\overline{OM} - r) = \text{sign} \ \Delta \ .$$

Nachstehend werden die formalen aus (3.2.79) hergeleiteten Ergebnisse jeweils anhand von HK auch geometrisch gedeutet.

<u>Fall 1:</u> $\overline{OM} < r$ bzw. $\Delta < 0$

Für $\overline{OM} - r = (\rho - \sqrt{c/\nu})\mu < 0$ überdeckt die Schar der vom Parameter μ abhängigen Halbkreise die ganze Halbebene $\hat{S} \geq 0$. Ein beobachteter Stichprobenpunkt kann nur dann zu HK gehören, wenn der Radius $r = \mu\sqrt{c/\nu}$ bzw. der Parameter μ eine untere Schranke überschreitet, d.h. man erhält eine untere Vertrauensgrenze μ_U für μ .
Dies ergibt sich auch formal aus (3.2.78) durch Auflösen nach μ ; der Vertrauensbereich für μ lautet demnach:

$$(3.2.82) \qquad \mu_U = -\frac{\rho\overline{X}}{(-\Delta/\nu)} \; (\overset{+}{-}) \; \frac{\sqrt{\overline{X}^2(c/\nu) - (\Delta/\nu)\hat{S}^2}}{(-\Delta/\nu)} \leq \mu \; .$$

Der Radikand R ,

$$(3.2.83) \qquad R = (c/\nu)\overline{X}^2 - (\Delta/\nu)\hat{S}^2 \; ,$$

ist wegen $\Delta < 0$ stets positiv. $\Delta < 0$ ist gleichbedeutend mit $\rho < \sqrt{c/\nu}$.

Für das positive Wurzelvorzeichen ist damit $\mu_U \geq 0$, und zwar unabhängig von $\text{sign}(\overline{X})$. Wegen der Konsistenz von $\overline{X}^2$ und $\hat{S}^2$, d.h. wegen der stochastischen Konvergenzen

$$(3.2.84) \qquad \underset{n\to\infty}{p \lim} \overline{X}^2 = \mu^2 \quad \text{und} \quad \underset{n\to\infty}{p \lim} \hat{S}^2 = \gamma^2\mu^2$$

und wegen der aus (3.2.69) ersichtlichen Grenzwerte

$$(3.2.85) \qquad \underset{n\to\infty}{\lim} c/\nu = \gamma^2 + (1-\rho)^2 \; ,$$

bzw.

$$(3.2.86) \qquad \underset{n\to\infty}{\lim} \Delta/\nu = \underset{n\to\infty}{\lim} (\nu\rho^2 - c)/\nu = 2\rho - 1 - \gamma^2$$

folgt sofort

$$(3.2.87) \qquad \underset{n\to\infty}{p \lim} \mu_U = \mu$$

Das negative Wurzelvorzeichen in (3.2.82) hingegen findet keine Anwendung; denn dafür ergäbe sich für den positiven Parameter μ ein negatives μ_U und damit ein Vertrauensbereich mit trivialer Information.

Fall 2: $\overline{OM}=r$ bzw. $\Delta=0$

Hier liegt der Ursprung für alle Kreise auf dem Rand von HK . Die Kreisschar überdeckt daher nur den Quadranten $(\overline{X}\geq0;\hat{S}\geq0)$, d.h. Stichprobenpunkte aus dem Quadranten $(\overline{X}<0;\hat{S}\geq0)$ liegen für jedes μ im Äußeren von HK . Zu einem Stichprobenmittel $\overline{X}<0$ kann daher aus (3.2.79) kein Vertrauensbereich für μ ermittelt werden. Formal leiten sich aus (3.2.78) folgende Ergebnisse ab:

Für $\overline{X}>0$ findet man die untere Vertrauensgrenze μ_U:

$$(3.2.88) \qquad \mu_U = \frac{\frac{1}{n}\Sigma X_i^2}{2\rho\overline{X}} > 0 \quad \text{für} \quad \overline{X}>0 \ .$$

Für $\overline{X}=0$ läßt sich außer dem trivialen Vertrauensbereich $\mu\geq0$ kein Vertrauensbereich für μ gewinnen, da dann μ in Ungleichung (3.2.78) überhaupt nicht vorkommt. Der Ursprung $(\overline{X}=0;\hat{S}=0)$ liegt für jedes μ in HK , während die Stichprobenpunkte $(\overline{X}=0;\hat{S}>0)$ für endliches μ stets außerhalb von HK liegen.
Da das Ereignis $\{\overline{X}=0\}$ ein fast unmögliches Ereignis ist, sind die Auswirkungen des Falls praktisch unbedeutend.

Für $\overline{X}<0$ ergibt sich in (3.2.78) ein Widerspruch,

$$(3.2.89) \qquad 0 \leq \frac{1}{n}\Sigma X_i^2 \leq \underbrace{2\rho\mu}_{\geq 0} \cdot \underbrace{\overline{X}}_{<0} \leq 0 \ ,$$

so daß sich außer dem trivialen Vertrauensbereich $\mu\geq0$ kein Vertrauensbereich gewinnen läßt. Das liegt daran, daß die Stichprobenpunkte $(\overline{X}<0;\hat{S})$ für alle μ im Äußeren von HK liegen. Für das Ereignis $\{\overline{X}<0\}$ gilt:

$$(3.2.90) \qquad W(\overline{X}<0)=\Phi(-\sqrt{\nu}) \ .$$

Für $\nu\to\infty$, d.h. für $n\to\infty$ oder $\gamma\to0$, geht die Wahrscheinlichkeit für das Auftreten von $\{\overline{X}<0\}$ asymptotisch gegen Null.

<u>Fall 3:</u> $\overline{OM} > r$ bzw. $\Delta > 0$

In diesem Fall überdecken die Kreise nur den Teilbereich

(3.2.91) $\quad \hat{S} \leq \sqrt{c/\Delta}\ \bar{X}$

des Quadranten $(\bar{X} \geq 0; \hat{S} \geq 0)$. Dabei bildet die Grenzgerade $S = (\sqrt{c}/\sqrt{\Delta})\bar{X}$ des Bereichs die einhüllende Tangente an die Kreisschar, wie man sich anhand von Abbildung 3.2.5 überlegen kann.

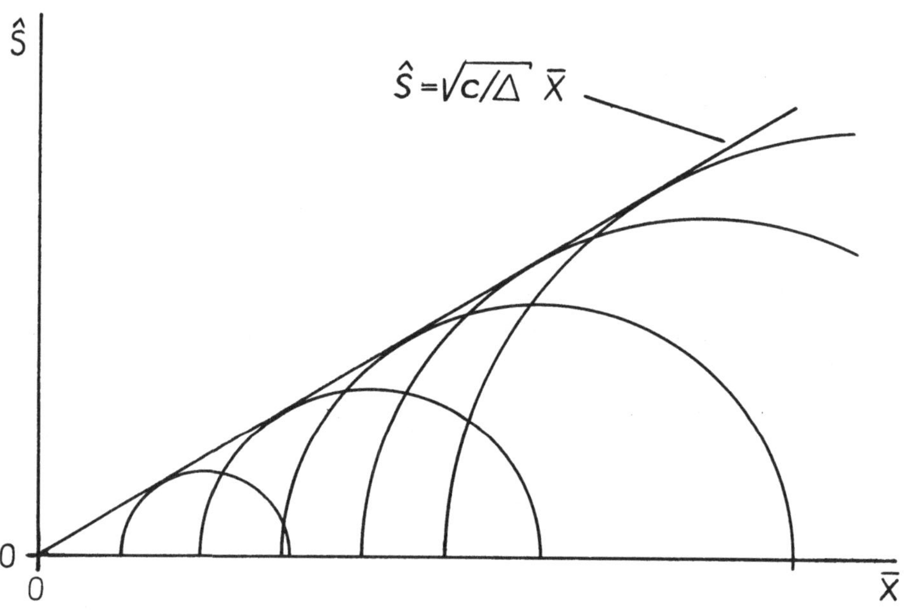

Abb. 3.2.5: Die einhüllende Tangente der Annahmebereiche im Fall $\Delta > 0$

Punkte im Inneren des Bereichs (3.2.91) lassen sich mit der Größe R aus (3.2.83) durch $R > 0$ charakterisieren. Für Punkte auf der Grenzgeraden des Bereichs gilt $R = 0$.

Je nach Lage des beobachteten Stichprobenpunktes $(\bar{X}; \hat{S})$ erhält man folgende Vertrauensbereiche:

<u>Für $\bar{X} < 0$</u> läßt sich außer dem trivialen kein Vertrauensbereich gewinnen

Für $\{\bar{X} \geq 0; R > 0\}$ kann ein Stichprobenpunkt nur zu solchen Halbkreisen gehören, deren Radius r bzw. deren zugehöriger Parameterwert μ weder eine untere noch eine obere Schranke überschreitet, vgl. hierzu auch Abbildung 3.2.5 . Man erhält also einen zweiseitig abgegrenzten Vertrauensbereich, der formal durch Auflösen von (3.2.78) nach μ erhalten wird:

$$(3.2.92) \qquad 0 < \mu_U = \frac{\rho\bar{X} - \sqrt{R}}{\Delta/\nu} \leq \mu \leq \frac{\rho\bar{X} + \sqrt{R}}{\Delta/\nu} = \mu_O \quad .$$

Der Bereich ist umso enger, je näher der Stichprobenpunkt an der Grenzgeraden von (3.2.91) liegt, d.h. je näher der Wert von R bei R=0 liegt.

Bei $\{\bar{X} \geq 0; R = 0\}$, d.h. bei einem Stichprobenpunkt auf der einhüllenden Tangente an die Kreisschar gibt es jeweils genau einen Halbkreis, dem er zugehört, d.h. der Vertrauensbereich besteht aus einer einpunktigen Menge, wie auch aus (3.2.92) durch Grenzübergang $R \to 0$ hervorgeht. Das Ereignis $\{R=0\}$ ist jedoch ein fast unmögliches Ereignis und damit praktisch nicht bedeutsam.

Bei $\{\bar{X} \geq 0; R < 0\}$ läßt sich aus (3.2.79) kein Vertrauensbereich herleiten. Das wird geometrisch auch aus Abbildung 3.2.5 klar. Die Wahrscheinlichkeit für das Auftreten dieses Falles ist durch eine elementare Umformung auf die nicht-zentrale t-Verteilung zurückführbar:

$$(3.2.93) \qquad W(\bar{X} \geq 0; R < 0) = W(0 < \bar{X} < \sqrt{\Delta/c}\,\hat{S}) = W\left(0 \leq \frac{\frac{\bar{X}-\mu}{\gamma\mu}\sqrt{n} + \frac{\mu}{\gamma\mu}\sqrt{n}}{\sqrt{n-1}\,S/(\gamma\mu)} < \sqrt{\Delta/c}\right)$$

$$= W\left(0 \leq \frac{U + \sqrt{\nu}}{\sqrt{\chi_f^2/f}} < \sqrt{(n-1)\Delta/c}\right) = \Psi(\sqrt{(n-1)\Delta/c}\,|\,f;\sqrt{\nu}) - \Psi(0\,|\,f;\sqrt{\nu}),$$

wobei $\Psi(\cdot\,|\,f;\sqrt{\nu})$ die Verteilungsfunktion der nicht-zentralen t-Verteilung mit f Freiheitsgraden und dem Nichtzentralitätsparameter $\delta = \sqrt{\nu}$ ist, vgl. Abschnitt A 5.
Approximativ ergibt sich mit $S \overset{d}{=} N(\sigma; \sigma/\sqrt{2n})$:

$$(3.2.94) \qquad W(0 < \bar{X} < \sqrt{\Delta/c}\,\hat{S}) = W(\bar{X} - \sqrt{\Delta/c}\,\hat{S} < 0) - W(\bar{X} \leq 0) \doteq \Phi\left(-\sqrt{\nu} \cdot \frac{1 - \gamma\sqrt{\Delta/c}}{\sqrt{1 + \Delta/(2c)}}\right) - \Phi(-\sqrt{\nu}) \quad .$$

Hierbei gilt

$$(3.2.95) \qquad 1 - \gamma\sqrt{\Delta/c} > 0 \quad \text{oder} \quad 1 - \gamma^2\Delta/c > 0 \quad ;$$

denn mit $0 \leq \rho \leq 1$, $c > n + v = n(1 + 1/\gamma^2)$ und Δ aus (3.2.46) folgt:

$$(3.2.96) \qquad 1 - \gamma^2 \underbrace{\left(\frac{v\rho^2}{c} - 1\right)}_{= \Delta/c} \; > \; 1 + \gamma^2 - \frac{\gamma^2 \rho^2}{\gamma^2 + (1-\rho)^2} = \frac{(\gamma^2 + (1-\rho))^2}{\gamma^2 + (1-\rho)^2} \; > \; 0$$

Damit hat man:

$$\lim_{v \to \infty} W(\bar{X} \geq 0 \; ; \; R < 0) = \lim_{v \to \infty} W(0 \leq \bar{X} < \sqrt{\Delta/c} \, \hat{S}) = 0$$

so daß das Auftreten von $\{\bar{X} \geq 0 \; , \; R < 0\}$ für $v \to \infty$ ein fast unmögliches Ereignis ist.

Geometrisch bedeutet die Bedingung (3.2.95) , daß die einhüllende Tangente $\hat{S} = \sqrt{c/\Delta} \; \bar{X}$ an die Kreisschar (3.2.79) eine größere Steigung als die Gerade $\sigma = \gamma\mu$ besitzt.

Da $\bar{X}$ bzw. $\hat{S}$ für $v \to \infty$ stochastisch gegen μ bzw. σ konvergiert, liegt der Stichprobenpunkt $(\bar{X}, \hat{S})$ für $v \to \infty$ fast sicher auf der Geraden $\sigma = \gamma\mu$ und somit ist für $v \to \infty$ fast sicher $R > 0$.

Die hier zu beobachtenden außergewöhnlichen Fälle, die nur für $\Delta > 0$ auftreten, - vgl. auch Abschnitt 3.2.3.4, - lassen sich vermeiden, wenn man gemäß der hinreichenden Bedingung für $\Delta < 0$ nur ρ-Werte aus dem Bereich (3.2.72) wählt.

Die formale Herleitung der Vertrauensbereiche aus dem Annahmebereich für linksseitige bzw. zweiseitige Alternative, die Fallunterscheidungen und die geometrische Interpretation sind in analoger Weise wie oben vorzunehmen. Es werden daher im folgenden nur jeweils die Ergebnisse angegeben.

3.2.4.2 ANNAHMEBEREICH $L_K \geq c_\alpha =: c$ FÜR $H_1 : \mu < \mu_0$

<u>Fall $\Delta < 0$:</u>

Die Auflösung von $L_K = \Sigma((X_i - \rho\mu)/(\gamma\mu))^2 \geq c_\alpha =: c$ nach μ ergibt mit der Bezeichnung R aus (3.2.83):

$$(3.2.97) \qquad 0 \leq \mu < \frac{\rho}{(-\Delta/v)} \, [-\bar{X} \, (\overset{+}{-}) \, \sqrt{R}] =: \mu_0 \quad .$$

Es gilt $p \lim\limits_{n \to \infty} \mu_0 = \mu$.

Fall $\Delta = 0$:

Nur für $\bar{X} > 0$ findet man einen sinnvollen Vertrauensbereich und zwar

$$(3.2.98) \qquad 0 \leq \mu \leq \frac{1}{n} \Sigma X_i^2 / (2\rho\bar{X}) \quad .$$

Fall $\Delta > 0$:

Für $R > 0$ besteht der Vertrauensbereich aus zwei Teilbereichen, nämlich

$$(3.2.99) \qquad 0 \leq \mu \leq \frac{\rho\bar{X} - \sqrt{R}}{\Delta/\nu} \quad \text{und} \quad \frac{\rho\bar{X} + \sqrt{R}}{\Delta/\nu} \leq \mu < \infty \quad .$$

Für $R = 0$ umfaßt der Vertrauensbereich die ganze reelle Achse und gibt
nur eine triviale Aussage.

Für $R < 0$ gibt es keinen Vertrauensbereich. Jedoch gilt auch hier,
daß $\{R \leq 0\}$ für genügend großes ν ein fast unmögliches Ereignis
ist.

Außergewöhnliche Fälle treten hier wie in Abschnitt 3.2.3.4 nur für
$\Delta > 0$ auf. Eine hinreichende Bedingung dafür ist (3.2.75) . Bei der
Wahl von ρ aus dem Bereich $0 \leq \rho \leq \mathrm{Min}\left(\frac{1+\gamma^2}{2} \; ; \; 1\right)$ ist aber das Auftreten von $\Delta > 0$ keinesfalls ausgeschlossen. Vgl. Beispiel 1 von Ab-
schnitt 3.2.3.1 .

3.2.4.3 ANNAHMEBEREICH $c_{\alpha/2} \leq L_\kappa \leq c_{1-\alpha/2}$ FÜR $H_1 : \mu \neq \mu_0$

Die aus dem zweiseitig abgegrenzten Annahmebereich resultierenden Vertrauensbereiche erhält man durch entsprechendes Zusammensetzen der Vertrauensbereiche aus den Abschnitten 3.2.4.1 und 3.2.4.2 .

3.2.5 APPROXIMATIONEN

Im vorangehenden wurden für die Prüfgröße L_κ Annahmebereiche, OC
und Vertrauensbereiche exakt mittels der nicht-zentralen χ^2-Verteilung

ermittelt und diskutiert.

Zur vereinfachten numerischen Bestimmung und zum vergleichenden Studium des asymptotischen Verhaltens soll hier noch eine Approximation an die exakte Lösung angegeben werden.

Asymptotisch für $n \to \infty$ bzw. $\nu \to \infty$ bzw. $\lambda_{\kappa,k} \to \infty$ kann man Verteilungsfunktion Ψ bzw. Schwellenwert $\chi'^2_{n;1-\alpha}$ der nicht-zentralen χ'^2-Verteilung gemäß (A 4.13) bzw. (A 4.14) mit Hilfe der Normalverteilung approximieren. Mit den Bezeichnungen

$$(3.2.100) \qquad c_{\kappa;k} := \frac{n+2\lambda_{\kappa;k}}{n+\lambda_{\kappa;k}} \qquad \text{und} \qquad f_{\kappa;k} := \frac{(n+\lambda_{\kappa;k})^2}{n+2\lambda_{\kappa;k}}$$

ergeben sich für die OC's aus Tabelle 3.2.1 die Approximationen

$$(3.2.101) \qquad \beta_r(k|\kappa) \doteq \Phi\left(\frac{u_{1-\alpha}}{k} \sqrt{\frac{c_{\kappa;1}}{c_{\kappa;k}}} + R\right)$$

$$(3.2.102) \qquad \beta_l(k|\kappa) \doteq 1 - \Phi\left(\frac{-u_{1-\alpha}}{k} \sqrt{\frac{c_{\kappa;1}}{c_{\kappa;k}}} + R\right)$$

mit

$$(3.2.103) \qquad R = \frac{1}{k} \sqrt{2f_{\kappa;1} - 1}\left(\sqrt{\frac{c_{\kappa;1}}{c_{\kappa;k}}} - k \sqrt{\frac{2f_{\kappa;k} - 1}{2f_{\kappa;1} - 1}}\right) \ .$$

<u>Im Fall</u> $\rho = 0$ bzw. $\kappa = 0$, d.h. für die Prüfgröße $L_0 = \Sigma X_i^2 / (\gamma\mu)^2$, folgt aus (3.2.101) wegen $c_{\kappa;k} = c_{\kappa;1}$ und $f_{\kappa;k} = f_{\kappa;1} = (n+\nu)^2 / (n+2\nu)$

$$(3.2.104) \qquad \beta_r(k|0) \doteq \Phi\left(\frac{u_{1-\alpha}}{k} - \frac{k-1}{k} \sqrt{2(n+\nu)^2/(n+2\nu) - 1}\right)$$

und weiter für kleines γ , d.h. für großes ν

$$(3.2.105) \qquad \beta_r(k|0) \doteq \Phi(u_{1-\alpha}/k - \sqrt{\nu}(k-1)/k) \ .$$

Entsprechend findet man

$$(3.2.106) \qquad \beta_l(k|0) \doteq 1 - \Phi(-u_{1-\alpha}/k - \sqrt{\nu}(k-1)/k) \ .$$

Der Vergleich von (3.2.105) bzw. (3.2.106) mit den Formeln (3.4.5) bzw. (3.4.21) von Abschnitt 3.4 zeigt, daß für $n \to \infty$ <u>und</u> $\gamma \to 0$ die Teste mit $\bar{X}$ und ΣX_i^2 asymptotisch aquivalent sind.

<u>Im Fall</u> $\rho = 1/2$ bzw. $\kappa = 1$, d.h. beim lokal besten Test, erhält man

für $n\to\infty$ <u>und</u> $\gamma\to 0$

$$(3.2.107) \quad \beta_r(k\,|\,1) \doteq \Phi(u_{1-\alpha}/k - \sqrt{\nu}\,(k-1)/k)$$

also ebenfalls asymptotische Äquivalenz zum Test mit $\bar{X}$.

<u>Im Fall $\rho=1$ bzw. $\kappa=\infty$</u> sind die Formeln (3.2.101) bis (3.2.103) zwar praktisch verwendbar, es läßt sich daraus aber keine asymptotische Äquivalenz zum Test mit $\bar{X}$ ablesen, vgl. hierzu auch Abbildungen 3.2.6 bis 3.2.11 . Entsprechend ergeben sich Approximationen für die Vertrauensbereiche von Abschnitt 3.2.4 .

3.2.6 TESTSCHÄRFEVERGLEICH VON L_κ FÜR $\kappa=0;\kappa=1;\kappa=\infty$

In den Abbildungen 3.2.6 bis 3.2.11 sind die OC's für die Prüfgrößen L_0, L_1 und L_∞ bei rechts-, links- und zweiseitiger Alternative zu den $(n;\gamma)$-Kombinationen der Tabelle 3.2.5 und zur statistischen Sicherheit $1-\alpha=0,95$ gezeichnet. Für die Zeichnung ist ein Wahrscheinlichkeitsnetz mit linearer Abszissenteilung verwendet.

Tabelle 3.2.5			
n	γ	$\nu=n/\gamma^2$	$K(\gamma)$ für n=1
5	3	$0,55\bar{5}$	0,0236
20	3	$2,22\bar{2}$	
5	1	5	0,0741
20	1	20	
5	1/3	45	0,0135
20	1/3	180	

Zur Wahl der Parameter für die Abbildungen dieser Arbeit ist hier generell zu bemerken: n=5 ist hier als ein typischer Repräsentant für "kleine" Stichproben ausgewählt. So wird in der Qualitätskontrolle vielfach mit n=5 gearbeitet. $n\approx 20$ ist die untere Grenze, ab der man von "großen" Stichproben sprechen kann. Der Wert $\gamma=1/3$ stellt bei der Normalverteilung für "kleine" γ einen wichtigen Grenzfall

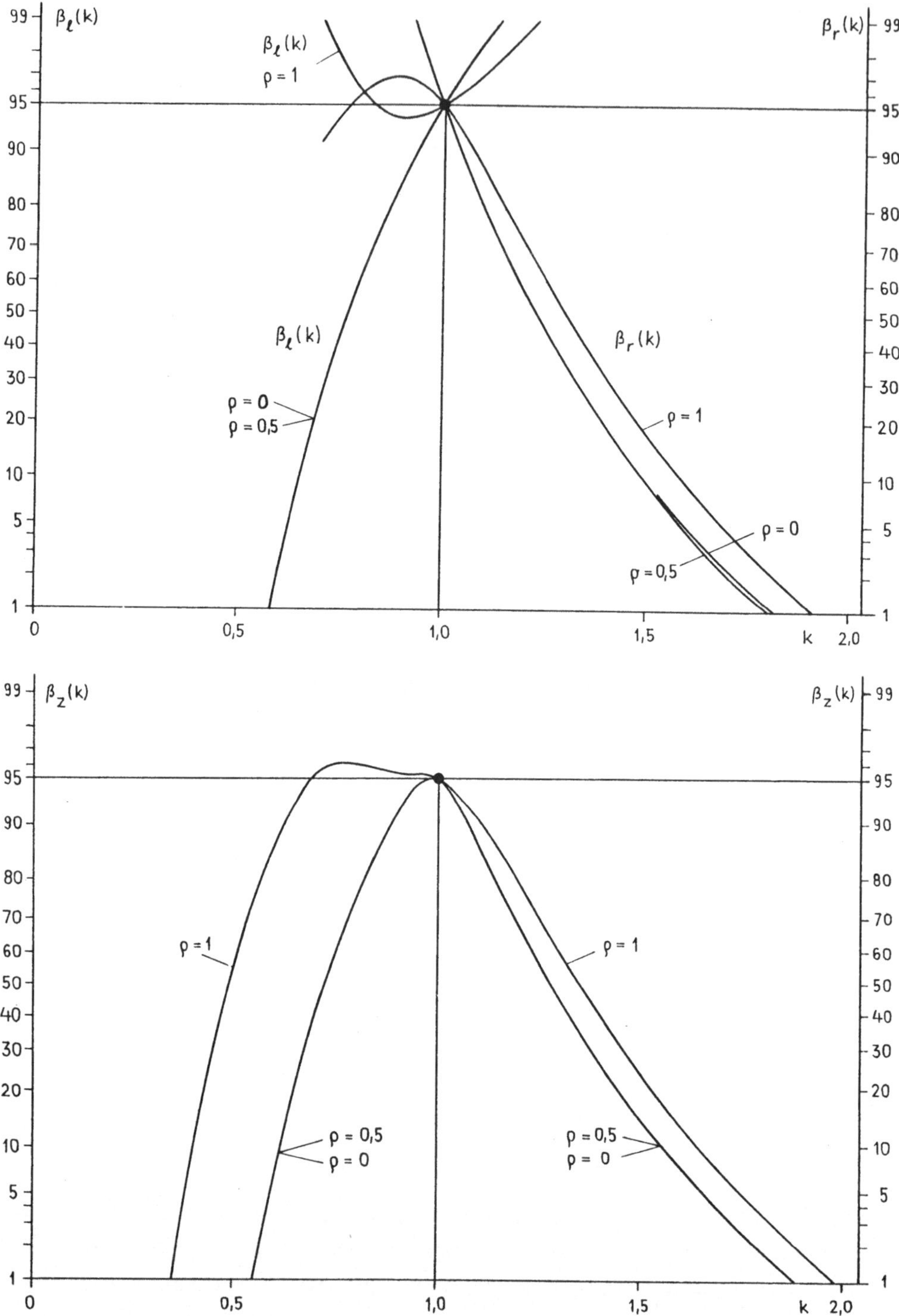

Abb. 3.2.6: OC-Schar von L_κ mit Scharparameter $\rho = \kappa/(1+\kappa)$ für $\rho = 0$; $\rho = 1/2$; $\rho = 1$ und für $n = 5$; $\gamma = 1/3$; $\alpha = 0.05$

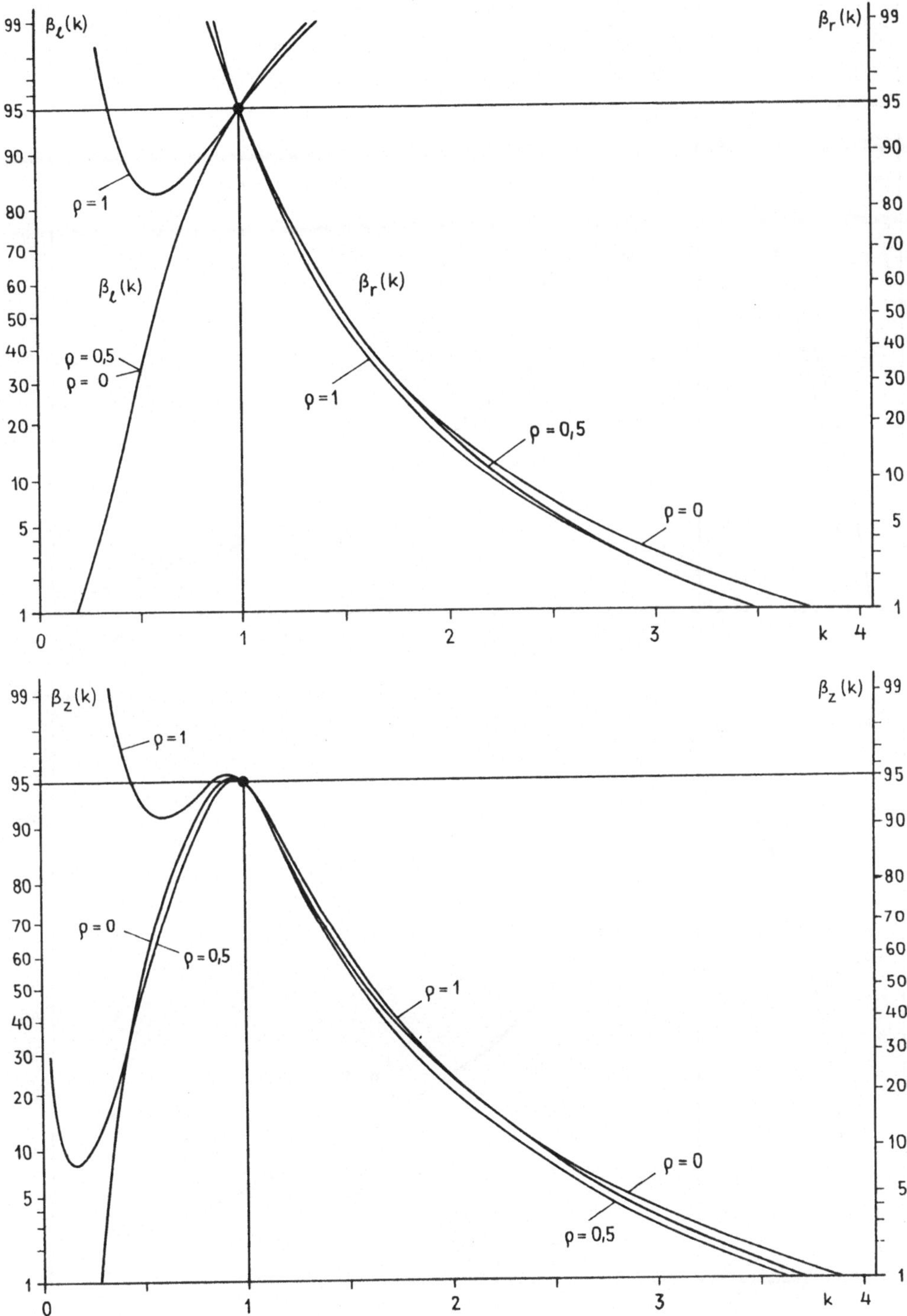

Abb. 3.2.7: OC-Schar von L_κ mit Scharparameter $\rho = \kappa/(1+\kappa)$
für $\rho = 0$; $\rho = 1/2$; $\rho = 1$ und für $n = 5$; $\gamma = 1$; $\alpha = 0.05$

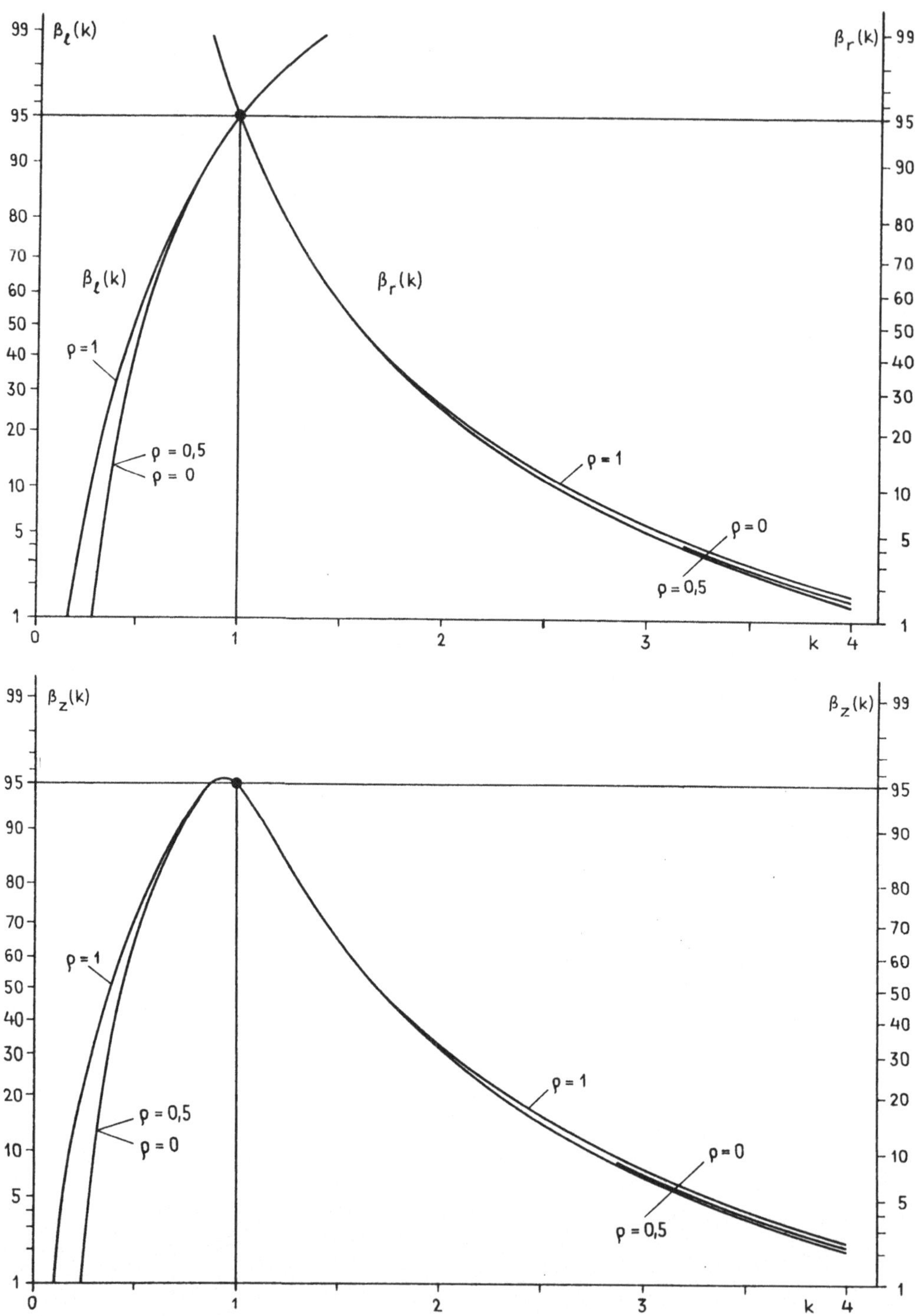

Abb. 3.2.8: OC-Schar von L_κ mit Scharparameter $\rho = \kappa/(1+\kappa)$
für $\rho=0$; $\rho=1/2$; $\rho=1$ und für $n=5$; $\gamma=3$; $\alpha=0.05$

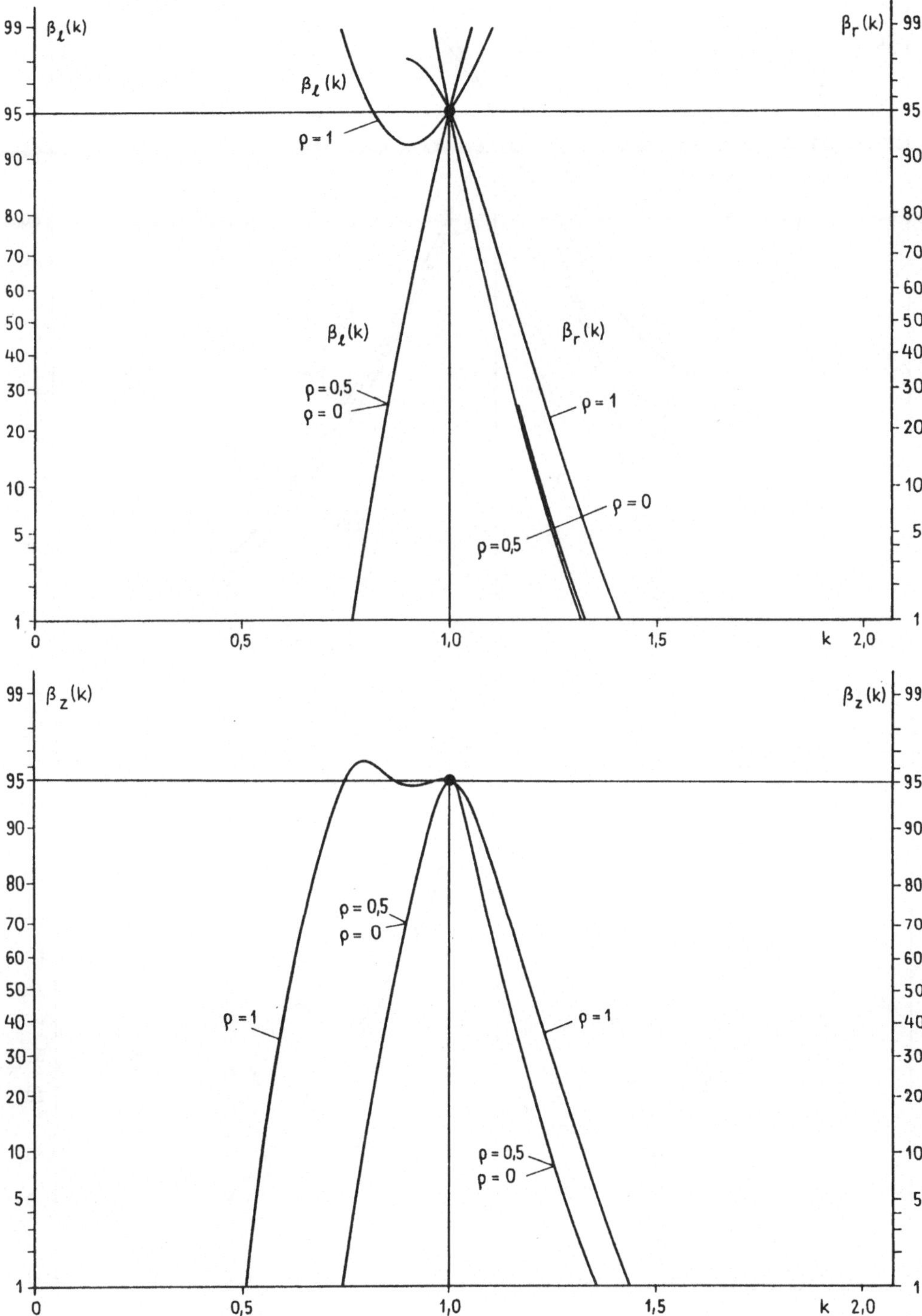

Abb. 3.2.9: OC-Schar von L_κ mit Scharparameter $\rho=\kappa/(1+\kappa)$ für $\rho=0$; $\rho=1/2$; $\rho=1$ und für $n=20$; $\gamma=1/3$; $\alpha=0.05$

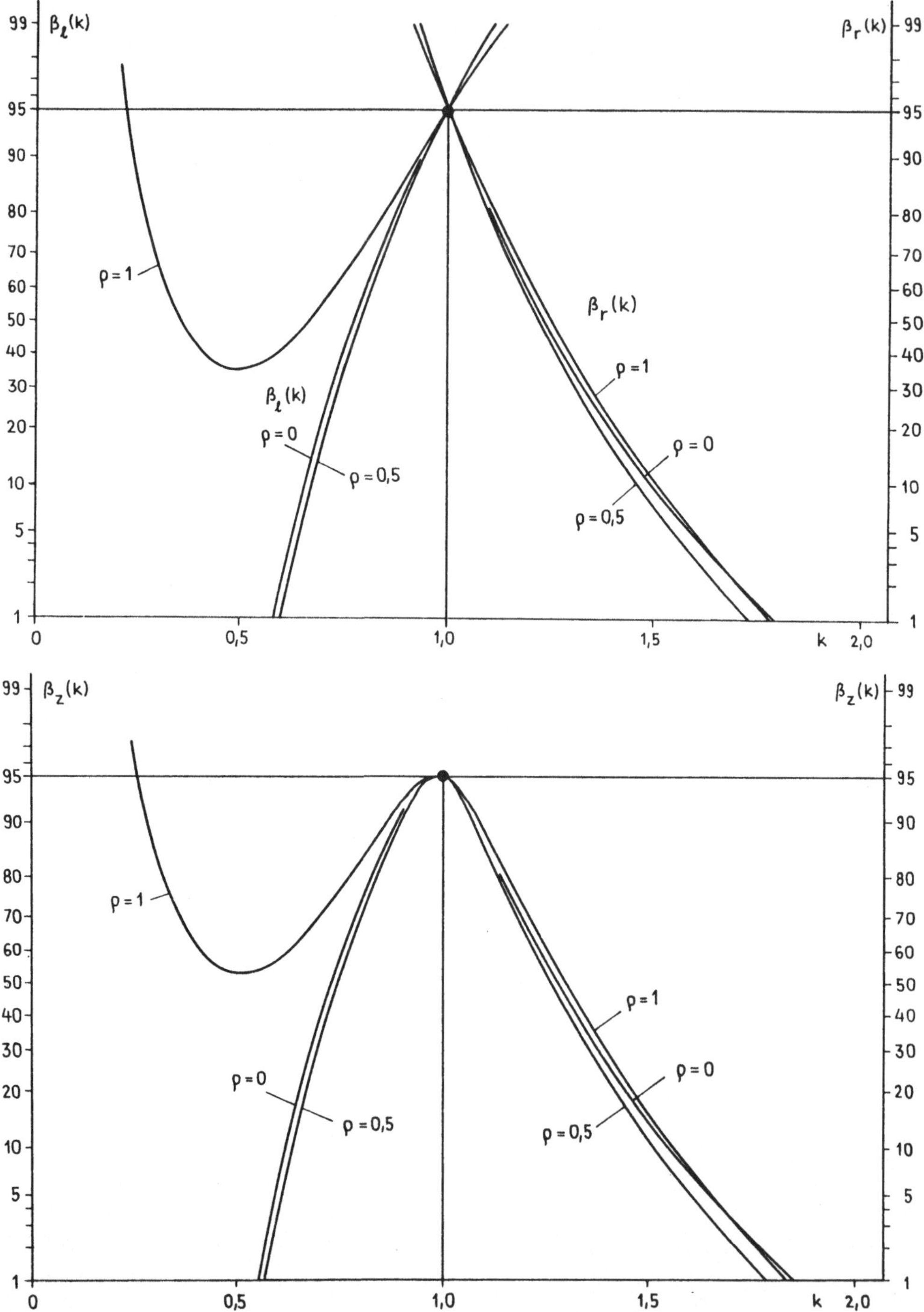

Abb. 3.2.10: OC-Schar von L_κ mit Scharparameter $\rho=\kappa/(1+\kappa)$ für $\rho=0$; $\rho=1/2$; $\rho=1$ und für $n=20$; $\gamma=1$; $\alpha=0.05$

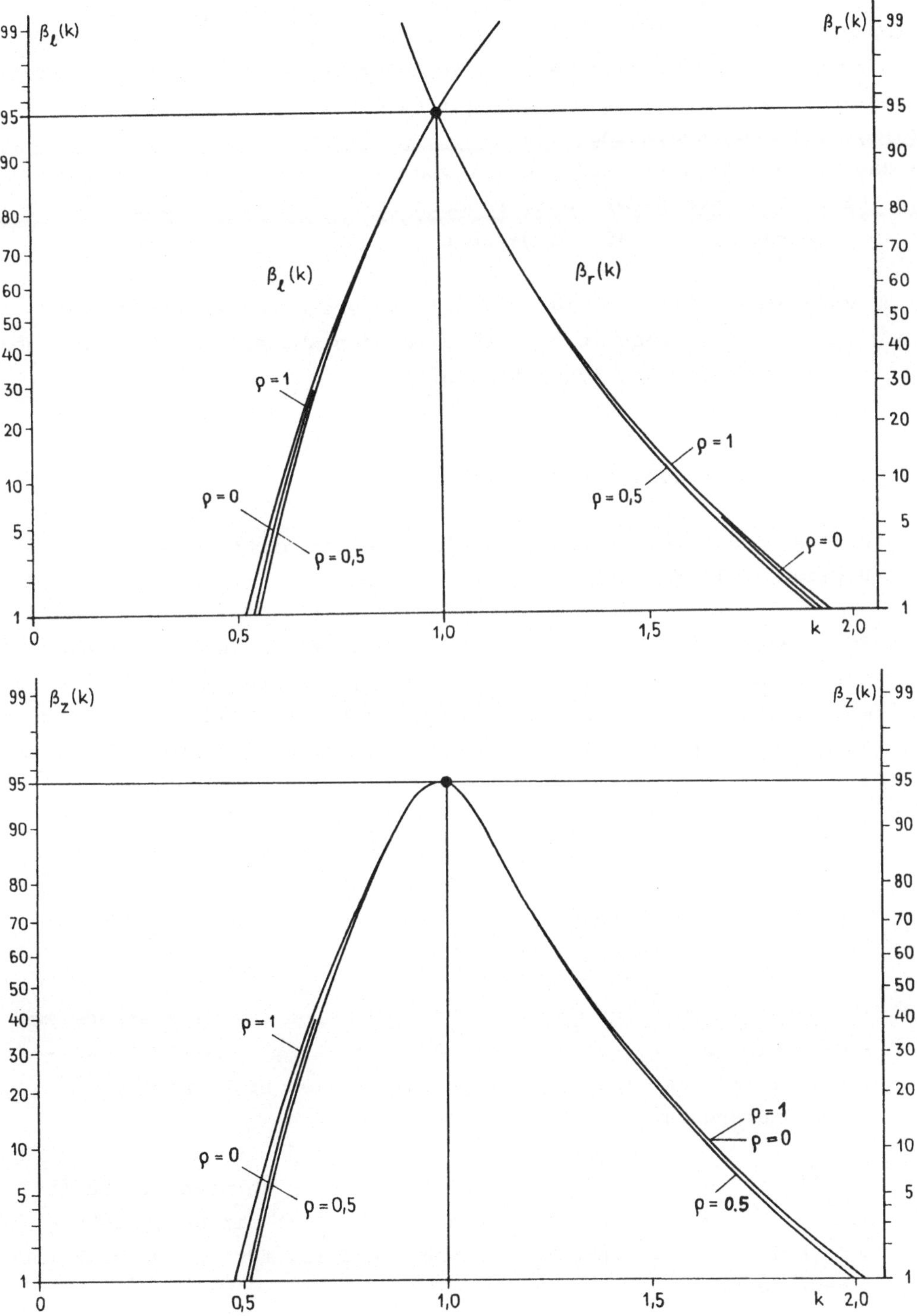

Abb. 3.2.11: OC-Schar von L_κ mit Scharparameter $\rho = \kappa/(1+\kappa)$ für $\rho = 0$; $\rho = 1/2$; $\rho = 1$ und für $n = 20$; $\gamma = 3$; $\alpha = 0.05$

104

dar, vgl. Abschnitt 4.3 . $\gamma=1$ ist durch maximale Krümmung ausge-
zeichnet. $\gamma=3$ gilt für viele Anwendungssituationen bereits als ex-
trem hohe Variationszahl. $\gamma=1/3$ hat außerdem zu $\gamma=1$ denselben relativen Abstand wie $\gamma=1$ zu $\gamma=3$, allerdings ist die Krümmung $K(1/3)<$
$K(3)$, vgl. auch Abbildung 1.1 .
Da das OC-Verhalten in Abhängigkeit von α prinzipiell bekannt ist,
wird hier $1-\alpha$ nicht variiert, sondern nur der in der Praxis häufig
verwendete Wert $1-\alpha=0,95$ vorgegeben.

Um OC-Vergleiche aller in dieser Arbeit untersuchten Prüfgrößen zu
ermöglichen, werden auch in den nachfolgenden Abschnitten die hier gewählten Parameterkombinationen verwendet.

Im einzelnen lassen sich aus den OC's der Abbildungen 3.2.6 bis
3.2.11 folgende Ergebnisse ablesen:

(1) Einige Bilder zeigen weitere Beispiele von nicht monotonem OC-
    Verlauf, vgl. Abschnitt 3.2.3 .

(2) Für ρ-Werte zwischen $\rho=0$ und $\rho=1/2$ sind die OC-Abstände
    der zugehörigen Prüfgrößen L_0 und L_1 für praktische Zwecke so-
    wohl bei links- wie bei rechtsseitiger Alternative als unbedeutend
    anzusehen. Die Teste mit $0\leq\rho\lesssim 1/2$ sind also nicht nur für große
    n , vgl. Abschnitt 3.2.5 , sondern bereits für kleine Stichpro-
    ben nahezu äquivalent. Die größten Abstände zeigen sich , - wie
    schon vermutet -, für $\gamma=1$. Die Abstände sind bei $\beta_1(k)$ klei-
    ner als bei $\beta_r(k)$, wie man das aufgrund der Prüfgrößenkonstruk-
    tion und der Interpretation des Parameters κ bei einfachen
    Hypothesen erwarten muß, vgl. Abschnitt 3.2.2 .

(3) Für ρ-Werte zwischen $\rho=1/2$ und $\rho=1$ sind die OC-Abstände zwi-
    schen L_1 und L_∞ bei $\beta_r(k)$ für kleine γ praktisch rele-
    vant. $\beta_1(k)$ ist für $\rho=1$ in vielen Fällen nicht monoton und
    damit unbrauchbar.

(4) Amonotonie von $\beta_1(k)$ spiegelt sich auch in anomalem Verhalten
    von $\beta_z(k)$ wieder. Die Verzerrung von $\beta_z(k)$ in der Umgebung
    von k=1 ist nur schwach ausgeprägt und ist für n=20 praktisch
    unbedeutend.

(5) Entsprechend einer Vermutung von HINKLEY (1977) kann man aufgrund
    der Abbildungen den lokal besten Test mit $\rho=1/2$ als nahezu

gleichmäßig besten Test betrachten. Allerdings kann der Test bei
linksseitiger Alternative durch Amonotonie unbrauchbar werden;
vgl. Abbildung 3.2.7 .

Zusammenfassend läßt sich somit aus der Schar der Prüfgrößen L_κ die
Verwendung der Prüfgröße $L_O = \Sigma X_i^2/(\gamma\mu_O)^2$ empfehlen; denn der Test
mit L_O besitzt nahezu die gleiche Prüfschärfe wie der Test mit L_1 ,
hat aber gegenüber L_1 den Vorteil, daß β_1 stets monoton verläuft.
Zudem besteht für $L_O \overset{d}{=} \chi_n'^2(\lambda)$ der rechentechnische Vorteil, daß
$\lambda \equiv \nu$ konstant, d.h. unabhängig von der Alternative ist.

3.3 DER TEST MIT DER BEDINGT SUFFIZIENTEN STATISTIK

Aus der unter der ancillary statistic Z, vgl. (2.9.2) , gebildeten
bedingt suffizienten Schätzfunktion $\hat{\mu}_{B|z}$, vgl. (2.9.7) , läßt sich
die Teststatistik

$$(3.3.1) \qquad D = \frac{V_z h_n(z)}{\mu_O} = h_n(z) \cdot \sqrt{\Sigma X_i^2}/(\gamma\mu_O)$$

für einen unter Z=z bedingten Test bilden. Aus der Dichte (2.9.3)
für die dimensionslose Größe $B=V_z/\mu$ erhält man bei Gültigkeit von
$H_O:\mu=\mu_O$ für D die Dichte

$$(3.3.2) \qquad f(d|z) = (d/h_n)^{n-1} \exp\{-(d/h_n-z)^2/2\}/(I_{n-1} \cdot h_n)$$

und die Verteilungsfunktion

$$(3.3.3) \qquad F(d|z) = \int_o^d f(t|z)dt \ .$$

Statt D könnte man prinzipiell auch $B_O:=V_z/\mu_O$ als Prüfgröße verwenden, doch sind die nachfolgend beschriebenen Rechenverfahren für
D wegen der Normierung auf den Erwartungswert ED=1 numerisch sta-
biler als für B_O .

Die Bestimmung von $F(d|z)$ ist mit einem der gängigen Quadraturver-
fahren der numerischen Mathematik ohne Schwierigkeiten durchführbar.
Den Schwellenwert d_ε mit

$$(3.3.4) \qquad F(d_\varepsilon|z)=\varepsilon$$

kann man numerisch mittels Newton-Iteration bestimmen gemäß

$$(3.3.5) \qquad d_\varepsilon^{n+1} = d_\varepsilon^n - \frac{F(d_\varepsilon^n|z)-\varepsilon}{f(d_\varepsilon^n|z)} \quad .$$

Den Iterationsanfang gewinnt man aus

$$(3.3.6) \qquad d_\varepsilon^0 = E(D|z) + 1 \cdot \sigma(D|z)$$

mit Hilfe von $E(D|z)=1$ und var $(B|z)$ aus $(2.9.17)$, wobei der Faktor 1 bezüglich des vorgegebenen ε geeignet gewählt wird, z.B. $1,5 \underset{\sim}{\leq} 1 \underset{\sim}{\leq} 3$ für $\varepsilon=0,95$ oder $-3 \underset{\sim}{\leq} 1 \underset{\sim}{\leq} -1,5$ für $\varepsilon=0,05$.

Die Verteilung der Prüfgröße D bei Gültigkeit von $H_1:\mu=k\mu_0$ ist auf $(3.3.3)$ zurückführbar; denn $D/k=h_n(z)V_z/(k\mu_0)$ ist bei Gültigkeit von $H_1:\mu=k\mu_0$ wegen der Äquivarianz von D genauso verteilt wie D bei Gültigkeit von H_0 :

$$(3.3.7) \qquad W(D \leq d|\mu=k\mu_0) = W(D/k \leq d/k) = F(d/k|z) \quad .$$

Damit erhält man für die Prüfgröße D die Annahmebereiche und OC's der Tabelle 3.3.1 .

Tabelle 3.3.1		
$H_1:\mu/\mu_0=k$	AB	$\beta(k|z)$
$H_r:k>1$	$[0;d_{1-\alpha}]$	$F(d_{1-\alpha}/k|z)$
$H_1:k<1$	$[d_\alpha;\infty)$	$1-F(d_\alpha/k|z)$
$H_z:k \neq 1$	$[d_{\alpha/2};d_{1-\alpha/2}]$	$F(d_{1-\alpha/2}/k|z)-F(d_{\alpha/2}/k|z)$.

Aus der Monotonie von $F(d|z)$ ist die Monotonie von $\beta_r(k|z)$ bzw. $\beta_1(k|z)$ evident, und zwar unabhängig von der Bedingung $Z=z$ und es gilt:

$$(3.3.8) \qquad \beta_r(0) = 1 \;; \quad \beta_r(\infty) = 0 \quad ,$$

(3.3.9) $\beta_1(0) = 0$; $\beta_1(\infty) = 1$.

$\beta_z(k)$ ist in der Umgebung von k=1 verzerrt, siehe auch Abbildungen 3.3.1 bis 3.3.6 .

Um den Effekt der ancillary statistic Z zu messen, untersucht HINKLEY (1977) das bedingte Signifikanzniveau eines unbedingten Tests. Als Bezugstest verwendet er dabei den lokal besten Test mit der Prüfgröße L_1 , vgl. (3.2.24) , da dieser wegen der geringen statistischen Krümmung von $N(\mu;\gamma\mu)$ nahezu ein gleichmäßig bester Test ist, vgl. auch Abschnitt 3.2.6 .

Der kritische Bereich für L_1 lautet bei rechtsseitiger Alternative H_r, vgl. Tabelle 3.2.1

(3.3.10) $L_1 = \Sigma(X_i-0,5\mu_0)^2/(\gamma\mu_0)^2 > \chi'^2_{n;1-\alpha}(\lambda_1;1) =: c$.

Unter Verwendung der Beziehungen

(3.3.11) $\Sigma X_i^2 = (\gamma\mu B)^2$ und $\Sigma X_i = \gamma^2\mu z B$

ergibt sich aus (3.3.10) durch Auflösen nach B

(3.3.12) $\infty > B > z/2 + \sqrt{c-n/(4\gamma^2) + (z/2)^2}$.

Das unter Z=z bedingte Signifikanzniveau $\alpha(z)$ des unbedingten Tests errechnet sich dann durch Integration der Dichte $g(b|z)$ aus (2.9.3) über den Bereich (3.3.12) mit Z=z . $\alpha(z)$ ist dabei unabhängig von μ_0 . HINKLEY berechnet $\alpha(z)$ für das Beispiel n=10 , $\gamma=1$, $\alpha=0,05$ und verschiedene Werte von z bzw. von T'=T'(z) aus (2.9.4) , siehe Tabelle 3.3.2 .

Tabelle 3.3.2

T'(z)	0	1	2	3	4	6	8	10	12
z	0	1	1,75	2,24	2,53	2,83	2,96	3,03	3,07
$\alpha(z)$	0,027	0,036	0,043	0,049	0,053	0,056	0,058	0,059	0,060

Aus dieser Tabelle wird in HINKLEY (1977) , S. 107 folgender Schluß
gezogen: "Das bedingte Signifikanzniveau unterscheidet sich merklich
von $\alpha=0,05$ für kleine Werte von T , was die Verwendung des bedingten Tests nahelegt".
Statt dieser am Signifikanzniveau orientierten Testbeurteilung wird
hier der Einfluß der Bedingung $Z=z$ auf den OC-Verlauf untersucht.

In den Abbildungen 3.3.1 bis 3.3.6 sind die OC's für die Parameterkombinationen der Tabelle 3.2.5 dargestellt. Für die Werte z
sind dabei die Schwellenwerte z_ε zu den Wahrscheinlichkeiten $\varepsilon=2,5\%$,
50% und 97,5% gewählt; z_ε läßt sich mittels (2.9.4) aus den
Schwellenwerten der nicht-zentralen t-Verteilung bestimmen.
Zusätzlich neben diesen Werten z_ε ist für Z auch der spezielle
Wert $z_0 \approx \sqrt{n/(\gamma^2+\gamma^4)}$ interessant, der sich für Stichproben mit $\hat{S}/\bar{X} \approx \gamma$
einstellt und der $RC(\mu) \approx RC(\mu|z)$ zur Folge hat, vgl. hierzu auch die
Ausführungen am Ende des Abschnitts 2.9 . In Tabelle 3.3.2 ergibt
sich hierbei $z_0 = \sqrt{5} = 2.24$ bzw. $T'=3$ und dafür die beste Übereinstim-
mung zwischen $\alpha(z)$ und α .
Die zu $\hat{S}/\bar{X} \approx \gamma$ gehörenden OC's unterscheiden sich jedoch praktisch
nicht von den OC's für $z_\varepsilon = z_{50\%}$. Daher sind sie nicht in die Abbildungen 3.3.1 bis 3.3.6 eingezeichnet.

Aus diesen wird im einzelnen folgendes erkennbar:

(1) Die OC für $\varepsilon=50\%$ liegt generell näher bei der OC für $\varepsilon=97,5\%$
     als bei der OC für $\varepsilon=2,5\%$.

(2) Die Bandbreite der OC's zwischen $\varepsilon=2,5\%$ und $\varepsilon=97,5\%$ ist für
     $\gamma=1$ maximal.

(3) Die Bandbreite nimmt unabhängig von γ für wachsendes n ab.

(4) Der zweiseitige Test ist in der Umgebung von $k=1$ geringfügig
     verzerrt; die Verzerrung wird mit wachsendem n rasch bedeutungs-
     los.

Ein Vergleich des OC-Verlaufs der Abbildungen 3.2.6 bis 3.2.11 mit
den Abbildungen 3.3.1 bis 3.3.6 zeigt, daß bei fast allen Parameterkombinationen die Prüfschärfe des lokal besten Tests mit der des
bedingten Tests für $\varepsilon=50\%$ praktisch übereinstimmt; nur für $n=5$,
$\gamma=1$ ist der Test mit L_1 geringfügig schlechter.

Wie in Abschnitt 3.2 festgestellt wurde,bestehen nur geringfügige OC-Unterschiede zwischen dem Test mit L_1 und dem Test mit $L_0 = \Sigma X_i^2/(\gamma\mu)^2$, sodaß auch die OC von L_0 und die OC des bedingten Tests mit $\varepsilon = 0,5$ sehr gut übereinstimmen. Das ist natürlich auch durch die Beziehung erklärbar, in der die beiden Tests zueinander stehen: Für beide Tests ist $\Sigma X_i^2/(\gamma\mu)^2$ die Prüfgröße, nur wird daraus einmal ein bedingter Test mit der Prüfgröße D gemäß (3.3.1) und einmal ein unbedingter Test mit Prüfgröße L_0 konstruiert. Der Test mit L_0 stellt in gewissem Sinne eine "mittlere" OC für den unbedingten Test dar. Es ist jedoch nicht so, daß der über die Bedingung Z gebildete Erwartungswert $E_Z(\beta(k|z))$ der OC-Schar des bedingten Tests mit der OC von L_0 übereinstimmt.

Ein bedingter Test wird von vielen Praktikern nur ungern angewendet; denn ein bedingter Test hat gegenüber einem unbedingten Test in der praktischen Handhabung generell den Nachteil, daß der OC-Verlauf vor der Stichprobenahme nicht bekannt ist, sondern erst nach der Realisation der Bedingung bestimmbar wird. Man weiß also vor der Stichprobenahme nicht, welche OC aus der OC-Schar,- mit der Bedingung als Scharparameter -, im konkreten Anwendungsfall die Testgüte bestimmt. Daher ist insbesondere Problemstellung 3 von Abschnitt 3.1.2 , die z.B. in der Qualitätskontrolle häufig vorkommt, im Prinzip nicht lösbar. Als Ersatzlösung bei dieser Problemstellung könnte man allenfalls Probenumfang n und kritischen Bereich KB an einer wie auch immer definierten "mittleren OC" der OC-Schar bestimmen. Statt dessen kann man aber genausogut einen "unbedingten" Test verwenden, dessen "feste" OC innerhalb der Bandbreite der OC-Schar für den bedingten Test liegt oder mit der "mittleren" OC des bedingten Tests vergleichbar ist.

In diesem Sinne würde ein Praktiker aufgrund der obigen Auführungen den bereits in Abschnitt 3.2 favorisierten Test mit L_0 dem bedingten Test dieses Abschnitts vorziehen.

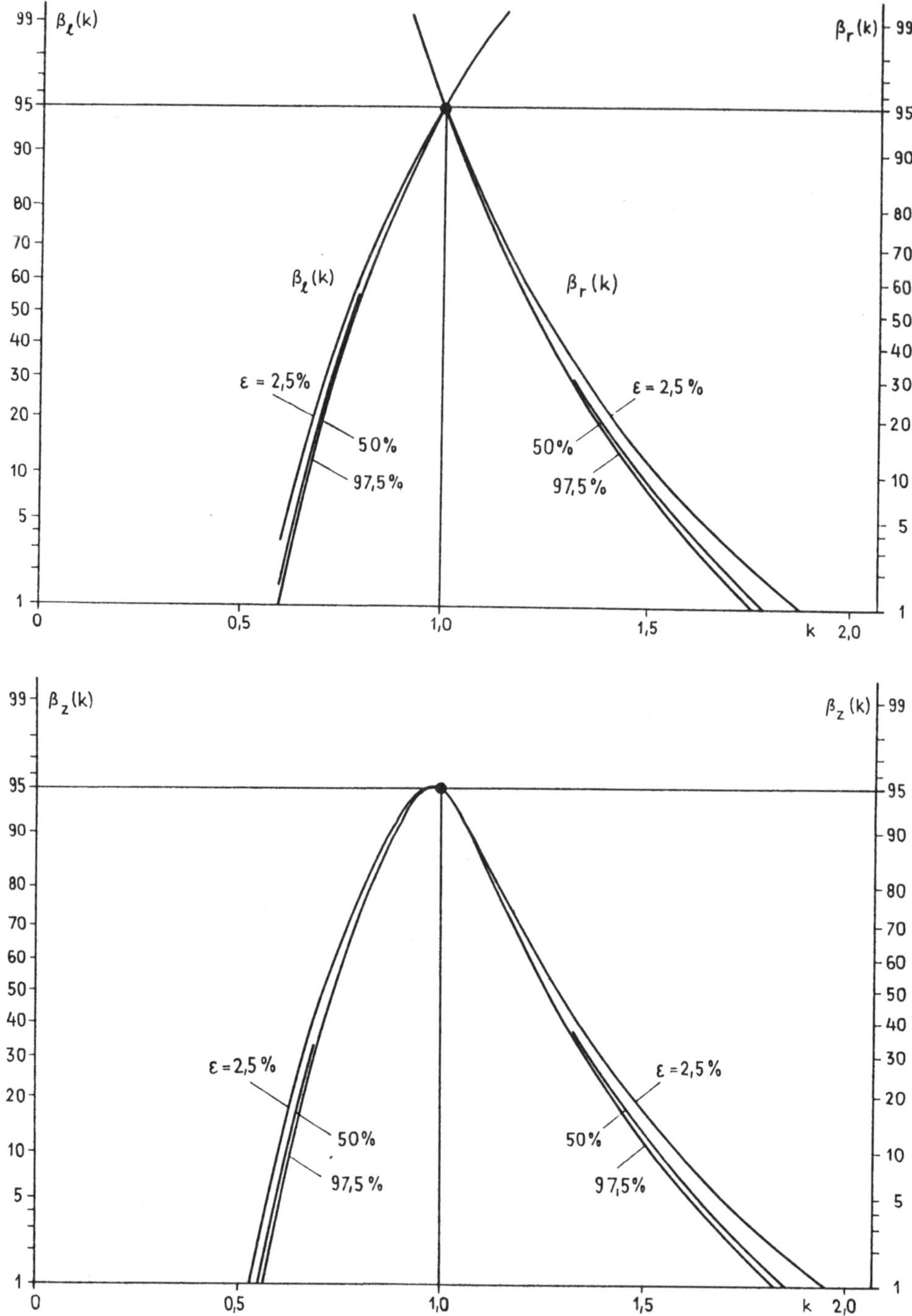

Abb. 3.3.1: OC-Schar für den bedingten Test unter der Bedingung $Z=z_\varepsilon$ mit $\varepsilon=2,5\%$; $\varepsilon=50\%$; $\varepsilon=97,5\%$ für $n=5$; $\gamma=1/3$; $\alpha=0.05$

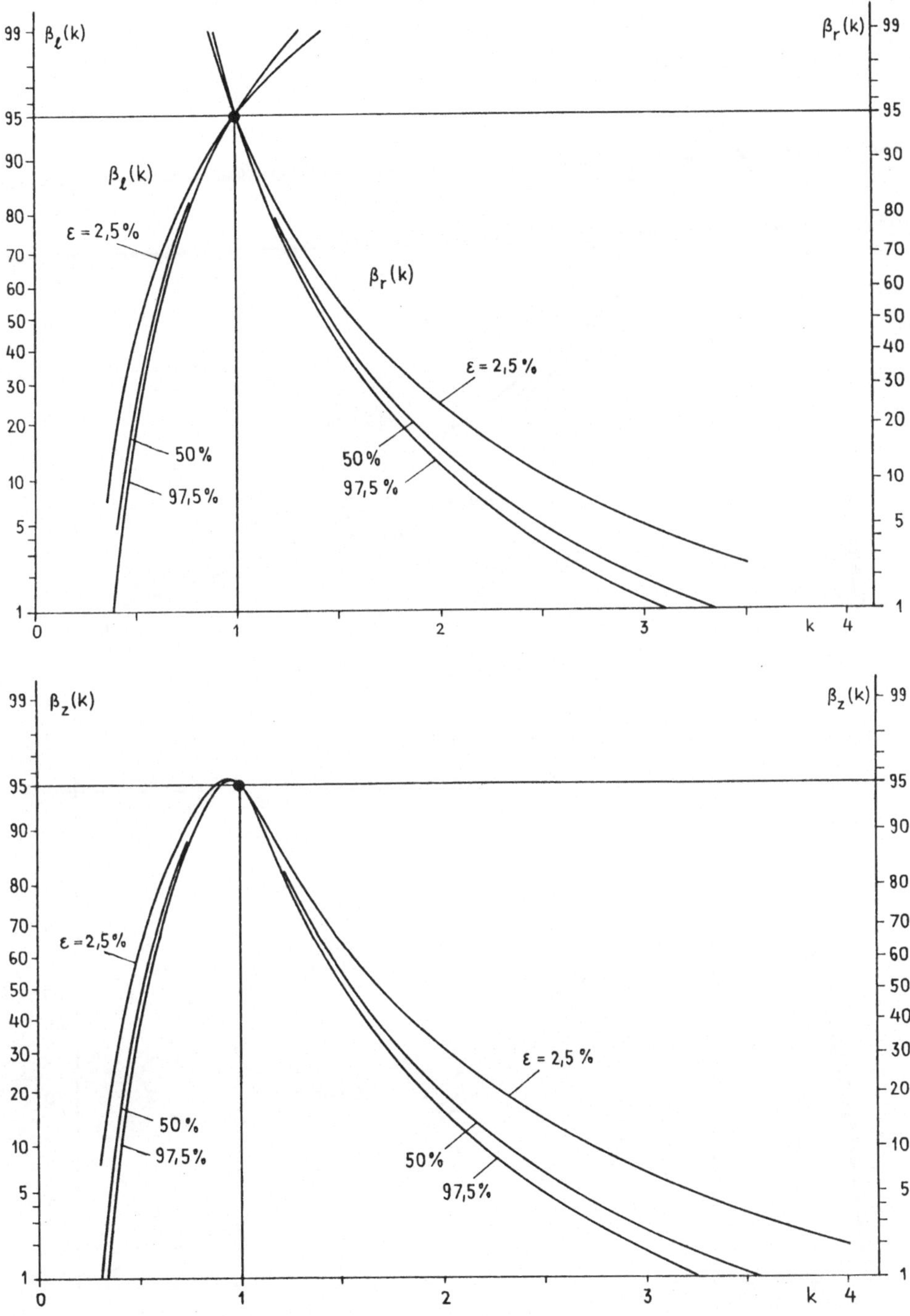

Abb. 3.3.2: OC-Schar für den bedingten Test unter der
Bedingung $Z=z_\varepsilon$ mit $\varepsilon=2,5\%$; $\varepsilon=50\%$; $\varepsilon=97,5\%$
für $n=5$; $\gamma=1$; $\alpha=0.05$

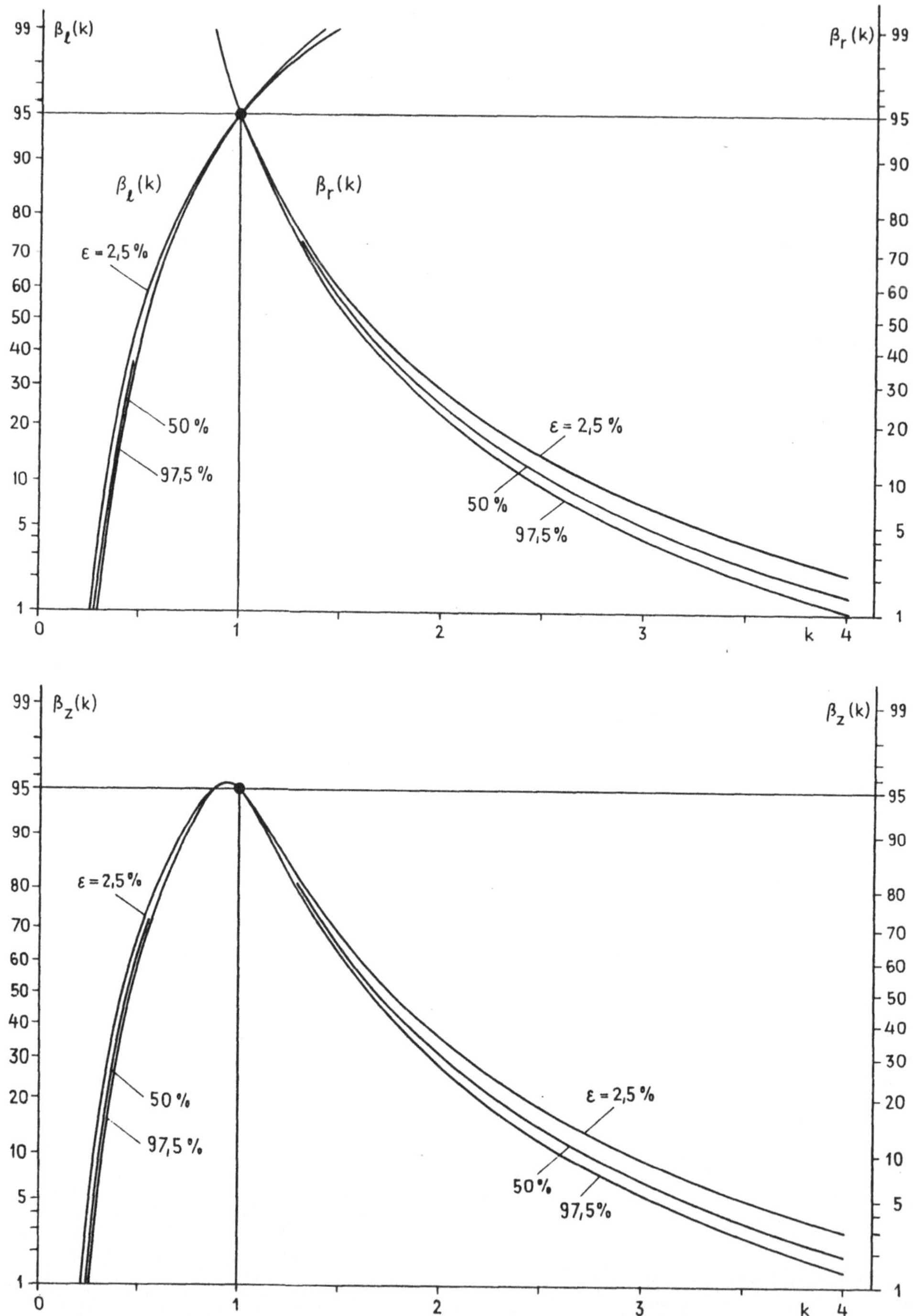

Abb. 3.3.3: OC-Schar für den bedingten Test unter der
Bedingung $Z=z_\varepsilon$ mit $\varepsilon=2,5\%$; $\varepsilon=50\%$; $\varepsilon=97,5\%$
für $n=5$; $\gamma=3$; $\alpha=0.05$

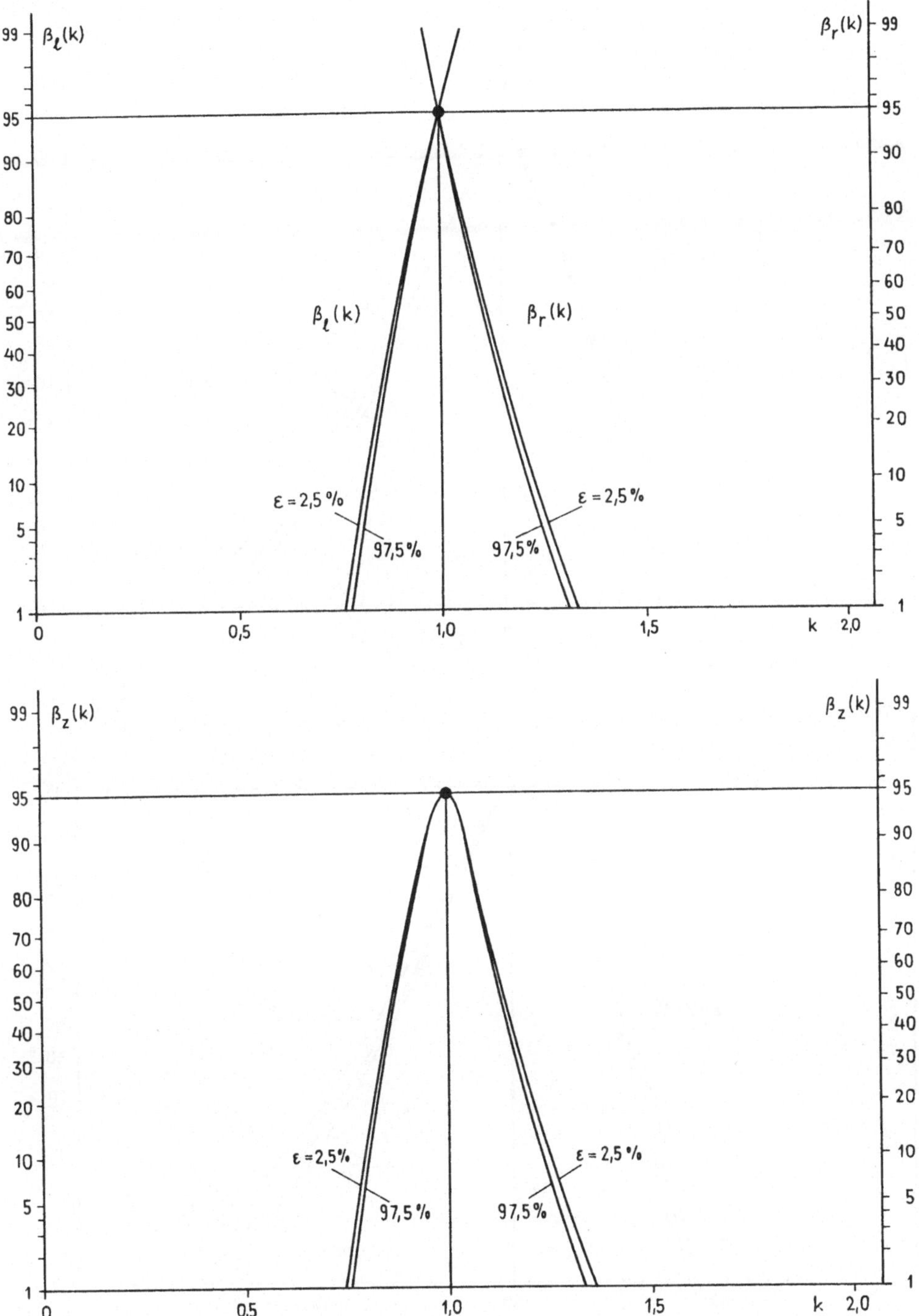

Abb. 3.3.4: OC-Schar für den bedingten Test unter der Bedingung $Z=z_\varepsilon$ mit $\varepsilon=2{,}5\%$; $\varepsilon=50\%$; $\varepsilon=97{,}5\%$ für $n=20$; $\gamma=1/3$; $\alpha=0{.}05$

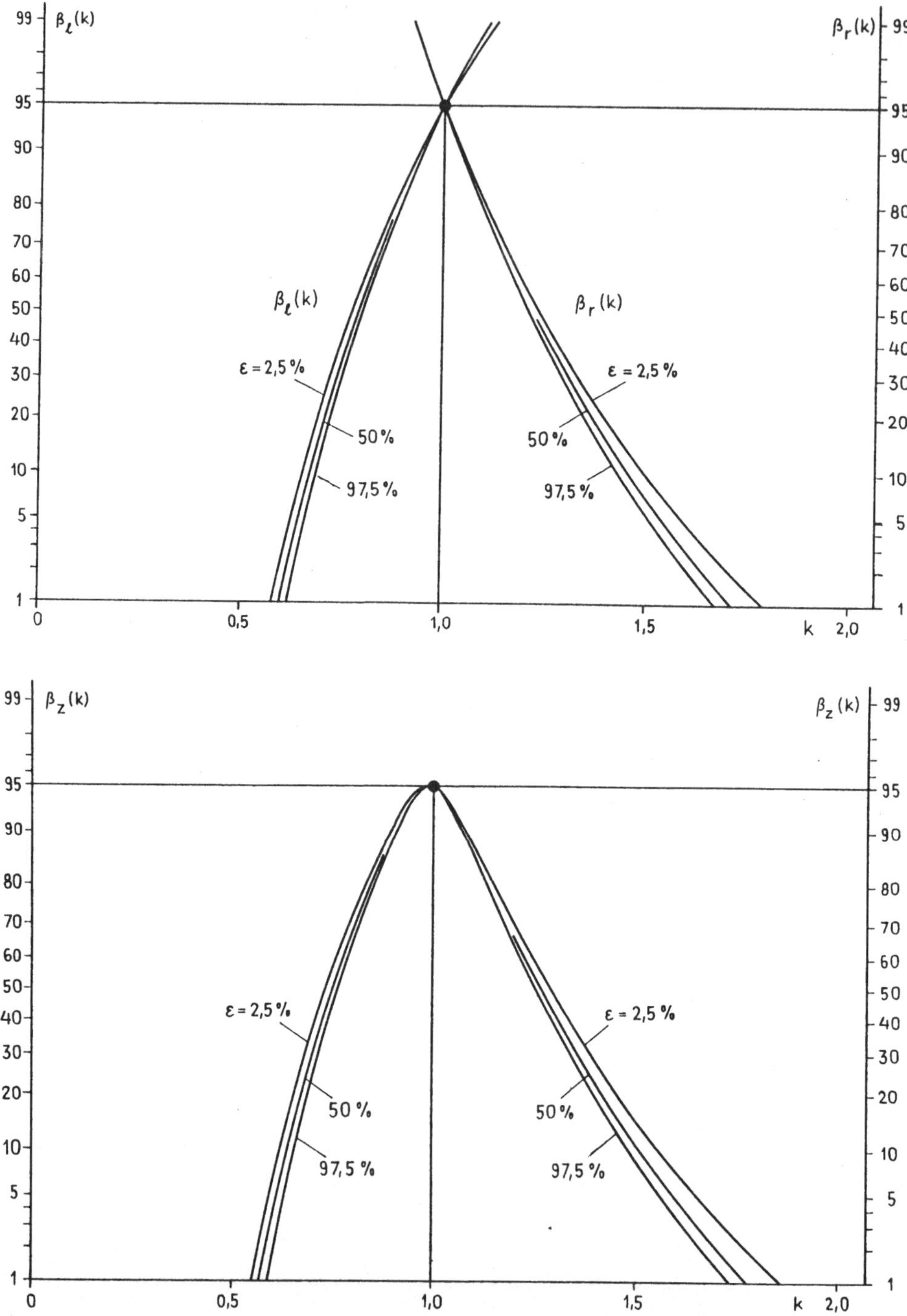

Abb. 3.3.5: OC-Schar für den bedingten Test unter der
Bedingung $Z = z_\varepsilon$ mit $\varepsilon = 2,5\%$; $\varepsilon = 50\%$; $\varepsilon = 97,5\%$
für $n = 20$; $\gamma = 1$; $\alpha = 0.05$

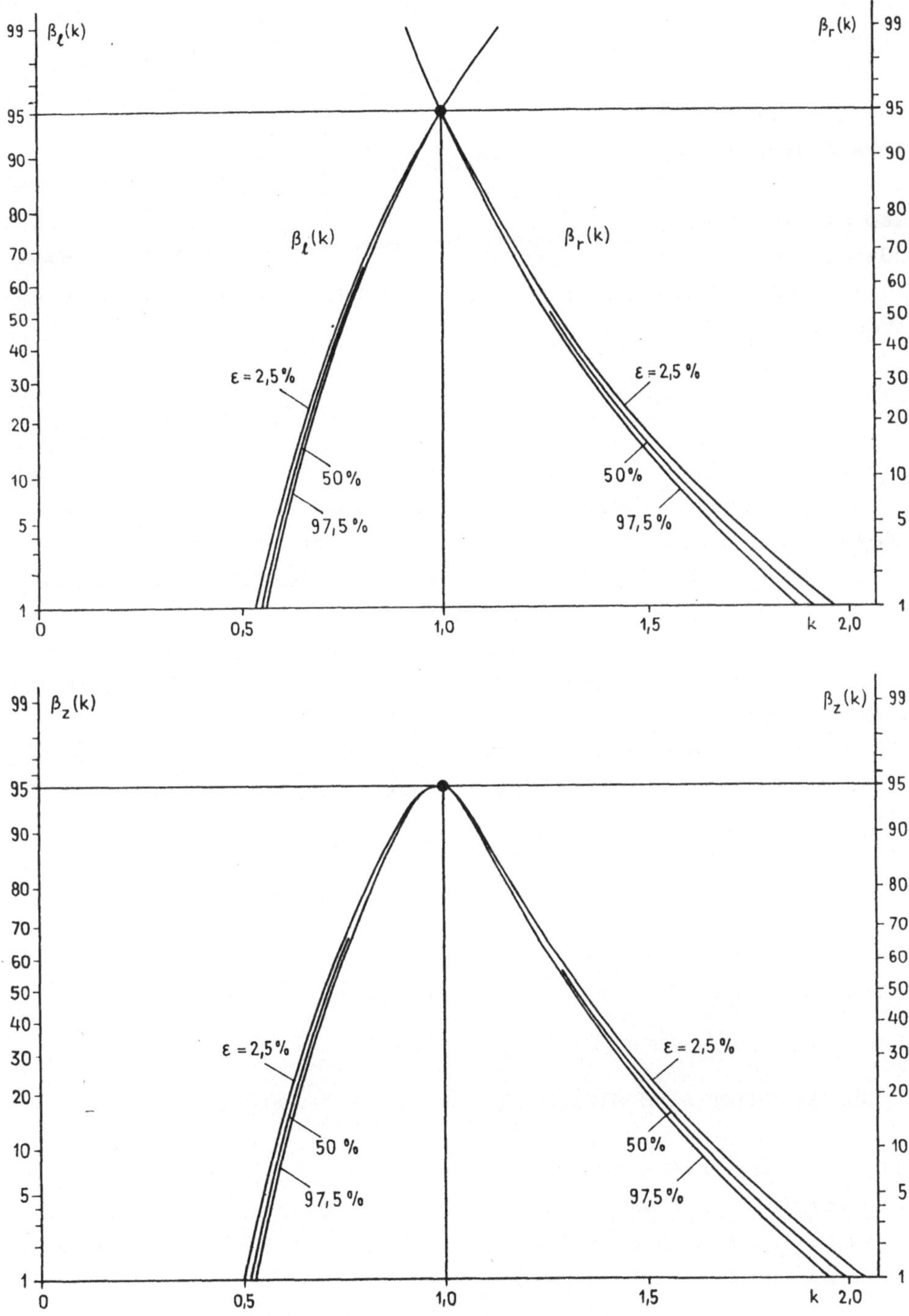

Abb. 3.3.6: OC-Schar für den bedingten Test unter der
Bedingung $Z=z_\varepsilon$ mit $\varepsilon=2,5\%$; $\varepsilon=50\%$; $\varepsilon=97,5\%$
für n=20; $\gamma=3$; $\alpha=0.05$

3.4 TESTVERFAHREN MIT DER PRÜFGRÖSSE $\bar{X}$ UND DARAUS ABGELEITETER PRÜFGRÖSSEN

Für $\mu = k\mu_0$ gilt: Die Größe $\bar{X}$ ist $N(k\mu_0; k\mu_0/\sqrt{\nu})$, bzw. die standardisierte Prüfgröße $U_k = (\bar{X}-k\mu_0)\sqrt{\nu}/(k\mu_0)$ ist $N(0;1)$.

Da also die Verteilung von $\bar{X}$ für alle Werte von μ , - im Gegensatz zu anderen hier betrachteten Prüfgrößen -, nur über die fiktive Probengröße $\nu = n/\gamma^2$ und sonst nicht von n abhängig ist, läßt sich vorab sagen, daß

$$(3.4.1) \qquad \beta(k) = \beta(k \mid \nu; \alpha)$$

gilt. Die geringe Zahl der Scharparameter von $\beta(k)$ ist sehr vorteilhaft, insbesondere bei der in der Praxis besonders häufig vorkommenden Problemstellung 3 von Abschnitt 3.1.2 . Dieser Vorteil besteht natürlich auch bei anderen funktional aus $\bar{X}$ hergeleiteten Prüfgrößen, wie z.B. bei $\bar{X}_+$ oder $\bar{X}^2$, vgl. die Abschnitte 3.4.2 ff.

Wie nachstehend erörtert wird, besitzt der Test mit $\bar{X}$ auch nachteilige Eigenschaften: Er kann bei bestimmten Parameterkombinationen unbrauchbar sein und zwar wegen der Nichtpositivität von $\bar{X}$. Diese Nachteile lassen sich durch Verwendung der positiven Schätzfunktionen $\bar{X}^2$ oder $\bar{X}_+$ beseitigen.
Obwohl der Test mit $\bar{X}$ selbst nicht in allen Fällen den praktischen Anforderungen genügt, so kommt ihm aus theoretischer Sicht eine besondere Bedeutung zu: Viele Prüfgrößen besitzen eine asymptotische OC von gleicher Bauart wie die OC von $\bar{X}$. Das ermöglicht (asymptotische) Vergleiche der Testgüte gemäß den Ausführungen zu $(3.1.15)$.

3.4.1 DER ARITHMETISCHE MITTELWERT $\bar{X}$ ALS PRÜFGRÖSSE

Die Prüfgröße des Testes ist der arithmetische Mittelwert $\bar{X}$ bzw. die standardisierte Prüfgröße $U_1 = (\bar{X}-\mu_0)\sqrt{\nu}/\mu_0$. Bei Gültigkeit von $\mu = \mu_0$ ist $U_1 \overset{d}{=} N(0;1)$. Einige besondere Testeigenschaften erfordern es hier, jede Alternative getrennt für sich zu erörtern.

3.4.1.1 RECHTSSEITIGE ALTERNATIVE $H_r: \mu > \mu_0$

Bei der Alternative $H_r: \mu > \mu_0$ lauten die Annahmebereiche zur statistischen Sicherheit $1-\alpha$ für die standardisierte Prüfgröße U_1 bzw. die nichtstandardisierte Prüfgröße $\bar{X}$:

$$(3.4.2) \qquad AB(U_1) = (-\infty; u_{1-\alpha}] \quad \text{mit} \quad U_1 = (\bar{X}-\mu_0)\sqrt{\nu}/\mu_0 \quad,$$

$$(3.4.3) \qquad AB(\bar{X}) = (-\infty; \mu_0+u_{1-\alpha}\mu_0/\sqrt{\nu}] =: (-\infty; \bar{X}_r] \quad.$$

Daraus findet man für die OC:

$$(3.4.4) \qquad \beta_r(k) = W((\bar{X}-\mu_0)\sqrt{\nu}/\mu_0 \leq u_{1-\alpha} \mid \mu=k\mu_0)$$

$$= W\left(\underbrace{\frac{\bar{X}-k\mu_0}{k\mu_0}\sqrt{\nu}}_{=:U_k} \leq \frac{u_{1-\alpha}}{k} - \frac{k-1}{k}\sqrt{\nu} \mid \mu=k\mu_0\right)$$

oder

$$(3.4.5) \qquad \beta_r(k) = \Phi\left(\frac{u_{1-\alpha}}{k} - \frac{k-1}{k}\sqrt{\nu}\right) \quad.$$

In einem Wahrscheinlichkeitsnetz mit einer zu k umgekehrt proportionalen Abszissenteilung stellt diese OC eine Gerade dar. Es wird hier jedoch stets das Wahrscheinlichkeitsnetz mit linearer Abszissenteilung benutzt; vgl. Abbildung 3.7.1 bis 3.7.6 .

Zur Diskussion von $\beta_r(k)$ bildet man die Ableitung nach k ,

$$(3.4.6) \qquad \beta_r'(k) = \underbrace{-\varphi(\cdot)}_{<0} \underbrace{[u_{1-\alpha}+\sqrt{\nu}]}_{>0}/k^2 < 0 \quad,$$

wobei die Ableitung $\varphi(\cdot)$ von $\Phi(\cdot)$ dasselbe Argument wie Φ in (3.4.5) hat.

Wegen $\beta_r'(k)<0$ ist $\beta_r(k)$ monoton fallend und zwar umso steiler, je größer $\sqrt{\nu}$ ist. Die asymptotischen Werte der OC sind:

$$(3.4.7) \qquad \beta_r(0)=1 \quad \text{und} \quad \beta_r(\infty)=\Phi(-\sqrt{\nu})$$

mit

$$(3.4.8) \qquad \beta_r'(0)=0 \quad \text{und} \quad \beta_r'(\infty)=0 \quad.$$

Es gilt also nicht $\beta_r(k)\to 0$ für $k\to\infty$, wie das wünschenswert wäre,

sondern sehr große Werte von μ führen mit der positiven Wahrscheinlichkeit $\Phi(-\sqrt{\nu})$ fälschlicherweise zur Annahme von H_o . $\Phi(-\sqrt{\nu})$ ist
natürlich umso kleiner je größer $\sqrt{\nu}$ ist.

Für $\sqrt{\nu}\lesssim1,5$ ist $\Phi(-\sqrt{\nu})\gtrsim0,067$, sodaß der Test gegebenenfalls unbrauch
bar ist. Für $\sqrt{\nu}\gtrsim3$ d.h. $n\gtrsim9\gamma^2$ ist $\Phi(-\sqrt{\nu})<0,0013$ und der hier be-
schriebene Effekt ist für die Praxis bedeutungslos. Sollte n nicht
größer als $9\gamma^2$ gewählt werden können, wäre der Test mit $\bar{X}$ nicht
empfehlenswert.

Das Zustandekommen der Eigenschaft $\beta_r(\infty)=\Phi(-\sqrt{\nu})$ läßt sich wie folgt
erklären:
Durch Zerlegung des Annahmebereiches $(-\infty\ ;\ \bar{X}_r]$ in den Teilbereich
$I_1:=(-\infty;0)$ mit negativen und den Teilbereich $I_2:=[0;\bar{X}_r]$ mit positiven
Werten von $\bar{X}$ erhält man eine entsprechende additive Aufspaltung der
OC , nämlich

$$(3.4.9)\qquad \beta_r(k) = \underbrace{W(\bar{X}<0\,|\,\mu=k\mu_o)}_{=\beta_1(k)} + \underbrace{W(0\leq\bar{X}\leq\bar{X}_r\,|\,\mu=k\mu_o)}_{=\beta_2(k)}\quad.$$

Nun gilt unabhängig von μ bzw. k:

$$(3.4.10)\qquad \beta_1(k) = W(\bar{X}<0) = \Phi(-\sqrt{\nu})\quad,$$

und damit

$$(3.4.11)\qquad \lim_{k\to\infty}\beta_1(k) = \Phi(-\sqrt{\nu})\quad.$$

Weiter hat man

$$(3.4.12)\qquad \beta_2(k) = \Phi\left(\frac{\bar{X}_r}{k\mu_o}\sqrt{\nu}-\sqrt{\nu}\right)-\Phi(-\sqrt{\nu})\quad;$$

somit gilt:

$$(3.4.13)\qquad \lim_{k\to\infty}\beta_2(k) = 0\quad.$$

Mit wachsendem k verschwindet also der Beitrag $\beta_2(k)$ der $\bar{X}$-Werte
im positiven Teil des Annahmebereiches während der Beitrag $\beta_1(k)$ des
negativen Teils für alle k konstanten Wert $\Phi(-\sqrt{\nu})$ besitzt.

Die gleiche Eigenschaft, die $\bar{X}$ als Schätzfunktion nicht problemadäquat und damit nur bedingt brauchbar macht, nämlich die Nichtzu-
gehörigkeit zur Klasse Δ_p der positiven Schätzfunktionen, führt also zu den hier dargestellten unerwünschten Testeigenschaften.

<u>Der einseitig nach unten abgegrenzte Vertrauensbereich</u> zur statisti-
schen Sicherheit $1-\alpha$ ergibt sich aus

$$(3.4.14) \qquad U = \frac{\bar{X}-\mu}{\gamma\mu} \sqrt{n} \leq u_{1-\alpha}$$

durch Auflösung nach μ zu

$$(3.4.15) \qquad \mu_U := \bar{X}/(1+u_{1-\alpha}/\sqrt{\nu}) \leq \mu \quad ,$$

oder asymptotisch für $u_{1-\alpha}/\sqrt{\nu} << 1$:

$$(3.4.16) \qquad \mu_U \doteq \bar{X}(1-u_{1-\alpha}/\sqrt{\nu}) < \mu \quad .$$

Um nicht-triviale Vertrauensbereiche für den positiven Parameter μ
zu erhalten müßte $\mu_U \geq 0$ sein. Es ist jedoch

$$(3.4.17) \qquad W(\mu_U<0) = W(\bar{X}<0) =\, \Phi(-\sqrt{\nu}) \quad ,$$

d.h. $\bar{X}$ ist wegen $\bar{X} \notin \Delta_p$ auch für die Intervallschätzung nicht problemadäquat.
Man kann aus (3.4.15) natürlich einen Vertrauensbereich, der keine
negativen Parameterwerte enthält, dadurch erzwingen, daß man als untere Grenze $\mathrm{pos}(\mu_U)$ definiert:

$$(3.4.18) \qquad \mathrm{pos}(\mu_U) = \begin{cases} \mu_U & \text{für} \quad \bar{X}>0 \\[2ex] 0 & \text{für} \quad \bar{X}\leq 0 \quad . \end{cases}$$

Für $\bar{X}\leq 0$ erhält man damit nur den trivialen Vertrauensbereich $\mu \geq 0$,
und somit keine Information über μ .

3.4.1.2 LINKSSEITIGE ALTERNATIVE $H_1 : \mu < \mu_0$.

Bei der Alternative $H_1 : \mu < \mu_0$ findet man $AB(U_1)$ bzw. $AB(\bar{X})$ und
$\beta_1(k)$ analog wie in Abschnitt 3.4.1.1 :

$$(3.4.19) \quad AB(U_1) = [-u_{1-\alpha}; \infty) \quad ,$$

$$(3.4.20) \quad AB(\bar{X}) = [\mu_0 - u_{1-\alpha}\mu_0/\sqrt{\nu}; \infty) =: [\bar{X}_1; \infty) \quad ,$$

$$(3.4.21) \quad \beta_1(k) = 1 - \Phi(-u_{1-\alpha}/k - \sqrt{\nu}(k-1)/k) = \Phi(u_{1-\alpha}/k + \sqrt{\nu}(k-1)/k) \quad .$$

Bei der Diskussion der OC-Steigung,

$$(3.4.22) \quad \beta_1'(k) = \varphi(\cdot) \, [\sqrt{\nu} - u_{1-\alpha}]/k^2 \quad ,$$

hat man hier 3 Fälle zu unterscheiden.

Fall 1: $\quad \sqrt{\nu} - u_{1-\alpha} < 0$

Hier ist $\bar{X}_1 < 0$, und $\beta_1(k)$ fällt bei wachsendem k monoton von $\beta_1(0) = 1$ über $\beta_1(1) = 1-\alpha$ bis $\beta_1(\infty) = \Phi(\sqrt{\nu}) < 1-\alpha$. Der Test kann Verschiebungen des Parameters μ von μ_0 aus nach links nicht aufdecken und ist daher unbrauchbar.

Fall 2: $\quad \sqrt{\nu} - u_{1-\alpha} = 0$

Hier ist $\bar{X}_1 = 0$ und daher gilt, vgl. auch (3.4.10) ,

$$(3.4.23) \quad \beta_1(k) = W(\bar{X} \geq 0) = \Phi(\sqrt{\nu}) = \Phi(u_{1-\alpha}) = 1-\alpha \quad .$$

Die OC besitzt unabhängig vom Parameterwert μ den konstanten Wert $1-\alpha$; der Test ist damit unbrauchbar.

Fall 3: $\quad \sqrt{\nu} - u_{1-\alpha} > 0$

Hier ist $\beta_1'(k) > 0$ und $\beta_1(k)$ ist mit k monoton wachsend von $\beta_1(0) = 0$ bis $\beta_1(\infty) = \Phi(\sqrt{\nu}) > 1-\alpha$. $\beta_1(k)$ zeigt zwar das zur Alternative $H_1 : \mu < \mu_0$ passende monotone Verhalten, erreicht aber nicht den Wert $\beta_1(\infty) = 1$, wie das erwünscht wäre, sondern bei sehr großen Werten von μ wird mindestens mit der Wahrscheinlichkeit $1 - \beta_1(\infty) = \Phi(-\sqrt{\nu})$ fälschlicherweise H_0 abgelehnt. Dieser Effekt ist wieder durch $\bar{X} \notin \Delta_P$ erklärbar. Allerdings wird hier die Wahrscheinlichkeit für Fehlentscheidung 1.

Art betroffen, bei $\beta_r(k)$ jedoch die Wahrscheinlichkeit für Fehlentscheidung 2. Art.

Für $\sqrt{\nu}\gtrsim 3$ kann man praktisch $\beta_1(\infty)=\Phi(\sqrt{\nu})\approx 1$ setzen, und der Test ist brauchbar.

Da γ bekannt ist, und n und α vorgegeben werden, ist vor Durchführung des Tests bekannt, welcher der drei Fälle vorliegt, und man kann über die Anwendbarkeit des Tests entscheiden. Bei hinreichend großer Wahl von n ist stets Fall 3 in seiner brauchbaren Form mit $\Phi(\sqrt{\nu})\approx 1$ erreichbar.

Der einseitig nach oben abgegrenzte Vertrauensbereich zur statistischen Sicherheit $1-\alpha$ ergibt sich durch Auflösung von

$$(3.4.24) \qquad U = (\bar{X}-\mu)\sqrt{\nu}/\mu \geq -u_{1-\alpha}$$

nach μ zu

$$(3.4.25) \qquad \mu \leq \bar{X}/(1-u_{1-\alpha}/\sqrt{\nu}) =: \mu_O \quad ,$$

oder asymptotisch für $u_{1-\alpha}/\sqrt{\nu}<<1$:

$$(3.4.26) \qquad \mu_O \doteq \bar{X}(1+u_{1-\alpha}/\sqrt{\nu}) \quad .$$

Hinsichtlich der Verwendbarkeit von (3.4.25) ist dieselbe Fallunterscheidung wie bei $\beta_1(k)$ vorzunehmen. Im Fall 1 ergibt sich $\mu_O\leq O$, also ein sinnloser Vertrauensbereich. Im Fall 2 ist $\mu_O=-\infty$ bzw. $\mu_O=+\infty$ und der Vertrauensbereich ist sinnlos bzw. trivial. Nur im Fall 3 mit $\bar{X}>O$ ist der Vertrauensbereich brauchbar, vgl. auch Diskussion zu μ_U .

3.4.1.3 ZWEISEITIGE ALTERNATIVE $H_z:\mu\neq\mu_o$

Für die Alternative $H_z:\mu\neq\mu_o$ ist der Annahmebereich bei symmetrischer Abgrenzung bezüglich α :

$$(3.4.27) \qquad AB(U_1) = [-u_{1-\alpha/2};u_{1-\alpha/2}]$$

bzw.

$$(3.4.28) \qquad AB(\bar{X}) = [\mu_o(1-u_{1-\alpha/2})\sqrt{\nu} \; ; \; \mu_o(1+u_{1-\alpha/2})/\sqrt{\nu}] \quad .$$

Daraus findet man mit (3.2.23) , (3.4.5) und (3.4.21) :

$$(3.4.29) \quad \beta_z(k) = \beta_r(k|\alpha/2) + \beta_1(k|\alpha/2) - 1 =$$

$$= \Phi(u_{1-\alpha/2}/k - \sqrt{\nu}(k-1)/k) - \Phi(-u_{1-\alpha/2}/k - \sqrt{\nu}(k-1)/k) \quad .$$

Die Ableitung $\beta_z'(k)$ lautet:

$$(3.4.30) \quad \beta_z'(k) = -\varphi(\cdot)(u+\sqrt{\nu})/k^2 - \varphi(\cdot)(u-\sqrt{\nu})/k^2 \quad ,$$

und man hat wie bei $\beta_1(k)$ drei Fälle zu unterscheiden.

Fall 1: $\sqrt{\nu} - u_{1-\alpha/2} < 0$

Es ist $\beta_z'(k) < 0$ für alle k ; $\beta_z(k)$ fällt monoton von $\beta_z(0)=1$ bis $\beta_z(\infty)=0$. Die äußere Gestalt von $\beta_z(k)$ gleicht also der OC eines Tests mit rechtsseitiger Alternative. Der Test kann demnach Verschiebungen des Parameters μ von μ_0 aus nach links nicht aufdecken; er ist für zweiseitige Fragestellung unbrauchbar.

Fall 2: $\sqrt{\nu} - u_{1-\alpha/2} = 0$

Es ist $\beta_z'(k) < 0$ für alle k ; $\beta_z(k)$ fällt monoton von $\beta_z(0)=\Phi(\sqrt{\nu})$ bis $\beta_z(\infty)=0$. Der Test ist wie im Fall 1 unbrauchbar.

Fall 3: $\sqrt{\nu} - u_{1-\alpha/2} > 0$

Im Gegensatz zu den beiden einseitigen Testen besitzt $\beta_z(k)$ für $k \to 0$ bzw. $k \to \infty$ das erwünschte asymptotische Verhalten. Es gilt nämlich:

$$(3.4.31) \quad \beta_z(0)=0 \quad \text{mit} \quad \beta_z'(0)=0$$

und

$$(3.4.32) \quad \beta_z(\infty)=0 \quad \text{mit} \quad \beta_z'(\infty)=0 \quad .$$

Der Test besitzt in der Umgebung von $k=1$ eine Verzerrung, die sich asymptotisch für großes ν wie folgt analysieren läßt:

Mit $u:=u_{1-\alpha/2}$ erhält man aus (3.4.29) für $k=1-\varepsilon$, $0<\varepsilon\ll1$, unter Verwendung von $1/(1-\varepsilon)\approx1+\varepsilon$:

$$(3.4.33) \qquad \beta_z(1-\varepsilon)\approx\Phi(u+\varepsilon[u+\sqrt{\nu}]) - \Phi(-u+\varepsilon[-u+\sqrt{\nu}]) \quad .$$

Bei Entwicklung in eine Taylor-Reihe um $k=1$ entsteht hieraus unter Berücksichtigung von $1+\varepsilon\approx1$:

$$(3.4.34) \qquad \beta_z(1-\varepsilon) \approx (1-\alpha)+u\varphi(u)\ \underbrace{[2\varepsilon-\varepsilon^2(\nu+u^2)]}_{=:M(\varepsilon)=:M} \quad .$$

Aus $dM/d\varepsilon$ findet man die Maximalstelle ε^* von M zu

$$(3.4.35) \qquad \varepsilon^* = 1/(\nu+u^2)$$

mit

$$(3.4.36) \qquad M(\varepsilon^*) = 1/(\nu+u^2) \quad ,$$

sodaß $\beta_z(k)$ für $k \overset{.}{=} 1-\varepsilon^*= 1/(\nu+u^2)$ den Maximalwert β_{max} annimmt:

$$(3.4.37) \qquad \beta_{max} \overset{.}{=} \beta(1-\varepsilon^*) = (1-\alpha) + u\varphi(u)/(\nu+u^2) > 1-\alpha \quad .$$

Für $M>0$, d.h. für

$$(3.4.38) \qquad 0<\underset{\sim}{\varepsilon}\leq2/(\nu+u^2) = 2\varepsilon^* \quad ,$$

ist der Test verzerrt; denn in diesem Bereich gilt $\beta_z(1-\varepsilon)\underset{\sim}{\geq}1-\alpha$.

Man erkennt aus (3.4.35) bis (3.4.38) , daß der Bereich, innerhalb dessen der Test verzerrt ist, mit wachsendem ν oder mit wachsendem $1-\alpha$ bzw. $u_{1-\alpha}$ enger wird, und daß gleichzeitig das Ausmaß der Verzerrung, gemessen in $\beta_{max}-(1-\alpha)$, gegen Null strebt. Der Test ist also asymptotisch unverzerrt für $\nu\to\infty$ bzw. $u_{1-\alpha}\to\infty$, d.h. $\alpha\to0$.

<u>Der zweiseitig abgegrenzte Vertrauensbereich</u> zur statistischen Sicherheit $1-\alpha$ ergibt sich durch Auflösen von $-u_{1-\alpha/2}\leq(\bar{X}-\mu)\sqrt{\nu}/\mu\leq u_{1-\alpha/2}$ nach μ , vgl. auch WEILER (1958) ,

$$(3.4.39) \qquad \mu_U := \bar{X}/[1+u_{1-\alpha/2}/\sqrt{\nu}]\leq\mu\leq\bar{X}/[1-u_{1-\alpha/2}/\sqrt{\nu}] =: \mu_O$$

oder asymptotisch für großes ν

$$(3.4.40) \qquad \mu_U \doteq \bar{X}(1-u_{1-\alpha/2}/\sqrt{\nu}) \leq \mu \leq \bar{X}(1+u_{1-\alpha/2}/\sqrt{\nu}) \doteq \mu_O \quad .$$

Die Diskussion der Grenzen erfolgt wie in den beiden einseitigen Fällen.

Die Ergebnisse des Abschnitts kann man wie folgt **zusammenfassen**:
Da $\bar{X}$ negative Werte annehmen kann, treten beim Test mit $\bar{X}$ die hier beschriebenen Effekte auf, die insbesondere bei kleinem n bzw. $\nu=n/\gamma^2$ den Test unbrauchbar machen. Diese Effekte verschwinden jedoch asymptotisch in n bzw. ν . Die hier hergeleiteten OC-Formeln werden sich insbesondere für asymptotische Vergleiche mit anderen Prüfgrößen als von großer Bedeutung erweisen. Man kann natürlich mit Hilfe einer positiven Funktion ξ eine für alle Parameterkombinationen brauchbare Teststatistik $\xi(\bar{X})$ konstruieren. In der Statistik werden dabei üblicherweise folgende Wege eingeschlagen:

(1) $\xi(\bar{X})$ wird stückweise linear gewählt, wie z.B. bei der Schätzfunktion $\bar{X}_+$ von JOSHI/SATHE (1976), vgl. Abschnitt 2.5.8 . Der Test mit $\bar{X}_+$ wird in Abschnitt 3.4.2 untersucht.

(2) $\xi(\bar{X})$ wird quadratisch gewählt, also z.B. $\xi(\bar{X})=\bar{X}^2$. Diese Prüfgröße wird in Abschnitt 3.4.3 behandelt.

3.4.2 TEST MIT DER STATISTIK $\bar{X}_+$ VON JOSHI/SATHE

Die Verteilung der dimensionslosen Prüfgröße $Y=\bar{X}_+/\mu_O$ für $\mu=\mu_O$ ist in (2.5.64) gegeben durch

$$(3.4.41) \qquad F(y) = \Phi((y/h_1^+-1)\sqrt{\nu}) - \Phi(-(y/h_2^++1)\sqrt{\nu}) \quad .$$

Die zum Testen benötigten Schwellenwerte y_ε von Y mit

$$(3.4.42) \qquad F(y_\varepsilon) = \varepsilon$$

können numerisch leicht mittels Newton-Iteration bestimmt werden,

$$(3.4.43) \qquad y_\varepsilon^{n+1} = y_\varepsilon^n - \frac{F(y_\varepsilon^n)-\varepsilon}{F'(y_\varepsilon^n)} \quad ,$$

wobei man $F'(y)$ aus (3.4.41) herleitet. Gemäß (2.5.65) gilt asymptotisch für großes ν :

$$(3.4.44) \qquad F(y) \doteq \Phi((y-1)\sqrt{\nu})$$

und

$$(3.4.45) \qquad y_\varepsilon \doteq 1+u_\varepsilon/\sqrt{\nu} \quad .$$

Man wählt daher $y_\varepsilon^0 := 1+u_\varepsilon/\sqrt{\nu}$ als Iterationsanfang.

Mit der Prüfgröße $Y=\bar{X}_+/\mu_0$ ergeben sich nach elementarer Rechnung folgende Annahmebereiche, Operationscharakteristiken und Vertrauensbereichsgrenzen:

a) $\quad H_r: \mu \geq \mu_0$

$$(3.4.46a) \qquad AB(Y) = [0;y_{1-\alpha}]$$

$$(3.4.46b) \qquad AB(\bar{X}) = [-y_{1-\alpha}\mu_0/h_2^+;y_{1-\alpha}\mu_0/h_1^+]$$

$$(3.4.47) \qquad \beta_r(k) = \Phi\left(\left(\frac{y_{1-\alpha}}{h_1^+}\cdot\frac{1}{k}-1\right)\sqrt{\nu}\right) + \Phi\left(\left(\frac{y_{1-\alpha}}{h_2^+}\cdot\frac{1}{k}+1\right)\sqrt{\nu}\right) -1$$

$$(3.4.48) \qquad \mu_U = \bar{X}_+/y_{1-\alpha} = \begin{cases} h_1^+\,\bar{X}/y_{1-\alpha} & \text{für} \quad \bar{X}\geq 0 \\[2ex] -h_2^+\,\bar{X}/y_{1-\alpha} & \text{für} \quad \bar{X}<0 \end{cases}$$

b) $\quad H_1: \mu \leq \mu_0$

$$(3.4.49a) \qquad AB(Y) = [y_\alpha;\infty)$$

$$(3.4.49b) \qquad AB(\bar{X}) = (-\infty;-y_\alpha/h_2^+] \cup [y_\alpha/h_1^+;\infty)$$

$$(3.4.50) \qquad \beta_1(k) = 1-\Phi\left(\left(\frac{y_\alpha}{h_1^+}\cdot\frac{1}{k}-1\right)\sqrt{\nu}\right) + \Phi\left(\left(-\frac{y_\alpha}{h_2^+}\cdot\frac{1}{k}-1\right)\sqrt{\nu}\right)$$

$$(3.4.51) \qquad \mu_O = \bar{X}_+/y_\alpha = \begin{cases} h_1^+\,\bar{X}/y_\alpha & \text{für} \quad \bar{X}\geq 0 \\[2ex] -h_2^+\,\bar{X}/y_\alpha & \text{für} \quad \bar{X}<0 \end{cases}$$

c) $\quad H_z : \mu \neq \mu_0$

$$(3.4.52a) \qquad AB(Y) = [y_{\alpha/2}; y_{1-\alpha/2}]$$

$$(3.4.52b) \qquad AB(\bar{X}) = \left[+ \frac{y_{\alpha/2}}{h_1^+} ; \frac{y_{1-\alpha/2}}{h_1^+} \right] \cup \left[\frac{-y_{1-\alpha/2}}{h_2^+} ; \frac{-y_{\alpha/2}}{h_2^+} \right]$$

$$(3.4.53) \qquad \beta_z(k) = \Phi\left(\left(\frac{y_{1-\alpha/2}}{h_1^+} \cdot \frac{1}{k} - 1 \right) \sqrt{\nu} \right) - \Phi\left(\left(\frac{y_{\alpha/2}}{h_1^+} \cdot \frac{1}{k} - 1 \right) \sqrt{\nu} \right)$$

$$- \Phi\left(\left(- \frac{y_{1-\alpha/2}}{h_2^+} \cdot \frac{1}{k} - 1 \right) \sqrt{\nu} \right) + \Phi\left(\left(- \frac{y_{\alpha/2}}{h_2^+} \cdot \frac{1}{k} - 1 \right) \sqrt{\nu} \right)$$

$$(3.4.54) \qquad \mu_U = \bar{X}_+/y_{1-\alpha/2} ; \mu_O = \bar{X}_+/y_{\alpha/2} \quad .$$

Die Diskussion von $\beta(k)$ ergibt:

$\beta_r(k)$ fällt monoton von $\beta_r(0)=1$ nach $\beta_r(\infty)=0$.
$\beta_1(k)$ steigt monoton von $\beta_1(0)=0$ nach $\beta_1(\infty)=1$.
$\beta_z(k)$ zeigt in der Umgebung von $k=1$ eine Verzerrung in der Art wie beim Test mit $\bar{X}$.
Der Test mit $\bar{X}_+$ ist für alle Parameterkombinationen brauchbar, er besitzt also nicht die nachteiligen Eigenschaften, die beim Test mit $\bar{X}$ zu beobachten sind.
Wegen (3.4.44) und (3.4.45) stimmen jedoch die OC's und die Vertrauensbereiche für $\bar{X}$ und $\bar{X}_+$ für großes ν asymptotisch überein.

3.4.3 TEST MIT DER PRÜFGRÖSSE $\bar{X}^2$

Gemäß (2.5.5) gilt:

$$(3.4.55) \qquad (\bar{X}\sqrt{\nu}/\mu)^2 \stackrel{d}{=} \chi_1'^2(\nu) \quad .$$

Für diese Prüfgröße ergeben sich die Annahmebereiche und OC's der Tabelle 3.4.1

Tabelle 3.4.1

Alternative $H_1 : \mu/\mu_0 = k$	AB	$\beta(k)$
H_r: $k > 1$	$[0; \chi_1'^2_{;1-\alpha}(\nu)]$	$\Psi(\chi_1'^2_{;1-\alpha}(\nu)/k^2 \mid 1; \nu)$
H_l: $k < 1$	$[\chi_1'^2_{;\alpha}(\nu); \infty)$	$1 - \Psi(\chi_1'^2_{;\alpha/2}(\nu)/k^2 \mid 1; \nu)$
H_z: $k \neq 1$	$[\chi_1'^2_{;\alpha/2}(\nu); \chi_1'^2_{;1-\alpha/2}(\nu)]$	$\Psi(\chi_1'^2_{;1-\alpha/2}(\nu)/k^2 \mid 1; \nu)$
		$- \Psi(\chi_1'^2_{;\alpha/2}(\nu)/k^2 \mid 1; \nu)$

Die Herleitung und Diskussion der OC-Formeln soll exemplarisch für $\beta_r(k)$ durchgeführt werden:

$$(3.4.56) \qquad \beta_r(k) = W\left(\left(\frac{\bar{X}}{\mu_0}\sqrt{\nu}\right)^2 \leq \chi_1'^2_{;1-\alpha}(\nu) \mid \mu = k\mu_0\right)$$

$$= W\left(\underbrace{\left(\frac{\bar{X}}{k\mu_0}\sqrt{\nu}\right)^2}_{\overset{d}{=}\chi_1'^2(\nu)} \cdot k^2 \leq \chi_1'^2_{;1-\alpha}(\nu) \mid \mu = k\mu_0\right)$$

$$= \Psi(\chi_1'^2_{;1-\alpha}(\nu)/k^2 \mid 1; \nu) \quad .$$

Statt mit der Verteilungsfunktion Ψ von $\chi_1'^2$ ist $\beta(k)$ bequemer mit Hilfe der Verteilungsfunktion Φ der Standardnormalverteilung darstellbar. Denn man hat mit der Bezeichnung $c := c_{1-\alpha} := \chi_1'^2_{;1-\alpha}(\nu)$ bei Gültigkeit von $\mu = k\mu_0$:

$$(3.4.57) \qquad \beta_r(k) = W((\bar{X}\sqrt{\nu}/\mu_0)^2 \leq c \mid \mu = k\mu_0)$$

$$= W(-\sqrt{c}/k - \sqrt{\nu} \leq (\bar{X} - k\mu_0)\sqrt{\nu}/(k\mu_0) \leq \sqrt{c}/k - \sqrt{\nu})$$

$$= \Phi(\sqrt{c}/k - \sqrt{\nu}) - \Phi(-\sqrt{c}/k - \sqrt{\nu}) \quad .$$

Analog sind auch $\beta_l(k)$ und $\beta_z(k)$ mit Hilfe von Φ darstellbar. Die Schwellenwerte c_ε kann man auch ohne $\chi_1'^2$-Tabelle mit Hilfe der

128

Newton-Iteration aus der Forderung

$$(3.4.58) \qquad \Phi(\sqrt{c_\epsilon} - \sqrt{\nu}) - \Phi(-\sqrt{c_\epsilon} - \sqrt{\nu}) \overset{!}{=} \epsilon$$

bestimmen.

Da der Nichtzentralitätsparameter ν der Prüfgröße (3.4.55) unabhängig von k ist, gilt für $\beta(k)$ wegen der Monotonie der Verteilungsfunktion Ψ von $\chi_1'^2(\nu)$:

$\beta_r(k)$ fällt monoton von $\beta_r(0)=1$ nach $\beta_r(\infty)=0$.

$\beta_1(k)$ steigt monoton von $\beta_1(0)=0$ nach $\beta_1(\infty)=1$.

$\beta_z(k)$ zeigt eine Verzerrung in der Art wie $\beta_z(k)$ für $\bar{X}$.

Der Test mit $\bar{X}^2$ ist für alle (n,γ,α)-Kombinationen brauchbar und besitzt nicht die nachteiligen Eigenschaften, die beim Test mit $\bar{X}$ zu beobachten sind.

Die Teste mit $\bar{X}$ und $\bar{X}^2$ sind jedoch für großes ν asymptotisch äquivalent, weil $\bar{X}$ für $\nu\to\infty$ fast sicher positiv ist; vgl. hierzu auch Abschnitt 3.1.3 (3) . Diese asymptotische Äquivalenz läßt sich z.B. für $\beta_r(k)$ auch direkt aus (3.4.57) ablesen; denn aus (3.4.58) folgt für großes ν asymptotisch

$$(3.4.59) \qquad \Phi(-\sqrt{c_\epsilon} - \sqrt{\nu}) \doteq 0$$

und weiter

$$(3.4.60) \qquad \Phi(\sqrt{c_\epsilon} - \sqrt{\nu}) \doteq \epsilon$$

oder

$$(3.4.61) \qquad c_\epsilon \doteq (u_\epsilon + \sqrt{\nu})^2 .$$

Damit findet man aus (3.4.57) unter Berücksichtigung von
$\Phi(-\sqrt{c_{1-\alpha}}/k - \sqrt{\nu}) \doteq 0$,

$$(3.4.62) \qquad \beta_r(k) = \Phi(u_{1-\alpha}/k - \sqrt{\nu}(k-1)/k) ,$$

was gemäß (3.4.5) mit $\beta_r(k)$ für $\bar{X}$ übereinstimmt.

Aus der Prüfgröße (3.4.55) und deren Annahmebereichen gemäß Tabelle 3.4.1 ergeben sich folgende Vertrauensbereiche für den Parameter μ :

$$(3.4.63a) \quad \mu_U := \sqrt{\bar{X}^2 \cdot \nu / c_{1-\alpha}} \leq \mu \quad ,$$

$$(3.4.63b) \qquad \qquad \mu \leq \sqrt{\bar{X}^2 \nu / c_\alpha} =: \mu_O \quad ,$$

$$(3.4.63c) \quad \mu_U = \sqrt{\bar{X}^2 \nu / c_{1-\alpha/2}} \leq \mu \leq \sqrt{\bar{X}^2 \nu / c_{\alpha/2}} = \mu_O \quad .$$

Wegen $W(\bar{X}<0)\doteq0$ bzw. mit (3.4.61) stimmen diese Vertrauensbereiche asymptotisch für großes ν mit denen von Abschnitt 3.4.1 überein.

3.4.4 TESTSCHÄRFEVERGLEICH FÜR DIE TESTE MIT $\bar{X}$, $\bar{X}^2$ UND $\bar{X}_+$

Für den Testschärfevergleich wird der Test mit $\bar{X}_+$ als Bezugstest verwendet:

a)   Vergleich von $\bar{X}_+$ und $\bar{X}^2$

Ein numerischer Vergleich der OC's von $\bar{X}_+$ und $\bar{X}^2$ zeigt, daß der Test mit $\bar{X}_+$ trennschärfer ist, was man bereits aufgrund des Lemmas von Abschnitt 3.1. zusammen mit den Ergebnissen von Abschnitt 2.10 vermuten kann. Um eine quantitative Vorstellung des Unterschieds zu bekommen sind für die (n,γ)-Kombinationen aus Tabelle 3.2.5 mit $\nu\leq5$ die maximalen OC-Unterschiede $\Delta_M=\max[\beta(k|\bar{X}^2)-\beta(k|\bar{X}_+)]$ mit der zugehörigen Maximalstelle k_M und dem OC-Wert $\beta(k_M|\bar{X}_+)$ in Tabelle 3.4.2 angegeben. Danach wird Δ_M umso kleiner je größer ν ist. Ab $\nu\geq20$ ergab sich $\Delta_M<0.001$ und die Teste mit $\bar{X}_+$ und $\bar{X}^2$ sind praktisch äquivalent.

Tabelle 3.4.2: Testvergleich $\bar{X}^2$ und $\bar{X}_+$

n	γ	ν	H_r: $\mu>\mu_o$			H_1: $\mu<\mu_o$		
			k_M	Δ_M	$\beta_r(k_M)$	k_M	Δ_M	$\beta_1(k_M)$
5	3	5/9	4	0.030	0.323	0.06	0.068	0.209
20	3	20/9	5	0.023	0.154	0.10	0.164	0.172
5	1	5	7	0.007	0.037	0.25	0.080	0.340

b)   Vergleich von $\bar{X}$ und $\bar{X}_+$

Entsprechend zu Tabelle 3.4.2 hat man hier die Tabelle 3.4.3 . Bei rechtsseitiger Alternative und festes ν ist $\beta_r(k|\bar{X}) > \beta_r(k|\bar{X}_+)$ für $k>1$ und die OC-Unterschiede nehmen mit wachsendem k zu , sodaß Δ_M bei $k=\infty$ erreicht wird, wobei $\Delta_M = \Phi(-\sqrt{\nu})$ gilt. Bei linksseitiger Alternative ist der $\bar{X}$-Test für $\sqrt{\nu} < u_{1-\alpha} = 1,645$ unbrauchbar, sodaß sich für $\nu = 5/9$ und $\nu = 20/9$ ein Vergleich erübrigt. Ab $\nu \gtrsim 20$ ergab sich stets $\Delta_M \lesssim 0.001$ und die Teste mit $\bar{X}$ und $\bar{X}_+$ sind praktisch äquivalent.

Tabelle 3.4.3: Testvergleich $\bar{X}$ und $\bar{X}_+$

n	γ	ν	$H_r:\ \mu>\mu_0$			$H_1:\ \mu<\mu_0$		
			k_M	Δ_M	$\beta_r(k_M)$	k_M	Δ_M	$\beta_1(k_M)$
5	3	5/9	∞	0.228	0.0	–	–	–
20	3	20/9	∞	0.068	0.0	–	–	–
5	1	5	∞	0.013	0.0	0.2	0.10	0.137

Aus a) und b) kann man folgende Empfehlung bezüglich der Verwendung von $\bar{X}$, $\bar{X}^2$ und $\bar{X}_+$ geben:

Für $\nu \lesssim 20$ sollte man stets mit $\bar{X}_+$ testen. Für $\nu \gtrsim 20$ sollte man der einfacheren Numerik wegen stets mit $\bar{X}$ arbeiten. Die OC's für den Test mit $\bar{X}_+$ sind für die $(n;\gamma)$-Werte der Tabelle 3.2.5 in den Abbildungen 3.7.1 bis 3.7.6 von Abschnitt 3.7 dargestellt.

3.5 TEST MIT DER STICHPROBENVARIANZ S^2

Für die Prüfgröße S^2 bzw. für die standardisierte Prüfgröße $fS^2/(\gamma\mu_o)^2$
mit $f=n-1$ hat man bei Gültigkeit von $\mu=\mu_o$ gemäß (2.5.10):

$$(3.5.1) \qquad \frac{fS^2}{\sigma_o^2} = \frac{fS^2}{(\gamma\mu_o)^2} \overset{d}{=} \chi_f^2 \quad .$$

Daraus erhält man die Annahmebereiche und OC's der Tabelle 3.5.1 .
Hierin bedeutet Ψ_f die Verteilungsfunktion der zentralen χ_f^2-Vertei-
lung.

Tabelle 3.5.1

Alternative $H_1: \mu/\mu_o =k$	AB	$\beta(k)$
$H_r:\ k>1$	$[0;\chi_{f;1-\alpha}^2]$	$\Psi_f(\chi_{f;1-\alpha}^2/k^2)$
$H_l:\ k<1$	$[\chi_{f;\alpha}^2;\infty)$	$1-\Psi_f(\chi_{f;\alpha}^2/k^2)$
$H_z:\ k\neq1$	$[\chi_{f;\alpha/2}^2;\chi_{f;1-\alpha/2}^2]$	$\Psi_f(\chi_{f;1-\alpha/2}^2/k^2)-\Psi_f(\chi_{f;\alpha/2}^2/k^2)$

Die Herleitung der OC-Formeln soll exemplarisch für $\beta_r(k)$ demonstriert
werden:

$$(3.5.2) \qquad \beta_r(k) = W(fS^2/\sigma_o^2 \leq \chi_{f;1-\alpha}^2 \mid \sigma_o^2=k\sigma_o^2)$$

$$= W\left(\underbrace{\frac{fS^2}{\sigma^2} \cdot \frac{\sigma^2}{\sigma_o^2}}_{\overset{d}{=}\chi_f^2 \cdot k^2} \leq \chi_{f;1-\alpha}^2 \mid \sigma^2=k\sigma_o^2\right) = \Psi_f(\chi_{f;1-\alpha}^2/k^2)$$

KHAN (1978) kommt zum Test mit S^2 durch folgende Überlegung: Er transformiert die unabhängigen Stichprobenvariablen $X_i \overset{d}{=} N(\mu;\gamma\mu)$ mit der
bekannten Helmert-Transformation, vgl. STANGE (1970), S. 287:

$$(3.5.3) \qquad Y_i = \frac{\sum\limits_{j=1}^{i} X_j - iX_{i+1}}{\sqrt{i(i-1)}} \quad ; \quad i=1(1)n-1 \quad .$$

132

Dabei gilt:

$$(3.5.4) \qquad Y_i \overset{d}{=} N(0;\gamma\mu) \; ; \; Y_i \quad \text{unabhängig}$$

und

$$(3.5.5) \qquad \sum_{i=1}^{n-1} Y_i^2 = \sum_{i=1}^{n} (X_i-\bar{X})^2 = (n-1)S^2 \quad .$$

Die transformierten Variablen Y_i haben also nicht mehr bekannten
konstanten Variationskoeffizienten γ , sondern bekannten konstanten
Erwartungswert. Aus H_0: $\mu=\mu_0$ bzw. H_0: $\sigma = \sigma_0=\gamma\mu_0$ für die Variablen
X_i ergibt sich H_0: $\sigma=\sigma_0$ für die Variablen Y_i . Für diese liegt wegen (3.5.4) die "klassische" Fragestellung (b) von Abschnitt 1.1
vor, d.h. "μ bekannt, σ unbekannt", für die das Neyman-Pearson-Lem-
ma bekanntlich den Test mit der auf $\mu=0$ bezogenen Stichprobenvarianz
liefert. Im konkret vorliegenden Fall mit $\mu=0$ ist $S^2=\Sigma Y_i^2/(n-1)$.
Durch diesen Weg von KHAN (1978) erfährt der rein formal mit der Schätzfunktion S^2 gebildete Test eine inhaltliche Deutung.
Aus den Formeln für $\beta(k)$ wird ersichtlich, daß $\beta(k)$ überhaupt nicht
von γ abhängt. Infolgedessen wird die Information "γ konstant und
bekannt" nicht ausgenutzt.
Demgemäß sind rein formal Entscheidungsregel und OC unabhängig davon,
ob das Modell "bekanntes, konstantes $\gamma=\sigma/\mu$" oder das Modell "μ bekannt, σ unbekannt" vorliegt. Allerdings hat der Test bei den beiden
Modellen unterschiedliche Eigenschaften: Beim Modell "μ bekannt, σ
unbekannt" ist der Test mit S^2 im Fall der einseitigen Alternative
ein gleichmäßig bester Test; beim Modell "γ bekannt und konstant" dagegen kann der Test diese optimalen Eigenschaften nicht besitzen, da
dann, wie in Abschnitt 3.2.1 gezeigt wurde, kein gleichmäßig bester
Test existiert.

Die Diskussion des OC-Verlaufs ergibt im einzelnen die bekannten Eigenschaften des χ^2-Tests für die Varianz σ^2 : Die OC's für die beiden einseitigen Tests verlaufen monoton und besitzen keine Anomalien.
Der zweiseitige, symmetrisch bezüglich α abgegrenzte Test ist verzerrt, jedoch asymptotisch unverzerrt, vgl. LEHMANN (1959), S. 130.
In den Abb. 3.7.1 - 3.7.6 von Abschnitt 3.7 sind für S^2 einige
OC's aufgezeichnet.
Mit der Fisher-Approximation (A 3.12) bzw. (A 3.13) an Ψ_f bzw.
$\chi^2_{f;1-\alpha}$ erhält man für $\beta_r(k)$ asymptotisch in f bzw. n :

$$(3.5.6) \qquad \beta_r(k) \doteq \Phi\left(\frac{u_{1-\alpha}}{k} - \underbrace{\sqrt{2f-1}}_{\doteq\sqrt{2f}\,\doteq\,\sqrt{2n}}\,\frac{k-1}{k}\right) \quad .$$

Mit Hilfe von $S/\sigma \overset{d}{\doteq} N(a_n,b_n)$, vgl. (2.5.30) , findet man die Approximation

$$(3.5.7) \qquad \beta_r(k) \doteq \Phi(u_{1-\alpha}/k - (a_n/b_n)\cdot(k-1)/k) \quad .$$

Wegen $a_n \doteq 1$ und $b_n \doteq 1/\sqrt{2f}$, vgl. (2.5.29), sind (3.5.6) und (3.5.7) asymptotisch äquivalent. (3.5.7) liefert für kleine n , $n \gtrsim 5$, bessere Approximationen.
Die asymptotischen Formeln für $\beta_1(k)$ und $\beta_z(k)$ erhält man analog.

Die asymptotischen OC-Formeln (3.4.5) für $\bar{X}$ und (3.5.6) bzw. (3.5.7) für S^2 besitzen die gleiche Bauart

$$(3.5.8) \qquad \beta_r(k) = \Phi\left(\frac{u_{1-\alpha}}{k} - c\cdot\frac{k-1}{k}\right)$$

mit $c=\sqrt{\nu} = \sqrt{n}/\gamma$ bei $\bar{X}$ und $c \doteq \sqrt{2f} \doteq \sqrt{2n}$ bei S^2 ; also wächst c in beiden Fällen proportional zu $\sqrt{n}$. Gleichzeitig sieht man jedoch, daß $\bar{X}$ einen besseren Test als S^2 liefert, falls

$$(3.5.9) \qquad \sqrt{\nu} = \sqrt{n}/\gamma > \sqrt{2n} \quad , \text{ d.h. } \quad \gamma < 1/\sqrt{2}=0.707 \quad ,$$

andernfalls liefert S^2 einen besseren Test.
Das gleiche Ergebnis erhält man durch Anwendung der Aussage von
(3.1.15) auf die Schätzfunktionen $\bar{X}$ und $S/(a_n\gamma)$ bei Berücksichtigung von $a_n \doteq 1$ und $b_n^2 \doteq 1/(2f)$. Man vergleiche hierzu auch die Abbildungen von Abschnitt 3.7 . Entsprechend ist für $\gamma \lesssim 1/\sqrt{2}$ die Intervallschätzung mit S^2 schärfer.
Aus dem Test mit S^2 bei zweiseitiger Alternative ergibt sich z.B. der zweiseitig abgegrenzte Vertrauensbereich für μ ,

$$(3.5.10) \qquad \frac{S/\gamma}{\sqrt{\chi^2_{f;1-\alpha/2}/f}} \leq \mu \leq \frac{S/\gamma}{\sqrt{\chi^2_{f;\alpha/2}/f}} \quad ,$$

oder asymptotisch für großes n

$$(3.5.11) \qquad \frac{S/\gamma}{1+u_{1-\alpha/2}/\sqrt{2n}} \leq \mu \leq \frac{S/\gamma}{1-u_{1-\alpha/2}/\sqrt{2n}} \quad ,$$

bzw.

134

$$(3.5.12) \qquad (S/\gamma)(1-u_{1-\alpha/2}/\sqrt{2n}) \leq \mu \leq (S/\gamma)(1+u_{1-\alpha/2}/\sqrt{2n}) \quad .$$

Daraus lassen sich die einseitigen Vertrauensgrenzen leicht ablesen.

3.6 TESTE SIMULTAN MIT $\bar{X}$ UND S

In den Abschnitten 3.4 und 3.5 wurde jeweils nur eine Komponente der suffizienten Statistik $(\bar{X};S^2)$ isoliert für sich als Testgröße untersucht, um die Testeigenschaften zu analysieren. Hier sollen nun Teste betrachtet werden, bei denen beide Komponenten gleichzeitig nach bestimmten Prinzipien zum Einsatz kommen.

Das kann z.B. dadurch erreicht werden, daß man aus den beiden Testen mit den unabhängigen Testgrößen $\bar{X}$ und S^2 eine Testkombination bildet. Hierzu gibt es in der Literatur eine Reihe von Vorschlägen, unter denen, - nach einer Untersuchung von BIRNBAUM (1954) -, die Methoden nach WILKINSON (1951) und nach FISHER (1932) günstige Testeigenschaften aufweisen. Von diesen beiden wird hier allerdings in Abschnitt 3.6.1 nur die Methode von WILKINSON behandelt, da sie bezüglich der Testdurchführung und der Bestimmung der Testgüte wesentlich praktikabler ist.

Eine andere Möglichkeit mit den beiden Statistiken $\bar{X}$ und S simultan zu testen, ist die Bildung einer geeignet aus $\bar{X}$ und S zusammengesetzten Teststatistik, wie z.B. der BLUE-Schätzungen P bzw. P_+ bzw. Q aus Abschnitt 2.6 . Hier wird in Abschnitt 3.6.2 jedoch nur der Test mit P bzw. P_+ erörtert, da, - wie schon in Abschnitt 2.6 besprochen - , für kleine Stichproben die Verteilungsstruktur von Q im Verhältnis zu P wesentlich komplizierter ist, und da für große Stichproben P und Q ohnehin bezüglich der Schätzgüte äquivalent sind.

Abschließend befaßt sich der Abschnitt 3.6.3 mit dem t-Test, dessen Prüfgröße ebenfalls aus $\bar{X}$ und S aufgebaut ist. Der t-Test besitzt nur im Modell $N(\mu;\sigma)$, σ unbekannt, optimale Eigenschaften. Der t-Test wird hier im Modell $N(\mu;\gamma\mu)$, γ bekannt, nun nicht deshalb untersucht, weil hier besonders gute Eigenschaften von ihm erwartet werden, sondern weil er vermutlich von Praktikern unpassenderweise häufig auch hier verwendet wird. Daher ist es interessant zu wissen, was der t-Test hier leistet.

3.6.1 TESTKOMBINATION NACH WILKINSON

Damit sich die in Abschnitt 3.4.1 beobachteten nachteiligen Effekte nicht auswirken, wird hier nicht die Testkombination aus $\bar{X}$ und S , sondern aus $\bar{X}^2$ und S^2 betrachtet. Die Herleitung und Diskussion der Formeln soll hier exemplarisch für die Alternative $H_r: \mu > \mu_o$ erfolgen.

Gemäß der Testkombination nach WILKINSON (1951) ist wegen der Unabhängigkeit von $\bar{X}^2$ und S^2 der zugehörige Annahmebereich in der $(\bar{X}^2, S^2)$-Ebene bei der statistischen Sicherheit $1-\alpha$ gegeben durch

$$(3.6.1) \qquad AB(\bar{X}^2, S^2) = \left\{ \left(\frac{\bar{X}\sqrt{\nu}}{\mu_o}\right)^2 \leq \chi^{'2}_{1;\sqrt{1-\alpha}}(\nu) \;\; ; \;\; \left(\frac{S}{\gamma\mu_o}\right)^2 \leq \chi^2_{n-1;\sqrt{1-\alpha}} \right\} \; .$$

Organisatorisch läuft der Test folgendermaßen ab.
Zunächst wird jeder der beiden Teste getrennt für sich zur Sicherheit $\sqrt{1-\alpha}$ durchgeführt. Falls einer der beiden oder beide Teste zur Entscheidung "H_o verwerfen" kommen, wird H_o insgesamt verworfen; falls beide Teste zur Entscheidung "H_o nicht verwerfen" kommen, wird H_o insgesamt nicht verworfen.

Da $\bar{X}^2$ und S^2 unabhängig sind, und wegen (3.6.1) setzt sich die OC multiplikativ aus den OC's der Einzeltests zusammen:

$$(3.6.2) \qquad \beta_r(k) = \Psi\left(\frac{\chi^{'2}_{1;\sqrt{1-\alpha}}(\nu)}{k^2} \;\Big|\; 1;\nu\right) \cdot \Psi\left(\frac{\chi^2_{n-1;\sqrt{1-\alpha}}}{k^2} \;\Big|\; n-1;0\right) \; .$$

Für großes ν ergibt sich dafür mit (3.4.62) und (3.5.6) die asymptotische Form:

$$(3.6.3) \qquad \beta_r(k) \doteq \Phi\left(\frac{u\sqrt{1-\alpha}}{k} - \sqrt{\nu}\,\frac{k-1}{k}\right) \cdot \Phi\left(\frac{u\sqrt{1-\alpha}}{k} - \sqrt{2n}\,\frac{k-1}{k}\right) \; .$$

Für $\alpha \ll 1$ hat man näherungsweise

$$(3.6.4) \qquad \sqrt{1-\alpha} \approx 1-\alpha/2 \; .$$

Für $\alpha = 0.05$ hat man z.B. $\sqrt{1-\alpha} = \sqrt{0.95} = 0.9747 \approx 0.975 = 1-\alpha/2$.
Die praktische Testdurchführung und die Bestimmung der OC ist also im Prinzip ohne zusätzlichen Mehraufwand zur Durchführung der Einzelteste möglich.
Aus den obigen Formeln läßt sich nicht direkt ablesen, ob und um wieviel der kombinierte Test besser ist, als die Einzelteste aus denen er sich zusammensetzt.
Aus den Abbildungen 3.7.1 bis 3.7.6 ergibt sich empirisch für die

(n;γ)-Kombinationen aus Tabelle 3.2.5:
Bei rechtsseitiger Alternative ist der kombinierte Test, - in den Abbildungen mit W gekennzeichnet -, trennschärfer als der Test mit $\bar{X}_+$ bzw. S^2 außer für kleine γ , vgl. Abbildung 3.7.1 und Abbildung 3.7.4 , wo $\bar{X}_+$ und W praktisch äquivalent sind. Bei linksseitiger Alternative liegt die OC von W stets zwischen der OC von $\bar{X}_+$ und S^2 und zwar ist sie immer dem besseren der beiden benachbart. Bei linksseitiger Alternative lohnt sich also die Verwendung der Testkombination nicht.

3.6.2 TEST MIT BLUE - SCHÄTZUNG AUS $\bar{X}$ UND S

Die zur Schätzfunktion $P=a\bar{X}+(1-a)S/(a_n\gamma)$ aus (2.6.13) gehörige standardisierte Größe P_S , vgl. (2.6.24) ,

$$(3.6.5) \qquad P_S = \frac{(P-\mu)}{\mu} \sqrt{\frac{\nu}{a}} \ ,$$

besitzt laut (2.6.25) die Verteilungsfunktion $F(p)$,

$$(3.6.6) \qquad F(p) = W(P_S \leq p) = \Psi(\underbrace{-\sqrt{\nu} \ \frac{1-a}{a} \ \frac{1}{a_n}}_{=:t} \Big| f=n-1 \ ; \ \delta) \ ,$$

$$\text{mit} \quad \delta = -(\sqrt{\nu} \ \frac{1-a}{a} + \frac{p}{\sqrt{a}}) \ ,$$

wobei $\Psi(t|f;\delta)$ die Verteilungsfunktion der nichtzentralen T-Verteilung gemäß (A 5.3) ist. Dabei ist das Argument t von Ψ in (3.6.6) für festes n und γ konstant, während der Nichtzentralitätsparameter δ eine von p abhängige Funktion ist. Infolgedessen muß der zum Test mit der Prüfgröße P_S benötigte Schwellenwert p_ε ,

$$(3.6.7) \qquad F(p_\varepsilon) = \varepsilon \ ,$$

aus der Gleichung

$$(3.6.8) \qquad \Psi(t|f;\delta(p_\varepsilon)) = \varepsilon$$

bestimmt werden; es ist also zu vorgegebenen Werten t , f und ε der Nichtzentralitätsparameter $\delta(p_\varepsilon)$ und daraus p_ε zu bestimmen. Das ist numerisch mittels Newton-Iteration leicht durchführbar,

$$(3.6.9) \qquad p_\varepsilon^{n+1} = p_\varepsilon^n - \frac{\Psi(t\,|\,f;\delta(p_\varepsilon^n)) - \varepsilon}{\dfrac{d\Psi}{d\delta} \cdot \dfrac{d\delta}{dp}\,\bigg|\,{}_{p=p_\varepsilon^n}} \quad ;$$

denn gemäß OWEN (1963) muß man zur Berechnung der Ableitung $d\Psi/d\delta$ das Rechenprogramm für $\Psi(t)$ nur geringfügig abändern; vgl. auch (A 5.4) bis (A 5.8) ff. Wegen der bereits für $\nu \gtrsim 2$ geltenden Beziehung $F(p) \approx \Phi(p)$, vgl. (2.6.26) ff., setzt man als Iterationsanfang

$$(3.6.10) \qquad p_\varepsilon \doteq u_\varepsilon \quad \text{mit} \quad \Phi(u_\varepsilon) = \varepsilon \ .$$

Diese Ausgangsnäherung stimmt in vielen Fällen fast schon mit dem exakten Wert überein, und die Iteration kommt nach etwa zwei Schritten zum Stillstand.

Zur Bestimmung von p_ε bietet sich hier auch eine CORNISH-FISHER-Entwicklung an, vgl. hierzu FISHER/CORNISH (1960); denn die dann benötigten Kumulanten von P lassen sich leicht als Linearkombination aus den Kumulanten der unabhängigen Größen $\overline{X}$ und S bilden.

Die Herleitung der OC soll hier exemplarisch für $\beta_r(k)$ vorgenommen werden:

$$
\begin{aligned}
(3.6.11) \qquad \beta_r(k) &= W\!\left(\frac{P-\mu_0}{\mu_0} \, \sqrt{\frac{\nu}{a}} \le p_{1-\alpha} \,\bigg|\, \mu=k\mu_0 \right) \\[2ex]
&= W\!\left(\frac{P-k\mu_0+(k-1)\mu_0}{k\mu_0\sqrt{a}} \, \sqrt{\nu} \le \frac{p_{1-\alpha}}{k} \,\bigg|\, \mu=k\mu_0 \right) \\[2ex]
&= F\!\left(\frac{p_{1-\alpha}}{k} - \frac{k-1}{k} \, \sqrt{\frac{\nu}{a}} \right) \ .
\end{aligned}
$$

Analog ergeben sich die Annahmebereiche und OC's der Tabelle 3.6.1 .

Für $\nu \gtrsim 2$ kann hier wegen (2.6.26) ff. in guter Näherung die Verteilungsfunktion $\Phi(\cdot)$ der Standardnormalverteilung statt $F(\cdot)$ und weiter u_ε statt p_ε gesetzt werden.

Die OC's in Tabelle 3.6.1 besitzen demnach asymptotisch die gleiche Struktur wie die OC's beim Test mit $\overline{X}$. Die Diskussion verläuft daher analog und mit den gleichen Fallunterscheidungen wie in Abschnitt 3.4.1 . Nur treten die nachteiligen Testeigenschaften, die durch die Nichtpositivität der Schätzfunktionen verursacht werden, hier nicht so stark in Erscheinung wie beim Test mit $\bar{X}$; denn $W(P<O)$ ist bei gleicher Parameterkombination $(n;\gamma)$ wesentlich kleiner als $W(\bar{X}<O)$ vgl. Tabelle 2.4 von Abschnitt 2.6 . Im Gegensatz zum Test mit $\bar{X}$ sind z.B. für die $(n;\gamma)$-Werte aus Tabelle 3.2.5 alle OC's des Tests mit P brauchbar.

Tabelle 3.6.1

H_1: $\mu/\mu_o=k$	AB	$\beta(k)$
H_r: $k>1$	$(-\infty\ ;\ p_{1-\alpha}]$	$F\left(\dfrac{p_{1-\alpha}}{k} - \dfrac{k-1}{k}\sqrt{\dfrac{\nu}{a}}\right)$
H_l: $k<1$	$[p_\alpha\ ;\ \infty)$	$1-F\left(\dfrac{p_\alpha}{k} - \dfrac{k-1}{k}\sqrt{\dfrac{\nu}{a}}\right)$
H_z: $k\neq1$	$[p_{\alpha/2}\ ;\ p_{1-\alpha/2}]$	$F\left(\dfrac{p_{1-\alpha/2}}{k} - \dfrac{k-1}{k}\sqrt{\dfrac{\nu}{a}}\right)-F\left(\dfrac{p_{\alpha/2}}{k} - \dfrac{k-1}{k}\sqrt{\dfrac{\nu}{a}}\right)$

Wegen $a<1$ und var $P=(a/\nu)\mu^2<$ var $\bar{X}=(1/\nu)\mu^2$ ist der Faktor von $(k-1)/k$ im Argument von $\Phi(\cdot)$ bei P größer als bei $\bar{X}$. Damit verläuft die OC von P steiler und P stellt, - wie eigentlich nicht anders zu erwarten, - den trennschärferen Test dar. Das gleiche Ergebnis erhält man natürlich auch durch Anwendung der Aussage von (3.1.15) auf P und $\bar{X}$.

Analog zeigt man, daß der Test mit P auch (asymptotisch für großes n) trennschärfer ist als der Test mit S , vgl. hierzu auch (3.5.6) und (3.5.7) .

Den Abbildungen 3.7.1 bis 3.7.6 kann man die Trennschärfeunterschiede von $\bar{X}$ bzw. S zu P entnehmen. Für kleine γ liegen die OC's von $\bar{X}_+$ und P näher zusammen, für große γ sind es die OC's von S und P , was bereits aufgrund der Erkenntnisse in Abschnitt 2.6 zu vermuten ist.
Der zweiseitig abgegrenzte Vertrauensbereich zur statistischen Sicherheit $1-\alpha$ lautet:

$$(3.6.12)\qquad \frac{P}{1+p_{1-\alpha/2}\sqrt{a/\nu}} \le \mu \le \frac{P}{1 + p_{\alpha/2}\sqrt{a/\nu}}\ ,$$

bzw. asymptotisch für $p_{1-\alpha/2}\sqrt{a/\nu}\approx u_{1-\alpha/2}\sqrt{a/\nu}\ll 1$;

(3.6.12a) $\quad P(1-u_{1-\alpha/2}\sqrt{a/\nu}) \leq \mu \leq P(1+u_{1-\alpha/2}\sqrt{a/\nu})$.

Diese Formeln sind mit (3.4.39) bzw. (3.4.40) für $\bar{X}$ und mit (3.5.11) bzw. (3.5.12) für S zu vergleichen.

In Relation zu (3.4.40) ist die Länge des Vertrauensbereichs in (3.6.12) um den Faktor $\sqrt{a}<1$ schmäler. Die Genauigkeitssteigerung macht sich umso stärker bemerkbar, je größer γ ist, vgl. (2.6.18) bzw. (2.6.21) . Allerdings darf γ nicht beliebig groß sein, weil sonst $W(P<O)$ zu groß wird, und der Vertrauensbereich in gleicher Weise wie bei $\bar{X}$ unbrauchbar wird.

Zur Vermeidung son solchen durch die Nichtpositivität von P verursachten Effekten hat man zwei Möglichkeiten; entweder man verwendet $Q=bS^2+(1-b)\gamma^2\bar{X}^2/(1+1/\nu)$ aus (2.6.37) oder $P_+=a_+\bar{X}_++(1-a_+)S/(a_n\gamma)$ aus (2.6.31) , wobei hier P_+ aus rein pragmatischem Grunde vorzuziehen ist, obwohl Q bei "kleinen" Stichproben eine höhere Wirksamkeit als P_+ besitzt, vgl. hierzu Tabelle 2.6 bzw. 2.7 ; denn man kann mit der Verteilung von P_+ aus (2.6.36) leichter arbeiten als mit der Verteilung von Q aus (2.6.48) . Speziell erhält man hier aus (2.6.36) mit der Bezeichnung $P_+:=c\bar{X}+dS$ bei rechtsseitiger Alternative:

(3.6.13a) $\quad AB(P_+) = [O;p_{1-\alpha}^+]$,

$$(3.6.13b) \quad \beta_r(k) = \Psi\left(-\frac{d\sqrt{n}}{ch_1^+}\Big|f;-\sqrt{\nu}[p_{1-\alpha}^+/(kch_1^+)-1]\right)$$

$$-\Psi\left(\frac{d\sqrt{n}}{ch_2^+}\Big|f;\sqrt{\nu}[p_{1-\alpha}^+/(kch_2^+)+1]\right) .$$

Für großes ν ist $P_+ \doteq P$, sodaß dann (3.6.13b) in (3.6.11) übergeht.

3.6.3 DER KLASSISCHE t-TEST

Der klassische t-Test mit der aus $\bar{X}$ und S aufgebauten Prüfgröße T ,

$$(3.6.14) \quad T = \frac{\bar{X}-\mu_0}{S} \sqrt{n} ,$$

ist im Fall des Modells "Normalverteilung mit unbekannter Varianz"
ein gleichmäßig bester unverzerrter Test.
Da der Variationskoeffizient γ in der Prüfgröße nicht vorkommt, ist
der Test auch praktisch durchführbar im Modell "Normalverteilung mit
konstantem Variationskoeffizienten", ob nun γ bekannt ist oder nicht.
Im Fall "γ bekannt" nutzt der t-Test diese Information über γ
nicht aus. Weil der t-Test vermutlich von Praktikern unpassenderweise auch hier verwendet wird, soll nachstehend untersucht werden, was
der t-Test leistet. Von besonderem Interesse ist dabei der Vergleich
mit der in der Bauart ähnlichen Prüfgröße $\bar{X}$ in der standardisierten
Form

$$(3.6.15) \qquad U = \frac{\bar{X}-\mu_0}{\gamma\mu_0} \sqrt{n} \quad .$$

Bei U wird der Unterschied $\bar{X}-\mu_0$ relativiert mit $\sqrt{\text{var}(\bar{X}|\mu_0)}=\mu_0/\sqrt{\nu}=$
$=\sigma_0/\sqrt{n}$, d.h. mit der Standardabweichung von $\bar{X}$ bei Gültigkeit von
H_0 . Bei T jedoch wird dieser Unterschied mit der Schätzung $S/\sqrt{n}$
von $\sqrt{\text{var}(\bar{X}|\mu=k\mu_0)}$ standardisiert, d.h. mit der Schätzung nicht der
hypothetischen, sondern der realen Standardabweichung von $\bar{X}$.

Die Prüfgröße T ist t_f-verteilt mit $f=n-1$ Freiheitsgraden, falls
H_0 gilt. Daraus erhält man die Annahmebereiche der Tabelle 3.6.2 .

Tabelle 3.6.2

$H_1:\mu/\mu_0=k$	AB	OC
H_r: $k>1$	$(-\infty;t_{f;1-\alpha}]$	$\Psi(t_{f;1-\alpha}\|f;\delta)$
H_l: $k<1$	$[-t_{f;1-\alpha};\infty)$	$1-\Psi(-t_{f;1-\alpha}\|f;\delta)=\Psi(t_{f;1-\alpha}\|f;-\delta)$
H_z: $k\neq 1$	$[-t_{f;1-\alpha/2};t_{f;1-\alpha/2}]$	$\Psi(t_{f;1-\alpha/2}\|f;\delta)+\Psi(t_{f;1-\alpha/2}\|f;-\delta)-1$
$f = n-1$; $\delta = \sqrt{\nu}(k-1)/k$		

Die Herleitung der OC-Formeln der Tabelle soll am Beispiel von $\beta_r(k)$
demonstriert werden:

$$(3.6.16) \quad \beta_r(k) = W\left(\frac{\bar{X}-\mu_0}{S}\sqrt{n} \leq t \mid \mu=k\mu_0\right)$$

$$= W\left(\frac{\dfrac{\bar{X}-k\mu_0}{\gamma k\mu_0}\sqrt{n} + \dfrac{k\mu_0-\mu_0}{\gamma k\mu_0}\sqrt{n}}{S/(\gamma k\mu_0)} \leq t \mid \mu=k\mu_0\right)$$

$$= W\Big(\underbrace{\frac{U+\delta}{\sqrt{\chi^2/f}} \leq t}_{=:T'_f(\delta)}\Big) \quad , \quad \delta = \sqrt{\nu}(k-1)/k \quad ,$$

Mit der Verteilungsfunktion $\Psi(\cdot \mid f;\delta)$ der nichtzentralen t-Verteilung schreibt man (3.6.16) in der Form

$$(3.6.17) \quad \beta_r(k) = \Psi(t \mid f=n-1; \delta=\sqrt{\nu}(k-1)/k) \quad .$$

Zur Diskussion von $\beta_r(k)$ bildet man die Ableitung nach k und erhält

$$(3.6.18) \quad \frac{d\beta_r(k)}{dk} = \frac{d\Psi}{d\delta} \cdot \frac{\sqrt{\nu}}{k^2} < 0 \quad ;$$

$\beta_r(k)$ verläuft monoton fallend; denn gemäß OWEN (1963) ist $d\Psi/d\delta < 0$.

Für $k\to\infty$ erhält man:

$$(3.6.19) \quad \lim_{k\to\infty} \beta_r(k) = \Psi(t \mid f; \delta=\sqrt{\nu}) > 0 \quad ,$$

so daß $\beta_r(k)$ wie beim Test mit $\bar{X}$ für $k\to\infty$ nicht gegen Null strebt. Für $\nu\to\infty$ gilt jedoch

$$(3.6.20) \quad \lim_{\nu\to\infty} \Psi(t \mid f; \delta=\sqrt{\nu}) = 0 \quad ,$$

wie sich aus (A 5.4) ff. ablesen läßt, sodaß der unerwünschte Effekt von (3.6.19) bei großem ν verschwindet.
Für $k\to 0$ ergibt sich aus (A 5.4) entsprechend:

$$(3.6.21) \quad \lim_{k\to 0} \beta_r(k) = \Psi(t \mid f; \delta=-\infty) = 1 \quad .$$

Analog findet man: $\beta_l(k)$ ist monoton steigend mit

142

$$(3.6.22) \quad \beta_1(0) = 0$$

und

$$(3.6.23) \quad \beta_1(\infty) = 1-\Psi(t\,|\,f;\delta=\sqrt{\nu}) \quad .$$

Aus diesen Grenzwerten für $\beta_r(k)$ und $\beta_1(k)$ folgt mit (3.2.23) für $\beta_z(k)$:

$$(3.6.24) \quad \beta_z(0) = 0$$

$$(3.6.25) \quad \beta_z(\infty) = 0$$

Für $\beta_z'(k)$ gilt an der Stelle $k=1$ bzw. $\delta=0$:

$$(3.6.26) \quad \frac{d\beta_z(k)}{dk}\Bigg|_{k=1} = \frac{d\Psi}{d\delta}\sqrt{\nu} - \frac{d\Psi}{d\delta}\sqrt{\nu} = 0 \quad .$$

Somit besitzt $\beta_z(k)$ bei $k=1$ ein Maximum. Der zweiseitige Test ist im Gegensatz zu allen anderen bisher betrachteten Testverfahren unverzerrt, vgl. auch Abbildungen 3.7.1 bis 3.7.6 . Er besitzt für großes n auch ein anderes asymptotisches Verhalten, wie nachstehend gezeigt wird.

Durch Verwendung von (A 5.9) entsteht aus (3.6.17) für großes n :

$$(3.6.27) \quad \beta_r(k) \doteq \Phi\!\left(\frac{-\sqrt{\nu}(k-1)/k+a_n t}{\sqrt{1+b_n^2 t}}\right) \quad .$$

Mit $t:=t_{f;1-\alpha}\doteq u_{1-\alpha}=:u$; $a_n\doteq 1$; $b_n^2\doteq 0$.

folgt daraus

$$(3.6.28) \quad \beta_r(k) \doteq \Phi(u-\sqrt{\nu}(k-1)/k) \quad .$$

Im Vergleich zur OC (3.4.5) des Tests mit $\bar{X}$ zeigt sich wegen $u/k<u$ für $k>1$ und $u/k>u$ für $k<1$, daß bei rechtsseitiger Alternative der Test mit $\bar{X}$ trennschärfer ist als der t-Test , vgl. auch Abbildungen 3.7.1 bis 3.7.6 . Analog ist der t-Test bei linksseitiger Alternative trennschärfer als der Test mit $\bar{X}$, vgl. auch Abbildungen 3.7.1 bis 3.7.6 .

Dieses unterschiedliche Verhalten der beiden Teste für links- und rechtsseitige Alternative liegt begründet in der eingangs angesprochenen unterschiedlichen Relativierung der Differenz $\bar{X}-\mu_0$. Bei $\bar{X}$ wird mit der konstanten hypothetischen Standardabweichung $\sigma_0=\gamma\mu_0$ relativiert, beim t-Test dagegen mit der von der Alternative $\mu=k\mu_0$ abhängigen Standardabweichung S mit $ES\approx\sigma=k\gamma\mu_0$.

Daraus folgt bei $\mu=k\mu_0$:

$$\sigma_0 < ES \quad \text{für} \quad k>1 \quad ,$$

(3.6.29)

$$\sigma_0 > ES \quad \text{für} \quad k<1 \quad .$$

Für beobachtetes $\bar{X}-\mu_0$ ist daher die Prüfgröße des t-Tests im Mittel für $k>1$ bzw. $k<1$ kleiner bzw. größer als die Prüfgröße des $\bar{X}$-Tests. Daher und wegen $t_{f;1-\alpha}\approx u_{1-\alpha}$ signalisiert der $\bar{X}$ - Test für $k>1$ häufiger bzw. für $k<1$ seltener Signifikanz als der t-Test .

Bei der Intervallschätzung ergibt sich aus dem t-Test bei (symmetrischer) zweiseitiger Abgrenzung zur statistischen Sicherheit $1-\alpha$ der bekannte Vertrauensbereich

$$(3.6.30) \quad \bar{X}-t_{f;1-\alpha/2}S/\sqrt{n} \le \mu \le \bar{X}+t_{f;1-\alpha/2}S/\sqrt{n} \quad .$$

Während der aus dem bei $k=1$ verzerrten Test mit $\bar{X}$ hergeleitete Bereich (3.4.39) unsymmetrisch bezüglich $\bar{X}$ ist mit der durchschnittlichen Breite $B_{\bar{X}}$,

$$(3.6.31) \quad B_{\bar{X}} := 2\mu(u/\sqrt{\nu})/(1-u^2/\nu) \quad ,$$

ist der aus dem bei $k=1$ unverzerrten t-Test hergeleitete Bereich (3.6.30) symmetrisch bezüglich $\bar{X}$ mit der durchschnittlichen Breite B_t

$$(3.6.32) \quad B_t := E(2tS/\sqrt{n}) = \mu(2ta_n/\sqrt{n}) \doteq 2\mu t/\sqrt{\nu} \quad ,$$

wobei $a_n := E(S/\sigma) \doteq 1$ gilt, vgl. (2.5.25) und (2.5.29) .

Für großes ν gilt $B_t \doteq B_{\bar{X}}$.

3.7 ZUSAMMENFASSENDER VERGLEICH DER TESTVERFAHREN UND FOLGERUNGEN FÜR DIE PRAXIS

Die hier behandelten Testverfahren nämlich die Teste mit L_κ , $\bar{X}$, $\bar{X}_+$, $\bar{X}^2$, S^2 , P , P_+ , W , T und der bedingte Test aus Abschnitt 3.3 mit Prüfgröße D sind nun miteinander zu vergleichen und zwar hinsichtlich auftretender Besonderheiten wie z.B. OC-Anomalien, der Testschärfe und des Bestimmungsaufwandes.

3.7.1 BESONDERHEITEN

Als Besonderheiten kommen hier die beobachteten OC-Anomalien in Betracht. Diese treten auf bei den nicht positiven Schätzfunktionen $\bar{X}$ und P und bei der (positiven) Prüfgröße L_κ des Likelihood-Quotienten-Tests für $\kappa > 0$.
Bei $\bar{X}$ und P besteht die Anomalie darin, daß $\beta_r(\infty) > 0$ ist, und $\beta_1(k) \geq 1-\alpha$ für $k \leq 1$ bei gewissen (n,γ,α)-Kombinationen gilt und der Test somit unbrauchbar wird, während in den brauchbaren Fällen $\beta_1(0) > 0$ ist.
Für $n \to \infty$ oder $\gamma \to 0$, d.h. für $\nu \to \infty$, werden $\bar{X}$ und P fast sicher positiv und die OC-Anomalien verschwinden. Man erhält stets einen brauchbaren Test, indem man n in Abhängigkeit von γ groß genug wählt. Ist das nicht möglich, so kann man die aus $\bar{X}$ bzw. P konstruierten positiven Prüfgrößen $\bar{X}_+$ oder $\bar{X}^2$ bzw. P_+ verwenden.

Bei L_κ besteht die OC-Anomalie in nicht-monotonem OC-Verlauf bei einseitigen Testen. Für $n \to \infty$ oder $\gamma \to 0$, d.h. für $\nu \to \infty$ verschwinden diese Anomalien und zwar umso schneller je kleiner κ ist.
Man erhält also stets einen brauchbaren Test, indem man n groß genug wählt. Ist das nicht möglich, so kann man die Prüfgröße L_0 verwenden, bei der keine Anomalien auftreten.

3.7.2 TESTSCHÄRFE-VERGLEICH

Ein analytischer Testschärfe-Vergleich ist nur asymptotisch für $\nu \to \infty$ möglich, indem man das Lemma aus Abschnitt 3.1.2 auf asymptotisch normalverteilte Prüfgrößen anwendet.
Asymptotisch normalverteilt für $n \to \infty$ (oder ggf. auch für $\gamma \to 0$) sind die Prüfgrößen L_0, L_1, $\bar{X}$, $\bar{X}_+$, $\bar{X}^2$, S, P, P_+, Q, T .
Mit dem genannten Lemma erhält man asymptotisch für $n \to \infty$ folgende

Testschärferelationen (vgl. auch Abschnitt 2.10 und die dortigen Relationen bezüglich der Schätzgüte) :

(1) $\bar{X}_+$ dominiert S, falls $\gamma < 1/\sqrt{2} \approx 0{,}7$

(2) P dominiert $\bar{X}$ und S bzw. P_+ dominiert $\bar{X}_+$ und S . Für $\gamma \to 0$ sind P, P_+, $\bar{X}$ und $\bar{X}_+$ äquivalent. Für $\gamma \to \infty$ sind P und S äquivalent.

(3) T dominiert $\bar{X}$ bei linksseitiger Alternative; $\bar{X}$ dominiert T bei rechtsseitiger Alternative.

(4) L_O dominiert $\bar{X}$ bzw. $\bar{X}^2$.
Für $\gamma \to 0$ sind L_O und $\bar{X}$ äquivalent.
Für $\gamma \to \infty$ sind L_O und S^2 äquivalent.

Diese asymptotischen Testschärferelationen brauchen bei "kleinem" Probenumfang n nicht zu gelten, da sich für kleines n die Abhängigkeit der Prüfgrößenverteilungen vom Freiheitsgrad stark bemerkbar machen kann.

Für kleines n ist daher und wegen der komplizierten Verteilungsstruktur der Prüfgrößen kein analytischer Testschärfevergleich möglich, und man muß bei jeder konkret vorgegebenen $(n; \gamma; \alpha)$-Kombination die entsprechenden OC's numerisch miteinander vergleichen.

In den Abbildungen 3.7.1 bis 3.7.6 kann ein solcher Vergleich am Beispiel der $(n; \gamma)$-Werte aus Tabelle 3.2.5 und für $\alpha = 0{,}05$ bei den Testen mit $\bar{X}_+$, S, P, T und W durchgeführt werden.

Die Prüfschärferelationen auf den Bildern stehen im Einklang mit den asymptotischen Relationen. Es zeigt sich nur ein unerwartetes Ergebnis: P wird bei rechtsseitiger Alternative für $n=5$, $\gamma=1$ und $\gamma=3$, also bei kleinem n und großem γ durch W geringfügig dominiert.

Die Abbildungen 3.7.1 bis 3.7.6 sind auch noch mit den entsprechenden Abbildungen 3.2.6 bis 3.2.11 und mit 3.3.1 bis 3.3.6 zu vergleichen. Dieser empirische Vergleich zeigt, daß der lokal beste Test mit Prüfgröße L_1 geringfügig schärfer ist, als der Test mit P und der Test mit P geringfügig schärfer als der Test mit $L_O = \Sigma (X_i/\gamma\mu_O)^2$.

Beim Vergleich mit der OC-Schar des bedingten Tests aus Abschnitt 3.3 liegen die OC's von P, L_O, L_1, für die $(n; \gamma)$-Werte aus Tabelle 3.2.5 innerhalb der Bandbreite, die durch den 95%-Bereich für die ancillary statistic Z abgegrenzt wird. Sie liegen fast immer in der

Nähe der durch den Median von Z gegebenen mittleren OC . Für große Werte von Z ist daher der bedingte Test besser, für kleine Werte von Z jedoch schlechter als die Teste mit P, L_0 und L_1 , vgl. hierzu auch die abschließenden Ausführungen von Abschnitt 3.3 .

3.7.3 NUMERISCHER AUFWAND

Man hat zu unterscheiden zwischen dem Aufwand für die praktische Testdurchführung also für die Bestimmung der Prüfgröße und der Schwellenwerte und dem Aufwand für die Berechnung der OC .

a)   Berechnung der Prüfgröße

Mit Ausnahme des bedingten Tests sind alle Prüfgrößen einfach strukturierte Funktionen der Statistiken ΣX_i und ΣX_i^2 bzw. $\bar{X}$ und S^2, die sich leicht berechnen lassen z.B. auch mit einem Taschenrechner. Lediglich bei $\bar{X}_+$ bzw. bei P braucht man zur Bestimmung des Koeffizienten zusätzlich eine Tabelle für Dichte $\varphi(u)$ und Verteilungsfunktion $\Phi(u)$ bzw. für $E(S/\sigma)=:a_n$, vgl. (2.5.25) . Beim bedingten Test ist $b_n(z)$ aus (2.8.12a) aus dem Integral (2.8.11) oder über die bei GLESER/HEALY (1976) angegebene Kettenbruchentwicklung zu berechnen, was mit einem Taschenrechner ggf. mühevoll werden kann.

b)   Bestimmung der Schwellenwerte

Die Schwellenwerte lassen sich, was für den Praktiker sehr vorteilhaft ist, aus statistischen Tabellensammlungen entnehmen, - vgl. hierzu die entsprechenden Literaturangaben des Anhangs -, außer für $\bar{X}_+$, P und P_+ und dem bedingten Test. Für diese Prüfgrößen sind die Schwellenwerte aus der Verteilungsfunktion durch Interpolation oder mit dem Newtonverfahren zu ermitteln. Diese Möglichkeit besteht natürlich auch für die anderen Prüfgrößen, falls die benötigten statistischen Tabellen nicht greifbar sein sollten oder falls die Schwellenwerte auf einem Rechner generiert werden sollen.
Rechenprogramme für die entsprechenden Verteilungsfunktionen sind im Anhang zitiert. Dabei reduziert die Verwendung der asymptotischen Prüfgrößenverteilung insbesondere z.B. bei P , den Aufwand wesentlich.

Eine weitere bequem auf einem Taschenrechner zu handhabende Möglichkeit stellen die CORNISH-FISHER-Entwicklungen dar. Diese haben den zusätzlichen Vorteil, daß man daraus ungefähr erkennen kann, wie stark die Prüfgrößenverteilung unter H_o von einer Normalverteilung abweicht.

c)   Berechnung der Operationscharakteristik

Zur Berechnung der OC's benötigt man, außer bei den trivialen Fällen $\bar{X}$ und S^2, im wesentlichen die Verteilungsfunktionen für die nichtzentrale t- bzw. χ^2-Verteilung. Das Rechnen mit den im Anhang zitierten Programmen erfordert eine programmierbare Rechenanlage. Es reicht jedoch bereits eine Anlage der mittleren Datentechnik aus, ohne daß die Rechenzeiten unerträglich hoch werden. So wurden alle in dieser Arbeit abgebildeten OC-Kurven auf einer Anlage "WANG 2200" mit 16K bytes berechnet. Bei dieser relativ langsamen, nur mit einem Interpreter (für die Programmiersprache BASIC) anstelle eines Compilers ausgestatteten Maschine betrugen die maximalen Rechenzeiten für eine OC einige Minuten.

Zusammenfassend kann man also festhalten, daß alle Teste, bis auf den bedingten Test, mit einem Taschenrechner praktisch durchführbar sind, und sich hierbei aufwandsmäßig nur geringfügig unterscheiden. Die Unterschiede im Bestimmungsaufwand bei der OC sollten jedoch nicht zur Selektion von Testverfahren herangezogen werden. Insoweit gibt der hier vorgenommene Aufwandsvergleich keine Präferenzen für einen Test.

3.7.4 EMPFEHLUNGEN FÜR DIE PRAXIS

Aufgrund der vorangegangenen analytischen und empirischen Befunde kann man nun die Prüfgrößen P und L_1 für die Praxis präferieren: Von der Trennschärfe her dominiert P und L_1 die anderen Prüfgrößen, während sie unter sich in etwa äquivalent sind. Allerdings können bei P und bei L_1 OC-Anomalien auftreten. Sollte das der Fall sein, dann empfiehlt sich die Verwendung von P_+ bzw. L_0. Asymptotisch für $n \rightarrow \infty$ und $\gamma \rightarrow 0$ besitzen P, P_+, L_0, L_1 und $\bar{X}$ die gleiche Trennschärfe. Da in den meisten Anwendungsfällen γ sehr klein, also wesentlich kleiner als 1/3 ist, sind dann die Trennschärfeunterschiede zum Test mit $\bar{X}$ nicht relevant, vgl. hierzu auch Abschnitt 4.3 .

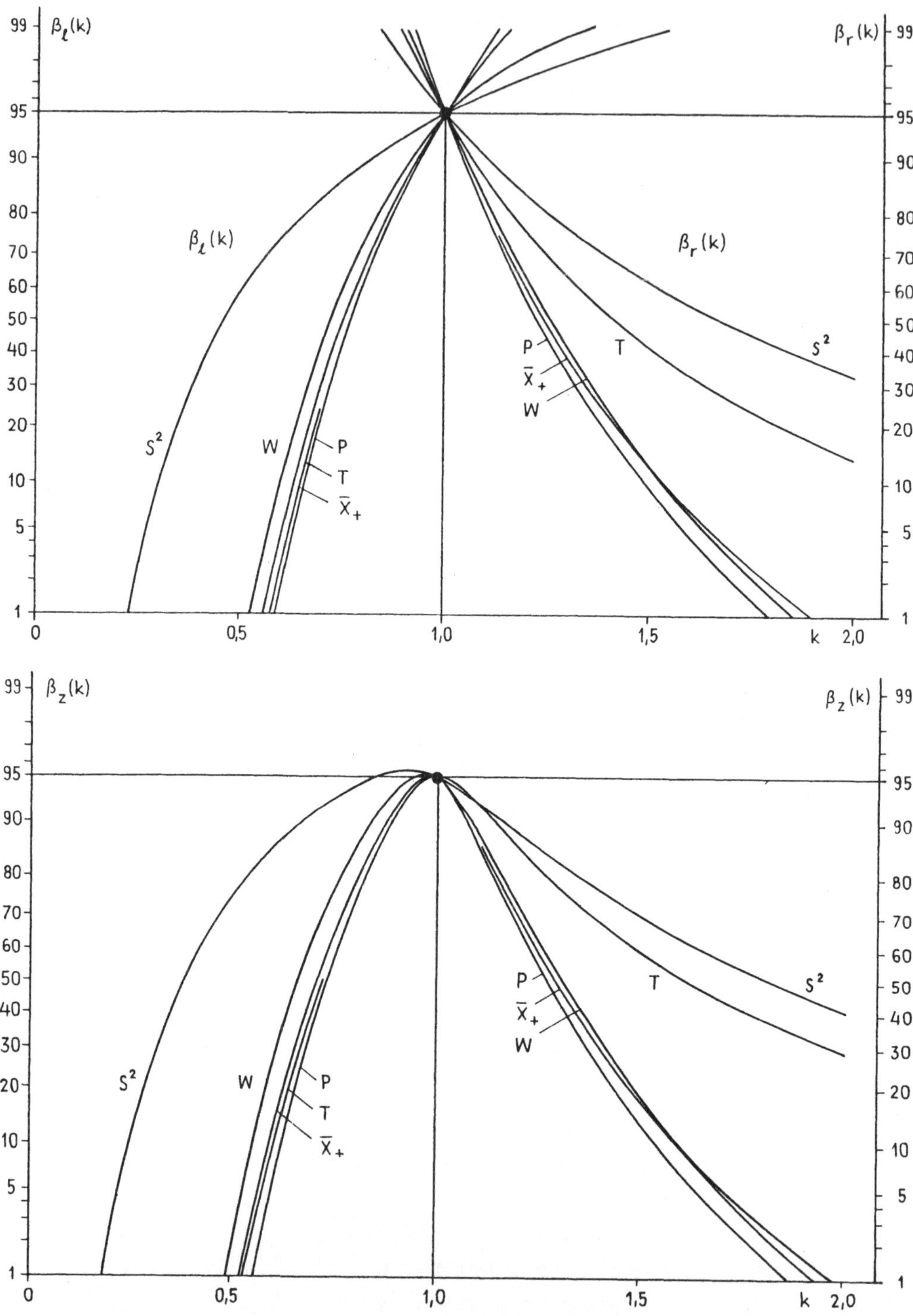

Abb. 3.7.1: OC-Vergleich einiger Testverfahren
für   n=5; γ=1/3; α=0.05

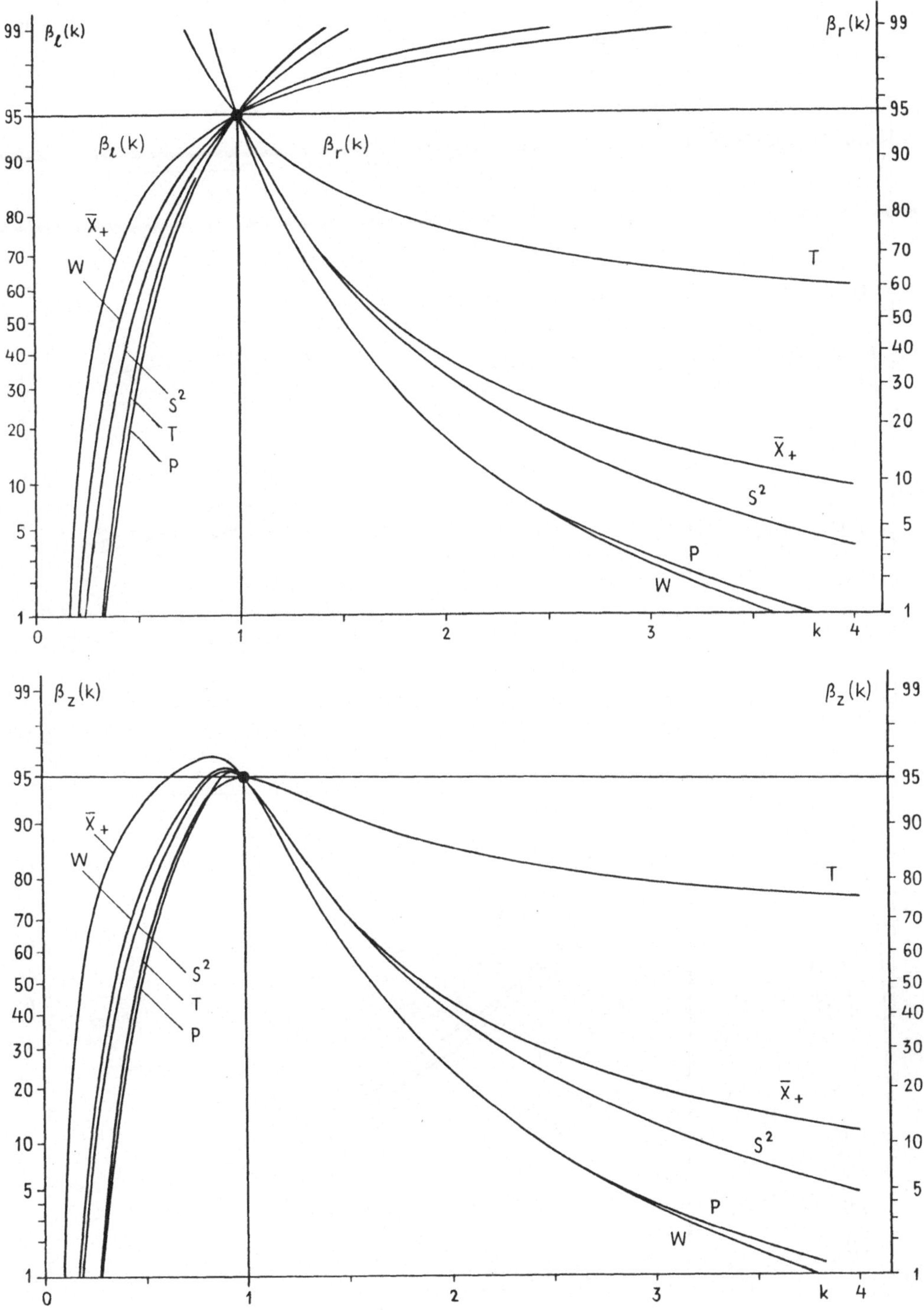

Abb. 3.7.2: OC-Vergleich einiger Testverfahren
für n=5; γ=1; α=0.05

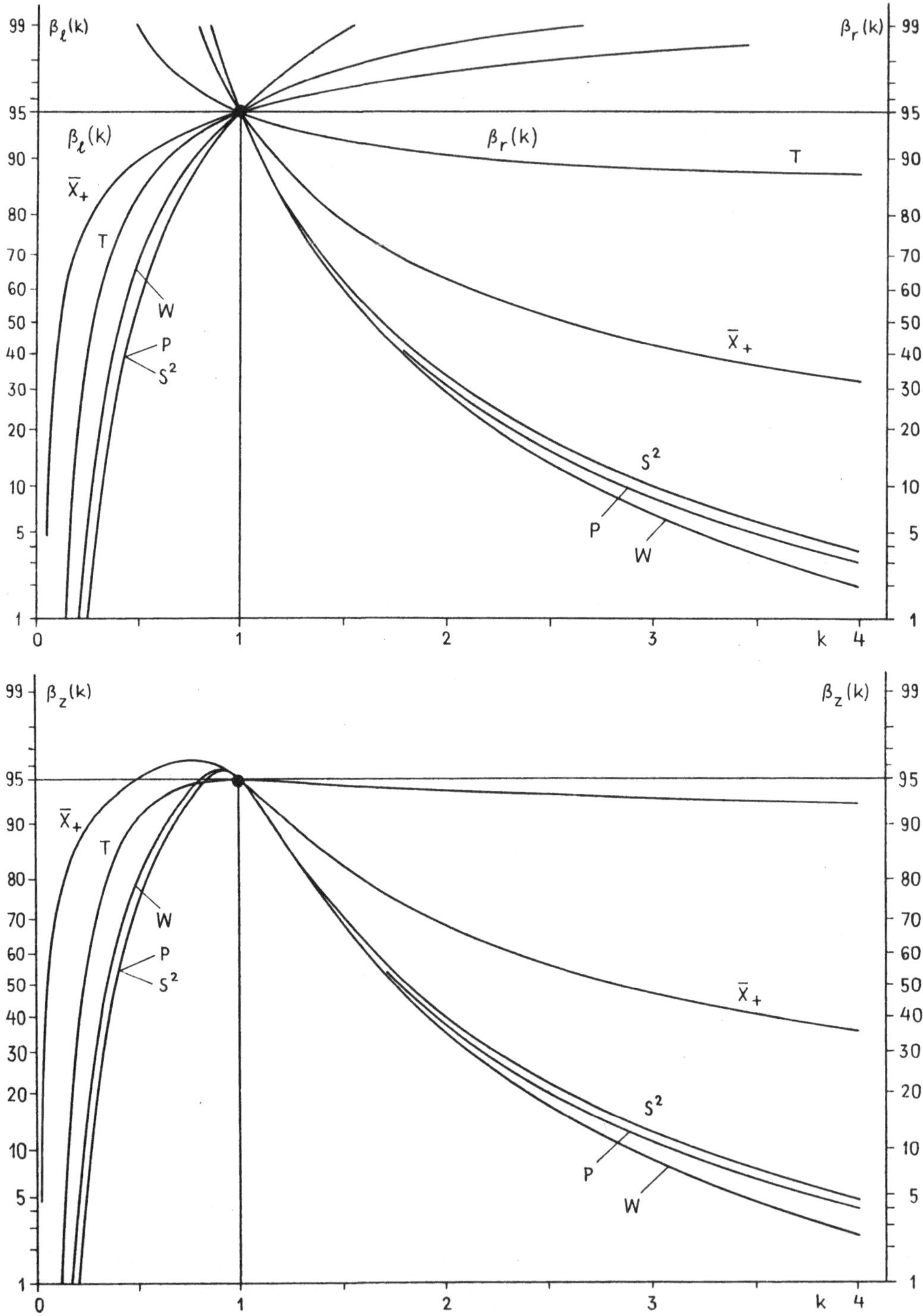

Abb. 3.7.3: OC-Vergleich einiger Testverfahren
         für n=5; γ=3; α=0.05

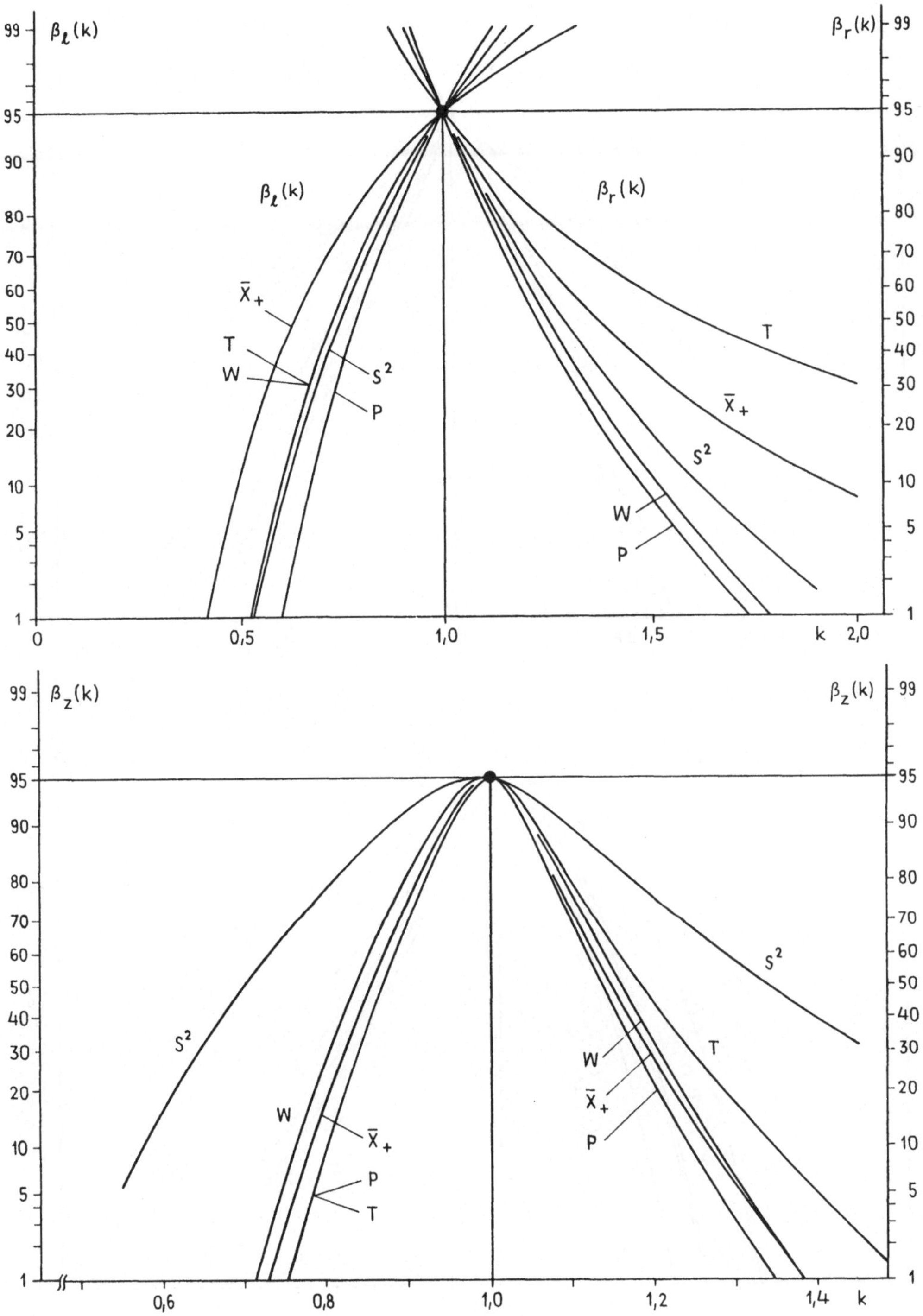

Abb. 3.7.4: OC-Vergleich einiger Testverfahren
für n=20; γ=1/3; α=0.05

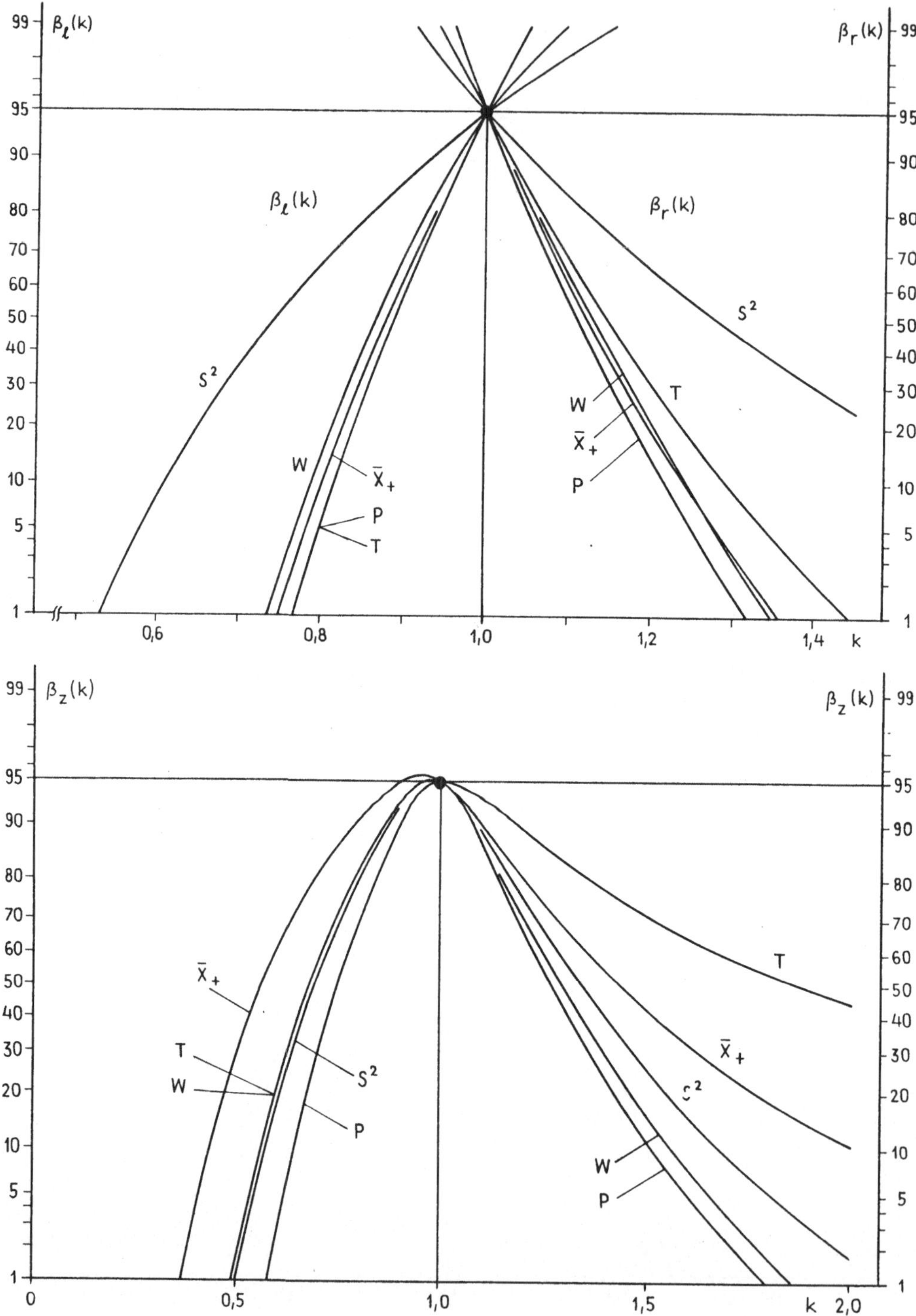

Abb. 3.7.5: OC-Vergleich einiger Testverfahren

für n=20; γ=1; α=0.05

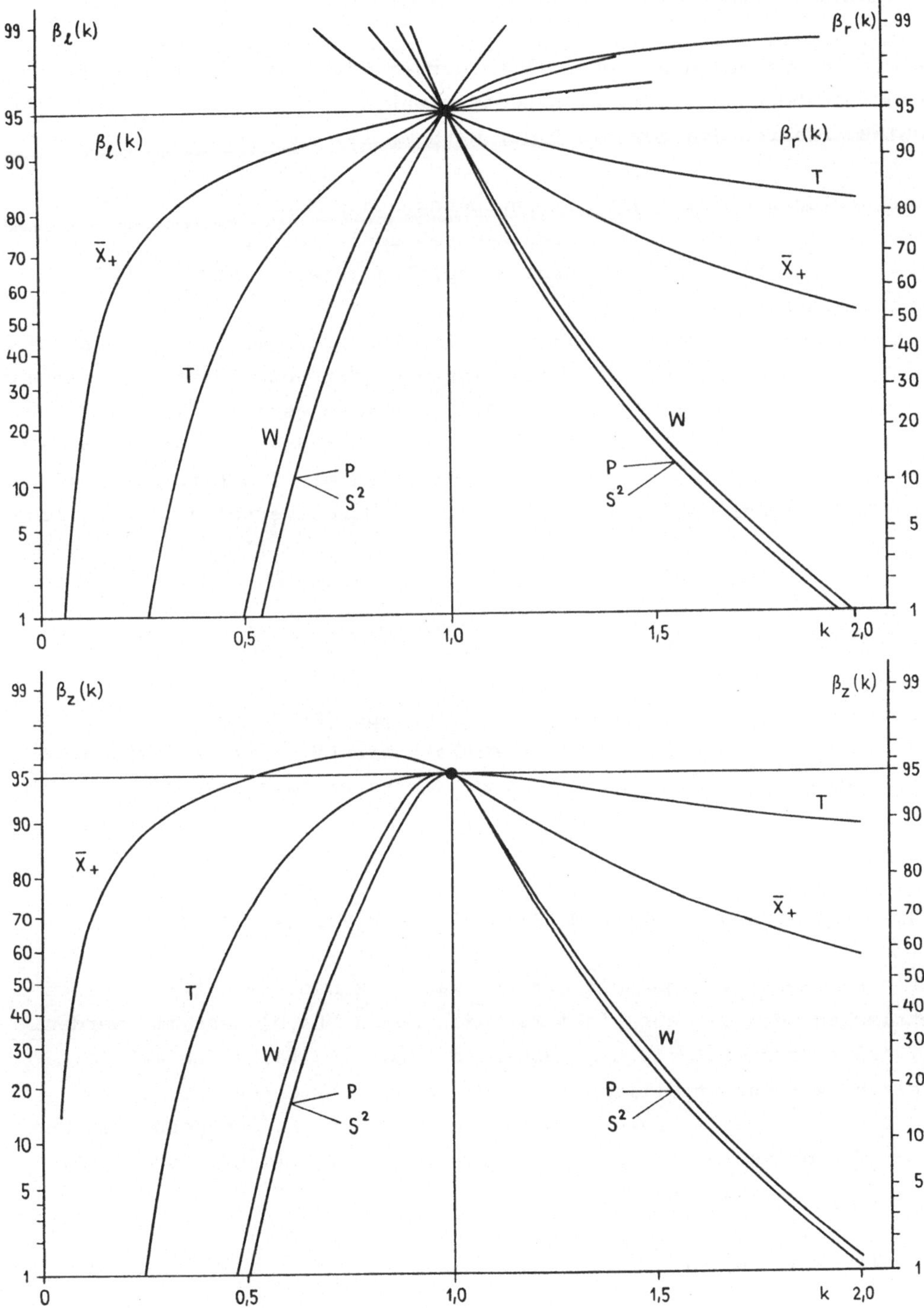

Abb. 3.7.6: OC-Vergleich einiger Testverfahren

für n=20; γ=3; α=0.05

4. Anwendungen und Anwendbarkeit des Modells

In den vorangegangenen Abschnitten wurden das Modell "Normalverteilung mit bekanntem Variationskoeffizienten" und die zugehörigen Rückschlußverfahren aus der Sicht der mathematischen Statistik behandelt.

Hier sollen nun die möglichen Anwendungen des Modells in der Praxis
und die dabei entstehenden Probleme behandelt werden.
In Abschnitt 4.1 wird an zwei Beispielen gezeigt, daß das Modell
Praxisrelevanz besitzt.
Im praktischen Einzelfall muß natürlich überprüft werden, ob das Modell anwendbar ist. Die dazu benötigten Schätz- bzw. Testverfahren aus
der Literatur sind in Abschnitt 4.2 zusammengestellt. In Abschnitt
4.3 wird Modellkritik betrieben. Insbesondere die Annahme "Normalverteilung" wird dabei in Frage gestellt und mit den Alternativmodellen "Gammaverteilung" und "Logarithmische Normalverteilung" verglichen.

4.1 ANWENDUNGSBEISPIELE

Das erste Beispiel greift eine Situation aus der Meßtechnik auf.
Beim zweiten Beispiel geht es um einfach strukturierte Wachstumsvor-
gänge, die in Technik, Biologie oder Wirtschaftswissenschaften vorkom-
men können.

4.1.1 MESSVERFAHREN MIT KONSTANTER RELATIVER GENAUIGKEIT

Mit einem Meßverfahren soll der unbekannte konstante Wert μ eines
metrischen Merkmals aus einem Merkmalbereich [a;b] bestimmt werden.
Bei jedem Meßprozeß mit dem Meßbereich $[c;d] \subset [a;b]$ bewirkt eine
Vielzahl von unkontrollierbaren bzw. unkontrollierten Störgrößen S_i ,
daß der vom Experimentator beobachtete Meßwert X vom gesuchten Wert
μ um den Meßfehler ε abweicht. Es kann also folgende Modellgleichung angesetzt werden:

$$(4.1.1) \qquad X = \mu + \varepsilon \ ,$$

wobei

$$(4.1.2) \qquad \varepsilon = \varepsilon(S_1, S_2, \ldots) \ .$$

Standardisierung bzw. Normung garantiert die Reproduzierbarkeit des
Meßverfahrens, somit läßt sich ε als stabile Zufallsvariable auf-
fassen, deren stochastische Eigenschaften den Meßprozeß charakterisieren.

(1) <u>Verteilung von ε</u>

Die Störgrößen variieren i.a. nur wenig, so daß man die Funktion
$\varepsilon(\cdot)$ aus (4.1.2) in guter Näherung linearisieren kann:

$$(4.1.3) \qquad \varepsilon \approx a_0 + \Sigma a_i S_i \; .$$

Infolge hoher Störgrößenanzahl ist ε aufgrund des zentralen
Grenzwertsatzes näherungsweise normalverteilt.

(2) <u>Erwartungswert von ε</u>

Wenn der Wert von μ im Mittel richtig erfaßt werden soll, wenn
sich also die Störgrößen im Mittel kompensieren sollen, muß gelten

$$(4.1.4) \qquad E\varepsilon = O \quad bzw. \quad EX = \mu \; .$$

Man spricht dann von einem Meßverfahren ohne systematischen Fehler.

(3) <u>Standardabweichung von ε</u>

Anhand der Standardabweichung σ_ε von ε kann die Genauigkeit
(Präzision) des Meßverfahrens quantifiziert werden, wobei σ_ε
auch eine Funktion von μ sein kann:

$$(4.1.5) \qquad \sigma_\varepsilon = \xi(\mu) \; .$$

Je größer σ_ε umso ungenauer das Meßverfahren. Bei vielen Meßverfahren kann $\xi(\cdot)$ aufgrund langjähriger Erfahrung als bekannt
vorausgesetzt werden. Es sind häufig folgende funktionale Zusammenhänge zu beobachten:

a) <u>Konstante absolute Meßgenauigkeit</u>

Die Genauigkeit ist im ganzen Meßbereich konstant d.h. unabhängig von μ :

$$(4.1.6) \qquad \sigma_\varepsilon = \sigma = const \quad für \quad \mu \in [c;d] \; .$$

b) <u>Konstante relative Meßgenauigkeit</u>

Die Genauigkeit ist bezogen auf μ konstant, d.h. der Variationskoeffizient γ von ε ist konstant:

$$(4.1.7) \quad \sigma_\varepsilon = \gamma\mu \quad \text{mit} \quad \gamma>0 \quad \text{für} \quad \mu \in [c;d] \; .$$

Hier läßt sich die Modellgleichung auch in multiplikativer Form schreiben,

$$(4.1.8) \quad X = \mu \cdot \delta \; ,$$

wobei für unverzerrte Meßverfahren gilt:

$$(4.1.9) \quad \delta = 1+\varepsilon/\mu \quad \text{mit} \quad E\delta = 1 \quad \text{und} \quad \sigma_\delta = \gamma \; .$$

Der Fall

$$(4.1.10) \quad \sigma_\varepsilon = \beta+\gamma\mu$$

läßt sich durch Translation der Meßwerte X ,

$$(4.1.11) \quad Y = \beta/\gamma+X \; ,$$

auf das Modell mit konstantem Variationskoeffizienten $\gamma_Y=\gamma$ zurückführen.

Beispiele für konstante relative Meßgenauigkeit stellen die Meßverfahren "Quellversuch", "Eindruckversuch mit ebenem Stempel", "Druckversuch", "Marshall-Stabilität" und "Marshall-Fließwert" dar, die in der DIN-Norm 1996 "Prüfung bituminöser Massen für den Straßenbau und verwandte Gebiete" festgelegt sind.

Weitere konkrete Beispiele hierzu aus dem Gebiet der chemischen und medizinischen Meßtechnik sind z.B. bei LOHRDING (1975) und bei AZEN/REED (1973) angegeben.

c) <u>Mischformen aus konstanter und relativer Meßgenauigkeit</u>

Für positive Merkmale hat die Funktion $\xi(\cdot)$ häufig den in Abbildung 4.2.2 skizzierten Verlauf. Der Meßbereich kann dabei praktisch in einen Teilbereich I mit $\sigma_\varepsilon \approx \sigma_0 = $ const (Fall a) und einen Teilbereich II mit $\sigma_\varepsilon \approx \beta + \gamma\mu$ (Fall b) unterteilt werden.

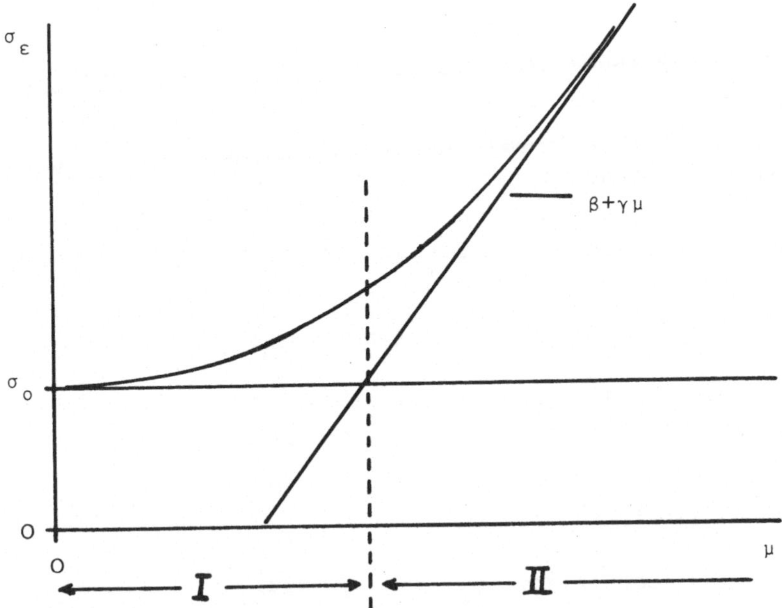

Abb. 4.1.1: Mischform aus konstanter und relativer Meßgenauigkeit

Zusammenfassend läßt sich also sagen, daß die Fälle b) und c) das Modell $N(\mu;\gamma\mu)$, γ bekannt, beinhalten.

Neben den stochastischen Eigenschaften hat man i.a. noch folgende technische Gegebenheiten, - vgl. auch Abschnitt 4.3 - :

(1) Merkmalwerte μ und Meßwerte X sind nicht negativ.

(2) Die Werte von γ liegen im Bereich $\gamma \lesssim 0{,}3$; denn Meßverfahren mit $\gamma > 0{,}3$ kommen wegen zu geringer Genauigkeit praktisch nicht zum Einsatz.

4.1.2   WACHSTUMSVORGANG

Das Ergebnis einer Totalerhebung bzw. einer "großen" Stichprobe zum Zeitpunkt t_1 ergibt für das positive quantitative Merkmal X einer

158

Gesamtheit:

$$(4.1.12) \qquad t_1 : X \overset{d}{=} N(\mu_X; \sigma_X) \ .$$

Aufgrund der Erhebung sind insbesondere μ_X , σ_X und damit auch der Variationskoeffizient $\gamma_X = \sigma_X/\mu_X$ zahlenmäßig bekannt.

Zwischen den Zeitpunkten t_1 und t_2 erfährt jeder Merkmalwert x_i , z.B. bei einem biologischen oder technischen Vorgang eine Veränderung durch einen konstanten Faktor zum Merkmalwert y_i , also

$$(4.1.13) \qquad y_i = Cx_i \ .$$

Für $C>1$ bzw. $C<1$ liegt ein Wachstums- bzw. Schrumpfungsvorgang vor. Für das Merkmal Y gilt dann zum Zeitpunkt t_2 :

$$(4.1.14) \qquad t_2 : Y \overset{d}{=} N(C\mu_X; C\sigma_X) \ .$$

Der Variationskoeffizient γ_Y von Y ist:

$$(4.1.15) \qquad \gamma_Y = (C\sigma_X)/(C\mu_X) = \gamma_X \ .$$

Die Variationszahl bleibt also beim Veränderungsvorgang konstant und mit γ_X ist γ_Y bekannt. Gesucht ist C bzw. μ_Y . Damit liegt genau das Modell $N(\mu; \gamma\mu)$, γ bekannt, zugrunde.

Für γ muß dabei $\gamma \lesssim 1/3$ gelten. Anderenfalls wäre $W(X<0)$ nicht vernachlässigbar klein und die Modellannahme "Normalverteilung" würde nicht einmal mehr approximativ zur Realität "Merkmal X positiv" passen; vgl. hierzu auch Abschnitt 4.3 .

Beim Modell (4.1.13) ist natürlich die Konstanz des Veränderungsfaktors C für alle Einheiten unrealistisch. Unter folgenden Bedingungen kann C auch eine Zufallsvariable sein, ohne daß die Modelleigenschaft "Normalverteilung" und (4.1.15) für Y verlorengeht.

(1) C und X sind unabhängig

(2) Der Variationskoeffizient γ_C von C ist klein gegen γ_X .

Zum Nachweis schreibt man mit

(4.1.16) $C = \mu_C + \varepsilon$; $X = \mu_X + \delta$

für Y :

(4.1.17) $Y = \mu_X \mu_C + \delta \mu_C + \varepsilon \mu_X + \varepsilon \delta$,

Dann kann $\varepsilon\delta$ wegen $\gamma_C \ll \gamma_X$ und $\gamma_X \ll 1$ vernachlässigt werden und Y
ist näherungsweise normalverteilt mit $EY = \mu_X \mu_C$ und wegen $\gamma_C \ll \gamma_X$
hat man auch $\gamma_Y^2 = \gamma_X^2 + \gamma_C^2 \approx \gamma_X^2$.

Beispiele für dieses Modell findet man beim Wachstum von Lebewesen.
Z.B. hat gemäß SNEDECOR (1956), S. 62 f. die Variationszahl der Körper-
größe von Mädchen im Alter von 1 bis 14 Jahren einen nahezu konstanten Wert von $\gamma = 3{,}75\%$ und für das Körpergewicht von Ratten im Alter von 90 bis 240 Tagen gilt $\gamma \approx 14\%$. Gemäß SEN/GERIG (1975) ist
der Variationskoeffizient für die Zahl der Lebewesen in einer biologischen Population häufig nahezu konstant.

4.2   ÜBERPRÜFUNG DER MODELLVORAUSSETZUNGEN

Um die Gültigkeit des Modells

(4.2.1) $X \overset{d}{=} N(\mu; \gamma\mu)$, $\gamma = const$

zu überprüfen, empfiehlt sich folgender Versuchsplan:
Aus den Verteilungen mit den (zumindest größenordnungsmäßig) in dem
Bereich [a;b] vorgegebenen Erwartungswerten μ_h , $h=1(1)m$,

(4.2.2) $a \leq \mu_1 \leq \cdots \leq \mu_h \leq \cdots \leq \mu_m \leq b$,

wird jeweils unabhängig eine Stichprobe vom Umfang n_h und Stichprobenvektor $\underline{X}_h$,

(4.2.3) $\underline{X}_h := (X_{h1}, \ldots, X_{hi}, \ldots, X_{hn_h})$

gezogen. Zur organisatorischen Vereinfachung kann $n_h = n = const$ angenommen werden. Mit den Stichprobenergebnissen sind dann der Reihe nach
folgende Aufgaben zu erledigen:

(1) Test der Hypothese "Normalverteilung"

(2)   Homogenitätstest für den Variationskoeffizienten

(3)   Schätzung von γ .

Geeignete Verfahren hierzu sind in den Abschnitten 4.2.1 bis 4.2.3 aus der Literatur zusammengestellt.

4.2.1   NORMALITÄTSPRÜFUNG

Für jede Stichprobe $\underline{X}_h$, h=1(1) m , wird getrennt ein verteilungsfreier Test auf Normalität durchgeführt. Wegen der unbekannten Parameter sind nur solche Teste verwendbar, die keine Parametervorgabe in Hypothese und Prüfgröße erfordern. Ein solcher Test ist der Shapiro-Wilk-Test, - vgl. SHAPIRO/WILK (1965) -, mit der Prüfgröße

$$(4.2.4) \qquad W = \frac{b^2}{(n-1)S^2} \ .$$

Dabei ist $n := n_h$

$$X_{(1)} \leq \cdots \leq X_{(n)} \ ,$$

$$b = \sum_{i=1}^{k} a^n_{n-i+1} (X_{(n-i+1)} - X_{(i)}) \ ,$$

$$k = \begin{cases} n/2 & \text{für } n \text{ gerade} \\ (n-1)/2 & \text{für } n \text{ ungerade} \end{cases} ,$$

$$(n-1) \cdot S^2 = \sum_{i=1}^{n} (X_i - \bar{X})^2 \ .$$

Die Koeffizienten a^n_i sind für n=3(1)50 aus SHAPIRO/WILK (1950) zu entnehmen.

Dieser Test wird hier empfohlen, da er sich in der umfangreichen Vergleichsuntersuchung von SHAPIRO/WILK/CHEN (1968) als Normalitätstest mit hoher Trennschärfe erwiesen hat.
Wird aufgrund der Testergebnisse die Normalitätshypothese für h=1(1)m nicht verworfen, dann kann im gesamten Bereich $a \leq \mu \leq b$ zunächst mit der Normalverteilungsannahme weiter gearbeitet werden. Wird die Normalitätshypothese nur für μ-Werte in der Nähe der Bereichsgrenzen a bzw. b verworfen, und im Teilbereich $[c;d] \subset [a;b]$ nicht verworfen, dann wird man im Teilbereich $[c;d]$ mit der Normalverteilungsannahme arbeiten. In allen anderen Fällen ist das Modell $N(\mu;\gamma\mu)$ nicht verwendbar.

4.2.2 ÜBERPRÜFUNG DER KONSTANZ DES VARIATIONSKOEFFIZIENTEN

Bei Nichtverwerfen der Normalitätshypothese arbeitet man mit der Modellannahme

$$(4.2.5) \qquad X_{hi} \stackrel{d}{=} N(\mu_h; \sigma_h) \qquad i = 1(1)n_h; \quad h = 1(1)m$$

für die unabhängigen Stichprobenvariablen X_{hi} des Versuchsplanes weiter.
Für die zugehörigen Variationskoeffizienten,

$$(4.2.6) \qquad \gamma_h = \sigma_h/\mu_h \quad,$$

hat man die Homogenitätshypothese

$$(4.2.7) \qquad H_0 : \gamma_1 = \ldots = \gamma_m (=: \gamma)$$

bei unbekanntem γ zu überprüfen.

Hierzu gibt BENNET (1976) folgenden approximativen Test an: Man transformiert den empirischen Variationskoeffizienten C_h des h-ten Stichprobenvektors,

$$(4.2.8) \qquad C_h = S_h/\bar{X}_h \quad,$$

zu

$$(4.2.9) \qquad \frac{Y_h}{\eta_h} := \underbrace{\frac{n_h C_h^2}{1+C_h^2}}_{=: Y_h} \cdot \underbrace{\frac{1+\gamma_h^2}{\gamma_h^2}}_{=: 1/\eta_h}$$

Falls $W(C_h < 0) = W(\bar{X}_h < 0)$ vernachlässigbar klein ist, gilt approximativ, - McKay-Approximation, vgl. MC KAY (1932), IGLEWICZ/MYERS (1970)-,

$$(4.2.10) \qquad (Y_h/\eta_h) \stackrel{.}{=} \chi^2_{n_h-1}$$

Somit kann man die Ersatzhypothese

$$(4.2.11) \qquad H_0' : \eta_1 = \ldots = \eta_m =: \eta \quad,$$

also die Homogenität der Skalenparameter für die unabhängigen Variablen Y_h , mit der Prüfgröße

$$(4.2.12) \qquad Z = f_g \cdot \ln(\Sigma Y_h/f_g) - \Sigma f_h \cdot \ln(Y_h/f_h) \stackrel{d}{\doteq} \chi^2_{m-1} \quad ,$$

$$f_h = n_h - 1; \quad f_g = \Sigma f_h \quad ,$$

des Bartlett-Tests, vgl. BARTLETT (1937), überprüfen; HAARSAAE (1969) gibt hierzu auch exakte Schwellenwerte, falls $n_h = n$.

Das Modell $N(\mu;\gamma\mu)$ ist nicht anwendbar falls (4.2.7) bzw. (4.2.11) verworfen wird. Bei Nichtverwerfen arbeitet man mit dem Modell $N(\mu;\gamma\mu)$ weiter. Für den unbekannten Wert γ des konstanten Variationskoeffizienten wird nun noch eine Schätzung benötigt.

4.2.3 SCHÄTZUNG DES VARIATIONSKOEFFIZIENTEN

Eine naheliegende Idee zur Schätzung von γ ist das gewogene arithmetische Mittel $\bar{C}$ der empirischen Variationskoeffizienten C_h , vgl. auch ZEIGLER (1973):

$$(4.2.13) \qquad \bar{C} = \Sigma\left(\frac{n_h}{N}\right) C_h \quad \text{mit} \quad C_h = S_h/\bar{X}_h \quad \text{und} \quad N = \Sigma n_h \quad .$$

Bei Normalverteilung gilt für große n_h approximativ:

$$(4.2.14) \qquad EC_h \doteq \gamma\left(1 + \frac{\gamma^2}{n_h}\right) \quad ,$$

$$(4.2.15) \qquad \text{var } C_h \doteq \frac{\gamma^2}{2(n_h-1)} \cdot (1+2\gamma^2) \doteq \frac{\gamma^2}{2n_h}(1+2\gamma^2) \quad .$$

Damit hat man

$$(4.2.16) \qquad E\bar{C} = \gamma\left[1 + \frac{m\gamma^2}{N}\right]$$

oder asymptotisch für kleine Werte von m/N :

$$(4.2.17) \qquad E\bar{C} \doteq \gamma$$

und

$$(4.2.18) \qquad \text{var } \bar{C} = \frac{\gamma^2}{2N}(1+2\gamma^2) \quad .$$

Bei ZEIGLER (1973) wird auch noch die auf der Approximation (4.2.10) von MC KAY basierende Maximum-Likelihoodschätzung angegeben.

4.3 MODELLKRITIK

Das Modell $X \stackrel{d}{=} N(\mu;\gamma\mu)$ für das Merkmal X weist eine grundlegende "Asymmetrie" auf:
Wegen $\sigma=\gamma\mu\geq0$ muß, - aus statistischen Gründen -, $\mu\geq0$ gefordert werden; gleichzeitig können aber negative Merkmalwerte auftreten.
Eine Anwendung des Modells in der Praxis ist jedoch nur dann sinnvoll bzw. zulässig, wenn sich die Forderung $\mu\geq0$, welche die "Asymmetrie" hervorruft, auch sachlich begründen läßt. Dafür gibt es vermutlich nicht sehr viele Anwendungsfälle; dem Verfasser ist auch bislang noch kein solcher begegnet.
Hier ist zu bemerken, daß für die Beispiele in Abschnitt 4.1 das Modell $N(\mu;\gamma\mu)$ nicht exakt, sondern nur approximativ zutrifft, vgl. nachstehenden Fall 2 .

Bezüglich der Vorzeichenkombination von Merkmalwerten X und Erwartungswerten μ hat man als häufigste Anwendungsfälle:

Fall 1 :

Merkmalwerte und μ können positiv wie auch negativ sein.
Hierbei müßte man vom Modell $N(\mu;\gamma\mu)$ auf das Modell $N(\mu;\xi(\mu))$ übergehen und dabei den Definitionsbereich der Funktion $\sigma=\xi(\mu)$ auch auf Werte $\mu\leq0$ erweitern z.B. auf $\sigma=\gamma|\mu|$, was nicht Gegenstand dieser Arbeit ist, und worauf daher hier nicht weiter eingegangen wird, vgl. jedoch auch Abschnitt 5 .

Fall 2 :

Merkmalwerte und μ besitzen gleiches Vorzeichen, beispielsweise das positive.
Hier ist die Modellannahme "Normalverteilung" streng theoretisch betrachtet nicht mit der Realität kompatibel. Aus der Sicht der Anwendung stellt sie jedoch in vielen Fällen eine gute Approximation an die Realität dar, falls $W(X\leq0)$ vernachlässigbar klein bleibt. Das ist für den Praktiker der Fall, wenn der sogenannte "6σ-Bereich" $[\mu-3\sigma;\mu+3\sigma]$ ganz im Positiven liegt. Diese Forderung impliziert jedoch im Modell $N(\mu;\gamma\mu)$ eine Einschränkung an γ :

$$(4.3.1) \qquad \mu-3\sigma = \mu-3\gamma\mu \gtrsim 0 \;\Rightarrow\; \gamma \lesssim 1/3 \;\; ;$$

vgl. auch die Beispiele aus Abschnitt 4.1 .

Diese Schranke für γ wirkt unnatürlich, da sie nicht aus realen Gegebenheiten, sondern allein aus der Modellannahme "Normalverteilung"
resultiert. Daher erhebt sich die Frage nach konkurrierenden Verteilungen mit positivem Merkmalbereich. Als solche können hier die Gamma-
Verteilung $G(\eta;\lambda)$, siehe Abschnitt A 3 , und die Logarithmische Normalverteilung $LN(\zeta;\tau)$, siehe Abschnitt A 2 , zur Diskussion gestellt
werden, da sie einerseits in der Praxis häufig auftreten und andererseits theoretisch leicht zu behandeln sind. Aufgrund von (4.3.1) ist
nun der Fall 2 weiter aufzuschlüsseln:

Fall 2 a : $\gamma \gtrsim 1/3$

Hier ist das Modell $N(\mu;\gamma\mu)$ generell nicht anwendbar, da der durch
$W(X<0)$ gemessene Modellfehler nicht mehr vernachlässigbar ist. Es muß
daher eine andere Verteilungsannahme getroffen werden, vgl. hierzu auch
Abschnitt 5 .

Fall 2 b : $\gamma \lesssim 1/3$

Hier können z.B. die Gamma- bzw. Lognormal-Verteilung in Konkurrenz
zur Normalverteilung treten. Daher wird in Abschnitt 4.3.1 bzw. 4.3.2
eine vergleichende Untersuchung durchgeführt, bei der insbesondere die
theoretischen und praktischen Auswirkungen von Fehlspezifikationen
in der Verteilungsannahme erörtert werden und zwar aus folgendem Grund:
Diese drei Verteilungen sind im sogenannten Pearson-Diagramm, bei dem
die Wölbung β_2 über dem Quadrat der Schiefe $\sqrt{\beta_1}$ aufgetragen wird,
vgl. JOHSON/KOTZ, vol. 1(1969), für $\gamma \lesssim 1/3$ nahe benachbart, - siehe
Abbildung 4.3.1 -; sie sind daher infolge des ähnlichen äußeren Er-
scheinungsbildes anhand von Stichprobenbefunden schwer unterscheidbar.
In Abbildung 4.3.1 sind auf den Linien für die Gamma- bzw. Lognormal-Verteilung die zu vorgegebenen γ-Werten gehörigen Punkte mar-
kiert. Bei gleichem Wert von γ liegen demnach die Punkte der Gamma-
Verteilung näher am Normalverteilungspunkt als die Punkte der Lognormal-Verteilung.

4.3.1 VERGLEICH VON NORMAL- UND GAMMAVERTEILUNG

Die im folgenden verwendeten Eigenschaften der $G(\eta;\lambda)$-Verteilung sind
im Abschnitt A 3 zusammengestellt. Konstanter, bekannter Variationskoeffizient γ bedeutet laut (A 3.5) und (A 3.6) , daß der Gestalts
parameter η den konstanten Wert $\eta=1/\gamma^2$ besitzt.
$G(1/\gamma^2;\lambda)$ gehört damit zur einparametrigen Exponentialfamilie mit dem

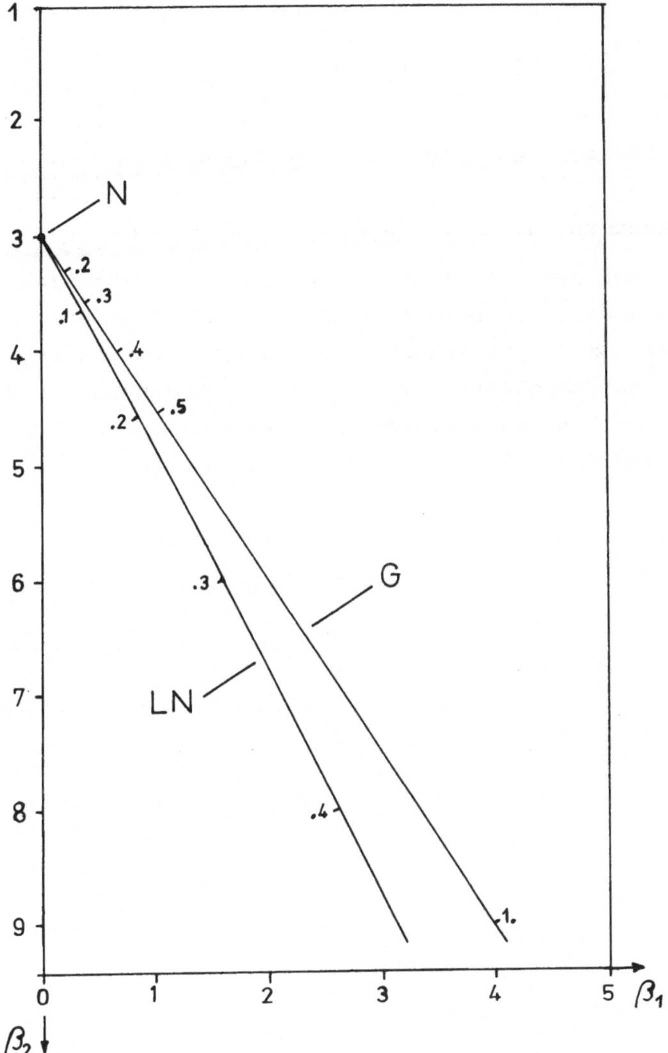

Abbildung 4.3.1: Normalverteilung, Gamma-Verteilung und Logarithmische Normalverteilung im Pearson-Diagramm

Parameter λ . Der statistische Rückschluß bezüglich des Erwartungswertes $\mu = \lambda/\gamma^2$ bringt daher keine neuen Probleme mit sich. $N(\mu;\gamma\mu)$
und $G(1/\gamma^2;\lambda)$ sind für $\gamma \leq 1/3$ nicht nur im Pearson-Diagramm nahe
benachbart, sondern es gilt für kleines γ die asymptotische Aussage:

$$(4.3.2) \qquad G(1/\gamma^2;\lambda) \doteq N(\lambda/\gamma^2;\lambda/\gamma) \quad \text{bzw.} \quad G(1/\gamma^2;\gamma^2) \doteq N(1;\gamma) \quad ,$$

was man aus der asymptotischen Übereinstimmung der charakteristischen Funktion ersieht.

Je nachdem, ob $G(1/\gamma^2;\lambda)$ oder $N(\mu;\gamma\mu)$ im Modell angenommen wird, und je nachdem, ob $G(1/\gamma^2;\lambda)$ oder $N(\mu;\gamma\mu)$ in der Realität zutrifft, hat man 4 Fälle zu unterscheiden und zu vergleichen.

<u>Fall 1 :</u> Annahme $N(\mu;\gamma\mu)$, Realität $N(\mu;\gamma\mu)$

Dieser Fall, bei dem Modell und Realität übereinstimmen, ist Thema der vorliegenden Arbeit und bereits ausführlich diskutiert. Da im Folgenden die Vergleiche nicht anhand der standardisierten Prüfgröße $\sqrt{\nu}(\bar{X}-\mu_0)/\mu_0$ des Abschnitts 3.4.1 , sondern anhand der Prüfgröße $Z=\bar{X}/\mu_0$ durchgeführt werden, sind dementsprechend in Tabelle 4.3.1 Annahmebereiche und OC's für $\bar{X}/\mu_0$ zusammengestellt.

Tabelle 4.3.1		
H_1 : $\mu/\mu_0=k$	AB	OC
H_r: $k>1$	$(-\infty;z_{1-\alpha}]$	$\Phi((z_{1-\alpha}-k)\sqrt{\nu}/k)$
H_1: $k<1$	$[z_\alpha;\infty)$	$1-\Phi(z_\alpha-k)\sqrt{\nu}/k)$
H_z: $k\neq1$	$[z_{\alpha/2};z_{1-\alpha/2}]$	$\Phi((z_{1-\alpha/2}-k)\sqrt{\nu}/k)-\Phi((z_{\alpha/2}-k)\sqrt{\nu}/k)$
$z_\varepsilon := 1+u_\varepsilon/\sqrt{\nu}$		

<u>Fall 2 :</u> Annahme $G(1/\gamma^2;\lambda)$, Realität $G(1/\gamma^2;\lambda)$

Hier stimmt das Modell mit der Realität überein. Da $G(1/\gamma^2;\lambda)$ der einparametrigen Exponentialfamilie zugehört, gilt bekannterweise: Suffiziente und wirksamste Schätzung für $\mu=\lambda/\gamma^2$ ist das arithmetische Mittel $\bar{X}$ mit $\bar{X} \overset{d}{=} G(n/\gamma^2;\lambda/n)$. Zum Test der Hypothese H_0 : $\mu=\mu_0=\lambda_0/\gamma^2$ mit der dimensionslosen Prüfgröße $\bar{X}/\mu_0$,

$$(4.3.3) \qquad \frac{\bar{X}}{\mu_0} \overset{d}{=} G(\nu;1/\nu) \quad \text{für} \quad \mu=\mu_0 \ ; \ \frac{\bar{X}}{\mu_0} \ G(\nu;k/\nu) \quad \text{für} \quad \mu=k\mu_0$$

sind zugehörig zu den Alternativhypothesen jeweils die Annahmebereiche und OC's in Tabelle 4.3.2 zusammengestellt.

Tabelle 4.3.2

$H_1:\ \mu/\mu_o = k$	AB	OC
$H_r:\ k>1$	$[0; g_{\nu;1-\alpha}]$	$\Psi(g_{\nu;1-\alpha}/k)$
$H_l:\ k<1$	$[g_{\nu;\alpha}; \infty)$	$1-\Psi(g_{\nu;\alpha}/k)$
$H_z:\ k\neq 1$	$[g_{\nu;\alpha/2}; g_{\nu;1-\alpha/2}]$	$\Psi(g_{\nu;1-\alpha/2}/k)-\Psi(g_{\nu;\alpha/2}/k)$
$\Psi\ :=$ Verteilungsfunktion von $\quad G(\nu;1/\nu)$ $\quad\quad g_{\nu;\varepsilon}\ :=$ Schwellenwert von $\quad\quad G(\nu;1/\nu)$		

Die beiden einseitigen Teste sind gleichmäßig beste Teste. Der hier
angegebene zweiseitige Test mit symmetrischer Aufteilung von α ist
verzerrt, jedoch asymptotisch unverzerrt. Es ließe sich ein gleichmäßig
bester unverfälschter Test konstruieren.
Der OC-Verlauf ist für einige $(n;\gamma)$-Kombinationen aus den Tabellen
4.3.5 und 4.3.6 zu entnehmen

Fall 3 : Annahme $N(\mu;\gamma\mu)$; Realität $G(1/\gamma^2;\lambda)$

Hier liegt eine Modellfehlspezifikation vor mit folgenden Konsequen-
zen beim Schätzen:
Die der Realität "G" entsprechende Rao-Cramer-Schranke ist $RC(\mu|G)=$
$\gamma^2\mu^2/n$, die nur bei Verwendung von $\bar{X}$ als Schätzung von μ erreicht
wird. Infolge der falschen Modellannahme "N" glaubt man jedoch gemäß
(2.1.7) von $RC(\mu|N) = \dfrac{\gamma^2\mu^2}{n} \cdot \dfrac{1}{1+2\gamma^2} < \dfrac{\gamma^2\mu^2}{n}$ auszugehen und verwendet
daher eine der Schätzungen aus Abschnitt 2 , die dort wirksamer sind
als $\bar{X}$. Damit glaubt man gegenüber der Schätzung mit $\bar{X}$ einen Effi-
zienzgewinn zu erzielen. Dieser ist aber nur ein Scheingewinn, denn in
Realität kann $RC(\mu|G)=\gamma^2\mu^2/n=\mathrm{var}\ \bar{X}$ ja nicht unterschritten werden;
es ist sogar so, daß man einen Effizienzverlust erleidet, wenn man
nicht mit $\bar{X}$ schätzt. Für $\gamma\to 0$ werden diese vermeintlichen Effizienz-
gewinne bzw. realen Effizienzverluste natürlich bedeutungslos.

Beim Testen hat die Modellfehlspezifikation folgende Auswirkungen:
Aufgrund der Realität $G(1/\gamma^2;\lambda)$ müßte man Annahmebereiche und OC's
aus Tabelle 4.3.2 entnehmen (korrekte OC) . Aufgrund der Annahme
$N(\mu;\gamma\mu)$ entnimmt man jedoch den Annahmebereich aus Tabelle 4.3.1

und glaubt auch, daß man mit der OC aus dieser Tabelle arbeitet (vermeintliche OC). In Wirklichkeit erhält man jedoch mit diesen Annahmebereichen die OC's aus der Tabelle 4.3.3 (tatsächliche OC).

Tabelle 4.3.3		
$H_1:\ \mu/\mu_0=k$	AB	OC
$H_r:\ k>1$	$(-\infty;z_{1-\alpha}]$	$\Psi(z_{1-\alpha}/k)$
$H_1:\ k<1$	$[z_\alpha;\infty)$	$1-\Psi(z_\alpha/k)$
$H_z:\ k\neq1$	$[z_{\alpha/2};z_{1-\alpha/2}]$	$\Psi\left(\dfrac{z_{1-\alpha/2}}{k}\right)-\Psi\left(\dfrac{z_{\alpha/2}}{k}\right)$
$\Psi(\cdot)\ :=$ Verteilungsfunktion von $G(\nu;1/\nu)$ $z_\varepsilon\ :=\ 1+u_\varepsilon/\sqrt{\nu}$		

Die OC-Herleitung wird für $\beta_r(k)$ demonstriert.

$$(4.3.4)\qquad W(\bar{X}/\mu_0\leq z_{1-\alpha}\,|\,\bar{X}/\mu_0\overset{d}{=}G(\nu;(\mu/\mu_0)/\nu)\ ;\ \mu/\mu_0=k)$$

$$=W(\bar{X}/\mu\leq z_{1-\alpha}/k\,|\,\bar{X}/\mu\overset{d}{=}G(\nu;1/\nu))=\Psi(z_{1-\alpha}/k)\quad.$$

Aus Tabelle 4.3.3 ersieht man bei H_r bzw. H_1 für $k=1$ wegen $z_{1-\alpha}\neq g_{\nu;1-\alpha}$:

$$(4.3.5a)\qquad 1-\alpha'_r\ :=\ \Psi(z_{1-\alpha})\neq\Psi(g_{\nu;1-\alpha})=1-\alpha\quad,$$

$$(4.3.5b)\qquad 1-\alpha'_1\ :=\ 1-\Psi(z_\alpha)\neq1-\Psi(g_{\nu;\alpha})=1-\alpha\quad,$$

d.h. man arbeitet nicht mit der vorgegebenen statistischen Sicherheit $1-\alpha$ sondern mit $1-\alpha'$.

Aus der Entwicklung von FISHER/CORNISH (1960) für die Schwellenwerte $g_{\nu;\varepsilon}$,

$$(4.3.6)\qquad g_{\nu;\varepsilon}=\underbrace{1+u_\varepsilon/\sqrt{\nu}}_{=z_\varepsilon}+\underbrace{(u_\varepsilon^2-1)/(3\nu)}_{>0\ \text{für}\ |u_\varepsilon|>1}+\,O(\nu^{-3/2})\quad,$$

läßt sich nun für $|u_\varepsilon|>1$ und asymptotisch für großes ν ablesen, daß man bei H_r mit einer kleineren und bei H_1 mit einer größeren statistischen Sicherheit als der vorgegebenen arbeitet.
Die Tabellen 4.3.5 und 4.3.6 geben einen Anhaltspunkt über das Ausmaß dieses Effektes, der natürlich mit wachsendem ν verschwindet.

Die Tabellen 4.3.5 und 4.3.6 erlauben auch eine Analyse des OC-Verlaufs und einen Vergleich der Fälle 1 bis 3 .

<u>Bei rechtsseitiger Alternative</u> verläuft in der Umgebung rechts von k=1 , also im interessantesten OC-Abschnitt, die vermeintliche OC (Fall 1) unterhalb der tatsächlichen (Fall 3) und diese wiederum unterhalb der korrekten OC (Fall 2) . <u>Bei linksseitiger Alternative</u> liegen in der Umgebung links von k=1 die Relationen genau umgekehrt: Die korrekte OC (Fall 2) verläuft unterhalb der tatsächlichen OC (Fall 3) und diese wiederum unterhalb der vermeintlichen OC (Fall 1). Es sind also beim Testen keine so klaren Aussagen über vermeintliche Gewinne bzw. reale Verluste an Testschärfe wie beim Schätzen möglich.

<u>Fall 4 :</u> Annahme $G(1/\gamma^2;\lambda)$; Realität $N(\mu;\gamma\mu)$

Die hier vorliegende Modellfehlspezifikation hat beim Testen folgende Auswirkungen: Aufgrund der Realität $N(\mu;\gamma\mu)$ müßte man Annahmebereiche und OC's aus Tabelle 4.3.1 entnehmen (korrekte OC). Aufgrund der Annahme $G(1/\gamma^2;\lambda)$ entnimmt man jedoch den Annahmebereich aus Tabelle 4.3.2 und glaubt auch, daß man mit der OC aus dieser Tabelle arbeitet (vermeintliche OC) . In Wirklichkeit erhält man jedoch mit diesen Annahmebereichen die OC's der Tabelle 4.3.4 (tatsächliche OC).

Tabelle 4.3.4		
H_1: $\mu/\mu_0=k$	AB	OC
H_r: $k>1$	$(-\infty;g_{\nu;1-\alpha}]$	$\Phi((g_{\nu;1-\alpha}-k)\sqrt{\nu}/k)$
H_1: $k<1$	$[g_{\nu;\alpha};\infty)$	$1-\Phi((g_{\nu;\alpha}-k)\sqrt{\nu}/k)$
H_z: $k\neq1$	$[g_{\nu;\alpha/2};g_{\nu;1-\alpha/2}]$	$\Phi((g_{\nu;1-\alpha/2}-k)\sqrt{\nu}/k)-$ $-\Phi((g_{\nu;\alpha/2}-k)\sqrt{\nu}/k)$

Die OC-Herleitung wird für $\beta_r(k)$ demonstriert:

$$(4.3.7) \qquad W(\bar{X}/\mu_o \leq g_{\nu;1-\alpha} \mid \bar{X} \stackrel{d}{=} N(\mu;\mu/\sqrt{\nu}) ; \ \mu/\mu_o = k)$$

$$= W(\bar{X}/\mu \leq g_{\nu;1-\alpha}/k \mid \bar{X} \stackrel{d}{=} N(\mu;\mu/\sqrt{\nu}))$$

$$= \Phi((g_{\nu;1-\alpha}-k)\sqrt{\nu}/k)$$

Wegen (4.3.6) arbeitet man für $|u_\varepsilon|>1$ und asymptotisch für großes ν bei H_r bzw. H_l nicht mehr mit der vorgegebenen statistischen Sicherheit $1-\alpha$, sondern mit der höheren bzw. niedrigeren Sicherheit $1-\alpha'$.

Beim Vergleich von korrekter, vermeintlicher und tatsächlicher OC ergeben sich hier die gleichen Testschärferelationen zwischen korrekter, vermeintlicher und tatsächlicher OC wie im Fall 3 .

Die Analyse der OC-Formeln in den Fällen 1 bis 4 bzw. der aus den Tabellen 4.3.5 und 4.3.6 ablesbaren empirischen Befunde zeigt:

Die OC's aus Fall 1 und 3 liegen näher zusammen; entsprechendes gilt für Fall 2 und 4 . Das bedeutet, daß die Verteilungsannahme sich stärker auf den OC-Verlauf auswirkt als die Verteilung der Realität.

Für $\nu\to\infty$, d.h. für $n\to0$ oder $\gamma\to0$ verschwinden die OC-Unterschiede für alle 4 Fälle, sodaß bei Verwendung von $\bar{X}$ als Prüfgröße eine Modellfehlspezifikation praktisch bedeutungslos ist. Dieses robuste Verhalten von $\bar{X}$ ist aufgrund des zentralen Grenzwertsatzes nicht anders zu erwarten. So ist z.B. für $(n=20; \ \gamma=1/3)$ oder für $(n=5; \ \gamma=1/6)$, d.h. für $\nu\equiv180$, der maximale Unterschied zwischen Fall 1 und 2 nur noch in der Größenordnung von 0,02 bis 0,03 , siehe Tabelle 4.3.6 .
Es ist anzunehmen, daß sich im Fall 3 der Modellfehler stärker auswirkt, wenn man statt der "robusten" Statistik $\bar{X}$ die speziell auf $N(\mu;\gamma\mu)$ zugeschnittenen Verfahren von Abschnitt 3 verwendet.

Tabelle 4.3.5:

Vergleich der Modellannahme $\underline{N}$ormal- und $\underline{G}$ammaverteilung

Fall 1. Annahme "N"; Realität "N"; Fall 2. Annahme "G"; Realität "G"
Fall 3. Annahme "N"; Realität "G"; Fall 4. Annahme "G"; Realität "N"

für n=2; γ=1/3; 1-α=0.95

LINKSSEITIGE ALTERNATIVE

K	FALL 1	FALL 2	FALL 3	FALL 4
1.25	0.985	0.993	0.996	0.980
1.20	0.981	0.989	0.994	0.975
1.15	0.976	0.984	0.990	0.968
1.10	0.970	0.977	0.985	0.960
1.05	0.962	0.966	0.978	0.949
1.00	0.950	0.950	0.967	0.933
0.95	0.934	0.927	0.951	0.912
0.90	0.912	0.894	0.927	0.884
0.85	0.882	0.849	0.892	0.845
0.80	0.840	0.786	0.843	0.792
0.75	0.782	0.704	0.774	0.721
0.70	0.702	0.601	0.683	0.627
0.65	0.597	0.478	0.568	0.509
0.60	0.465	0.345	0.434	0.372
0.55	0.315	0.217	0.294	0.229
0.50	0.170	0.112	0.167	0.107
0.45	0.063	0.044	0.073	0.032
0.40	0.012	0.011	0.022	0.004
0.35	0.001	0.001	0.004	0.000
0.30	0.000	0.000	0.000	0.000
0.25	0.000	0.000	0.000	0.000
0.20	0.000	0.000	0.000	0.000
0.15	0.000	0.000	0.000	0.000
0.10	0.000	0.000	0.000	0.000
0.05	0.000	0.000	0.000	0.000

RECHTSSEITIGE ALTERNATIVE

K	FALL 1	FALL 2	FALL 3	FALL 4
0.80	0.999	0.997	0.996	0.999
0.85	0.996	0.993	0.990	0.998
0.90	0.989	0.985	0.980	0.993
0.95	0.975	0.971	0.963	0.981
1.00	0.950	0.950	0.939	0.961
1.05	0.914	0.921	0.906	0.931
1.10	0.866	0.884	0.865	0.889
1.15	0.810	0.840	0.816	0.837
1.20	0.747	0.789	0.761	0.778
1.25	0.680	0.732	0.702	0.714
1.30	0.613	0.673	0.640	0.648
1.35	0.547	0.612	0.578	0.583
1.40	0.485	0.551	0.516	0.520
1.45	0.428	0.492	0.458	0.461
1.50	0.375	0.436	0.403	0.407
1.55	0.328	0.383	0.351	0.358
1.60	0.287	0.335	0.305	0.313
1.65	0.250	0.291	0.263	0.274
1.70	0.218	0.251	0.226	0.240
1.75	0.190	0.216	0.193	0.209
1.80	0.166	0.185	0.164	0.183
1.85	0.145	0.158	0.139	0.160
1.90	0.126	0.134	0.118	0.140
1.95	0.111	0.114	0.099	0.123
2.00	0.097	0.096	0.084	0.108
2.10	0.075	0.069	0.059	0.084
2.20	0.059	0.049	0.041	0.065
2.30	0.046	0.034	0.029	0.052
2.40	0.037	0.024	0.020	0.041
2.50	0.030	0.017	0.014	0.033
2.60	0.024	0.012	0.010	0.027
2.70	0.020	0.008	0.007	0.022
2.80	0.016	0.006	0.005	0.018
2.90	0.013	0.004	0.003	0.015
3.00	0.011	0.003	0.002	0.013
3.10	0.010	0.002	0.002	0.011
3.20	0.008	0.002	0.001	0.009
3.30	0.007	0.001	0.001	0.008
3.40	0.006	0.001	0.001	0.007
3.50	0.005	0.001	0.000	0.006
3.60	0.005	0.000	0.000	0.005
3.70	0.004	0.000	0.000	0.004
3.80	0.004	0.000	0.000	0.004
3.90	0.003	0.000	0.000	0.003
4.00	0.003	0.000	0.000	0.003

172

Tabelle 4.3.6:

Vergleich der Modellannahme Normal- und Gammaverteilung

Fall 1. Annahme "N"; Realität "N"; Fall 2. Annahme "G"; Realität "G"
Fall 3. Annahme "N"; Realität "G"; Fall 4. Annahme "G"; Realität "N"

für n=20; $\gamma=1/3$; $1-\alpha=0.95$

LINKSSEITIGE ALTERNATIVE

K	FALL 1	FALL 2	FALL 3	FALL 4
1.25	1.000	1.000	1.000	1.000
1.20	1.000	1.000	1.000	1.000
1.15	0.999	1.000	1.000	0.999
1.10	0.997	0.998	0.998	0.996
1.05	0.986	0.988	0.990	0.985
1.00	0.950	0.950	0.955	0.945
0.95	0.847	0.836	0.848	0.836
0.90	0.637	0.605	0.624	0.614
0.85	0.333	0.308	0.325	0.314
0.80	0.097	0.091	0.100	0.088
0.75	0.011	0.013	0.014	0.010
0.70	0.000	0.001	0.001	0.000
0.65	0.000	0.000	0.000	0.000

RECHTSSEITIGE ALTERNATIVE

K	FALL 1	FALL 2	FALL 3	FALL 4
0.80	1.000	1.000	1.000	1.000
0.85	1.000	1.000	1.000	1.000
0.90	1.000	0.999	0.999	1.000
0.95	0.993	0.991	0.990	0.993
1.00	0.950	0.950	0.946	0.954
1.05	0.823	0.834	0.824	0.833
1.10	0.609	0.631	0.617	0.623
1.15	0.375	0.397	0.383	0.388
1.20	0.193	0.205	0.195	0.203
1.25	0.086	0.087	0.082	0.091
1.30	0.034	0.031	0.029	0.036
1.35	0.012	0.010	0.009	0.013
1.40	0.004	0.003	0.002	0.004
1.45	0.001	0.001	0.001	0.001
1.50	0.000	0.000	0.000	0.000

4.3.2 VERGLEICH VON NORMAL- UND LOGNORMALVERTEILUNG

Die im folgenden verwendeten Eigenschaften der $LN(\zeta;\tau)$-Verteilung sind in Abschnitt A 2 zusammengestellt. Konstanter Variationskoeffizient bedeutet, daß τ den konstanten Wert

$$(4.3.8) \qquad \tau = \sqrt{\ln(1+\gamma^2)}$$

besitzt. Für kleines γ hat man asymptotisch

$$(4.3.9) \qquad \tau \doteq \gamma \quad .$$

$N(\mu;\gamma\mu)$ und $LN(\zeta;\tau)$ sind für kleine τ bzw. γ nicht nur im Pearson-Diagramm nahe benachbart, vgl. Abbildung 4.3.1 , sondern es gilt auch asymptotisch für kleines τ , vgl. SEVERO/OLDS (1956):

$$(4.3.10) \qquad N(\mu;\gamma\mu) \doteq LN(\zeta;\tau) \quad .$$

Nebenbei sei bemerkt, daß die eben zitierte Arbeit den Modellfehler zwischen N und LN untersucht, jedoch nicht bei der Modellannahme γ=const, sondern bei σ=const .

Um nachfolgende Vergleiche zwischen $N(\mu;\gamma\mu)$ und $LN(\zeta;\sqrt{\ln(1+\gamma^2)})$ durchführen zu können, muß man die Gleichheit der Erwartungswerte fordern:

$$(4.3.11) \qquad \zeta = \ln\mu - \ln\sqrt{1+\gamma^2} \quad ,$$

oder asymptotisch für kleines γ :

$$(4.3.12) \qquad \zeta \doteq \ln\mu - \gamma^2/2 \quad .$$

Analog zu Abschnitt 4.3.1 hat man auch hier 4 Fälle zu untersuchen.

<u>Fall 1 :</u> Annahme $N(\mu;\gamma\mu)$; Realität $N(\mu;\gamma\mu)$

Aus den Ergebnissen von Abschnitt 3.4 stellt man für die Prüfgröße $\bar{X}/\mu_0$ die Tabelle 4.3.7 zusammen.

Tabelle 4.3.7

$H_1: \mu/\mu_0=k$	AB	OC
$H_r: k>1$	$(-\infty;\ 1+u_{1-\alpha}/\sqrt{\nu}\,]$	$\Phi(u_{1-\alpha}/k-\sqrt{\nu}(k-1)/k)$
$H_l: k<1$	$[1-u_{1-\alpha}/\sqrt{\nu};\infty)$	$1-\Phi(-u_{1-\alpha}/k-\sqrt{\nu}(k-1)/k)$
$H_z: k\neq 1$	$[1-u_{1-\alpha/2}/\sqrt{\nu};1+u_{1-\alpha/2}/\sqrt{\nu}]$	$\Phi(u_{1-\alpha/2}/k-\sqrt{\nu}(k-1)/k)$
		$\quad -\Phi(-u_{1-\alpha/2}/k-\sqrt{\nu}(k-1)/k)$

<u>Fall 2 :</u> Annahme $LN(\zeta;\tau)$; Realität $LN(\zeta;\tau)$

Als Maximum-Likelihood-Schätzung für ζ hat man

$$(4.3.13) \qquad \hat{\zeta} = \ln \sqrt[n]{X_1 \ldots X_n}\ ,$$

oder mit $Z_i = \ln X_i$,

$$(4.3.14) \qquad \hat{\zeta} = \frac{1}{n} \Sigma Z_i =: \bar{Z}\cdot\ .$$

Wegen $Z_i \overset{d}{=} N(\zeta;\tau)$ gilt somit

$$(4.3.15) \qquad \hat{\zeta} = \bar{Z} \overset{d}{=} N(\zeta;\tau/\sqrt{n})$$

Wegen $\mathrm{var}\ \bar{Z} = \tau^2/n = RC(\zeta)$ ist $\bar{Z}$ wirksamste Schätzfunktion für ζ.
$\bar{Z}$ ergibt sich auch als Prüfgröße beim Likelihood-Quotienten-Test, der
bei einseitiger Alternative gleichmäßig bester Test ist. Die Hypothese
$H_1: \mu=k\mu_0$ ist hierbei wegen (A 2.5) bzw. (4.3.11) äquivalent zu
$H_1': \zeta=\ln k+\zeta_0$ mit $\zeta_0=\ln\mu_0-\ln\sqrt{1+\gamma^2}$.

Für den Test mit $\bar{Z}$ erhält man demnach die Annahmebereiche und OC's
der Tabelle 4.3.8 .

<u>Fall 3 :</u> Annahme $N(\mu;\gamma\mu)$; Realität $LN(\zeta;\tau)$

Verwendet man hier $\bar{X}$ als Testgröße, so gilt wegen des zentralen
Grenzwertsatzes asymptotisch für großes n :

$$(4.3.16) \qquad \bar{X} \overset{d}{=} N(\mu;\gamma\mu/n)$$

Tabelle 4.3.8		
H_1: $\mu/\mu_0=k$	AB für $\bar{Z}$	OC
H_r: $k>1$	$(-\infty; u_{1-\alpha}]$	$\Phi(u_{1-\alpha}-(\ln k)\tau/\sqrt{n})$
H_l: $k<1$	$[-u_{1-\alpha};\infty)$	$1-\Phi(-u_{1-\alpha}-(\ln k)\tau/\sqrt{n})$
H_z: $k\neq1$	$[-u_{1-\alpha/2};u_{1-\alpha/2}]$	$\Phi(u_{1-\alpha/2}-(\ln k)\tau/\sqrt{n})-$ $-\Phi(-u_{1-\alpha/2}-(\ln k)\tau/\sqrt{n})$

Die Konvergenzgeschwindigkeit gegen die Normalverteilung ist dabei umso höher, je kleiner γ ist, da die Schiefe von $LN(\zeta;\tau)$ mit abnehmendem γ monoton fällt, vgl. Abbildung 4.3.1 .

Bei kleinem γ ist (4.3.16) also schon bei kleinem n anwendbar und man erhält somit (asymptotisch) die Annahmebereiche und OC's der Tabelle 4.3.7 .

Es ist zu vermuten, daß die OC's von Fall 3 ähnlich wie bei der Gamma-Verteilung zwischen den OC's von Fall 1 und Fall 2 verlaufen. Aus dem OC-Unterschied von Fall 1 und Fall 2 kann man daher die Folgen eines Modellfehlers größenordnungsmäßig abschätzen; siehe Tabelle 4.3.9 bis 4.3.11 .

<u>Fall 4</u> : Annahme $LN(\zeta;\tau)$; Realität $N(\mu;\gamma\mu)$

Aufgrund der Modellannahme verwendet man die Prüfgröße $\bar{Z}=\Sigma Z_i/n=\Sigma\ln X_i/n$ aus (4.3.14) , wobei hier jedoch $X_i \stackrel{d}{=} N(\mu;\gamma\mu)$ ist. Asymptotisch für kleine γ gilt dann gemäß STANGE (1970), S. 168, für $Z_i=\ln X_i$ bzw. für $\bar{Z}=\frac{1}{n}\Sigma\ln X_i$

$$(4.3.17) \quad EZ_i = \ln\mu-\gamma^2/2 \quad \text{bzw.} \quad E\bar{Z} = \ln\mu-\gamma^2/2$$

$$(4.3.18) \quad \text{var } Z_i = \gamma^2 \quad \text{bzw.} \quad \text{var } \bar{Z} = \gamma^2/n = 1/\nu \quad .$$

Aus dem zentralen Grenzwertsatz folgt daraus für $\bar{Z}=\Sigma Z_i/n$:

$$(4.3.19) \quad \bar{Z} \doteq N(\ln\mu-\gamma^2/2 \; ; \; \gamma/\sqrt{n})$$

Wegen (4.3.12) und (4.3.9) hat man also

$$(4.3.20) \qquad \bar{Z} \doteq N(\zeta; \tau/\sqrt{n}) \quad ,$$

d.h. man erhält asymptotisch die Annahmebereiche und OC's von Fall 2.

Analog zu Abschnitt 4.3.1 läßt sich hier folgendes festhalten:

Wie aus den asymptotischen Ergebnissen von Fall 3 und 4 hervorgeht, wirkt sich die Verteilungsannahme stärker auf den OC-Verlauf aus als die Verteilungsrealität.

Die OC-Unterschiede von Fall 1 und 2 nehmen für $\gamma \to 0$ ab. Allerdings sind hier die OC-Unterschiede bei gleichem γ stärker als in Abschnitt 4.3.1 ; das ist allein schon deshalb zu vermuten, weil im Pearson-Diagramm für ein bestimmtes γ die entsprechenden Punkte bei der Gamma-Verteilung näher am Normalverteilungspunkt liegen als bei der Lognormal-Verteilung; vgl. Abbildung 4.3.1 .

Anders als in Abschnitt 4.3.1 sind hier die OC's im Fall 2 bis 4 sowohl von γ als auch von n , also nicht nur von der fiktiven Probengröße $\nu = n/\gamma^2$ abhängig. Wie die OC-Formeln zeigen, verschwindet dieser Effekt für $n \to \infty$ und $\gamma \to 0$; für kleine Stichproben ist der Effekt jedoch nur schwach ausgeprägt und kleiner als der Modellfehler, wie der Vergleich von Tabelle 4.3.10 mit $\nu = 20/(1/3)^2 = 180$ und Tabelle 4.3.11 mit $\nu = 5/(1/6)^2 = 180$ zeigt.

Das Resumée von Abschnitt 4.3 lautet:

Bei konstantem γ kann die Normalverteilung im Grunde nur im Fall 2 b mit anderen Verteilungen "verwechselt" werden. Die hier untersuchten Verteilungen lassen sich umso schwerer unterscheiden, je kleiner γ ist.
Insoweit werden bei kleinem γ Modellfehler zwar unvermeidlich; aber gleichzeitig nehmen mit kleiner werdendem γ auch die Auswirkungen des Modellfehlers ab. Das zeigt sich hier insbesondere bei den Vergleichen, die anhand der "robusten" Prüfgröße $\bar{X}$ durchgeführt werden.
Bei Unsicherheit in der Verteilungsspezifikation empfiehlt sich daher die Verwendung von $\bar{X}$; denn etwaige Modellfehler wirken sich natürlich stärker aus, falls man spezifisch auf die Modellannahme zugeschnittene Schätz- und Testverfahren verwendet. Bei sehr kleinen γ-Werten kann man wegen der numerisch leichteren Handhabung stets mit der Normalverteilung arbeiten.

Tabelle 4.3.9:

Vergleich der Modellannahme Normal- und Log-Normalverteilung

Fall 1. Annahme "N"; Realität "N"
Fall 2. Annahme "LN"; Realität "LN"

für n=2; γ=1/3; 1-α=0.95

LINKSSEITIGE ALTERNATIVE				RECHTSSEITIGE ALTERNATIVE		
K	FALL 1	FALL 2		K	FALL 1	FALL 2
1.25	0.985	0.996		0.75	1.000	0.998
1.20	0.981	0.993		0.80	0.999	0.996
1.15	0.976	0.988		0.85	0.996	0.991
1.10	0.970	0.980		0.90	0.989	0.982
1.05	0.962	0.968		0.95	0.975	0.969
1.00	0.950	0.950		1.00	0.950	0.950
0.95	0.934	0.922		1.05	0.914	0.924
0.90	0.912	0.882		1.10	0.866	0.891
0.85	0.882	0.826		1.15	0.810	0.850
0.80	0.840	0.749		1.20	0.747	0.802
0.75	0.782	0.652		1.25	0.680	0.749
0.70	0.702	0.536		1.30	0.613	0.692
0.65	0.597	0.408		1.35	0.547	0.632
0.60	0.465	0.281		1.40	0.485	0.571
0.55	0.315	0.169		1.45	0.428	0.510
0.50	0.170	0.085		1.50	0.375	0.452
0.45	0.063	0.033		1.55	0.328	0.376
0.40	0.012	0.009		1.60	0.287	0.344
0.35	0.001	0.002		1.65	0.250	0.296
0.30	0.000	0.000		1.70	0.218	0.252
0.25	0.000	0.000		1.75	0.190	0.214
0.20	0.000	0.000		1.80	0.166	0.180
0.15	0.000	0.000		1.85	0.145	0.150
0.10	0.000	0.000		1.90	0.126	0.125
0.05	0.000	0.000		1.95	0.111	0.103
				2.00	0.097	0.085
				2.05	0.085	0.069
				2.10	0.075	0.056
				2.15	0.066	0.045
				2.20	0.059	0.037
				2.25	0.052	0.029
				2.30	0.046	0.024
				2.35	0.041	0.019
				2.40	0.037	0.015
				2.45	0.033	0.012
				2.50	0.030	0.009
				2.55	0.027	0.007
				2.60	0.024	0.006
				2.65	0.022	0.005
				2.70	0.020	0.004

Tabelle 4.3.10:

Vergleich der Modellannahme Normal- und Log-Normalverteilung

Fall 1. Annahme "N"; Realität "N"
Fall 2. Annahme "LN"; Realität "LN"

für n=20, γ=1/3; 1-α=0.95

LINKSSEITIGE ALTERNATIVE

K	FALL 1	FALL 2
1.25	1.000	1.000
1.20	1.000	1.000
1.15	0.999	1.000
1.10	0.997	0.998
1.05	0.986	0.990
1.00	0.950	0.950
0.95	0.847	0.826
0.90	0.632	0.577
0.85	0.333	0.276
0.80	0.097	0.076
0.75	0.011	0.010
0.70	0.000	0.001
0.65	0.000	0.000

RECHTSSEITIGE ALTERNATIVE

K	FALL 1	FALL 2
0.75	1.000	1.000
0.80	1.000	1.000
0.85	1.000	1.000
0.90	1.000	0.999
0.95	0.993	0.991
1.00	0.950	0.950
1.05	0.823	0.835
1.10	0.609	0.630
1.15	0.375	0.389
1.20	0.193	0.193
1.25	0.086	0.076
1.30	0.034	0.024
1.35	0.012	0.006
1.40	0.004	0.001
1.45	0.001	0.000
1.50	0.000	0.000

Tabelle 4.3.11:

Vergleich der Modellannahme Normal- und Log-Normalverteilung

für n=5; γ=1/6; 1-α=0.95

LINKSSEITIGE ALTERNATIVE

K	FALL 1	FALL 2
1.25	1.000	1.000
1.20	1.000	1.000
1.15	0.999	1.000
1.10	0.997	0.998
1.05	0.986	0.989
1.00	0.950	0.950
0.95	0.847	0.829
0.90	0.632	0.588
0.85	0.333	0.291
0.80	0.097	0.085
0.75	0.011	0.012
0.70	0.000	0.001
0.65	0.000	0.000

RECHTSSEITIGE ALTERNATIVE

K	FALL 1	FALL 2
0.75	1.000	1.000
0.80	1.000	1.000
0.85	1.000	1.000
0.90	1.000	0.999
0.95	0.993	0.990
1.00	0.950	0.950
1.05	0.823	0.838
1.10	0.609	0.640
1.15	0.375	0.404
1.20	0.193	0.207
1.25	0.086	0.085
1.30	0.034	0.029
1.35	0.012	0.008
1.40	0.004	0.002
1.45	0.001	0.000
1.50	0.000	0.000

5. Ausblick

Um das Modell, die Ziele und die Ergebnisse der Arbeit in einen größeren Gesamtrahmen einordnen zu können, werden in Abschnitt 5.1 weitere, hier nicht behandelte Problemstellungen im Modell $N(\mu;\gamma\mu)$ mit bekanntem γ, und in Abschnitt 5.2 Modellerweiterungen bzw. Verallgemeinerungen aufgelistet und jeweils dazu der gegenwärtige Stand der Literatur angegeben.

5.1 WEITERE PROBLEMSTELLUNGEN IM MODELL $N(\mu;\gamma\mu)$ MIT BEKANNTEM γ

(1) Zweistichprobenteste

Bisher gibt es hierzu nur einen Vorschlag von KHAN (1978) mit dem Quotienten der beiden Stichprobenvarianzen als Prüfgröße, also mit dem gewöhnlichen F-Test. Dieser Test ist jedoch unbefriedigend, da die Information "γ bekannt" nicht ausgenutzt wird, vgl. hierzu auch Abschnitt 3.5 .

Die in Abschnitt 3 gewonnenen Ergebnisse sind also noch bei der Entwicklung von Zweistichprobentesten, und zwar für unabhängige und verbundene Stichproben zu verwerten. Bei verbundenen Stichproben stößt man dabei auf die zweidimensionale Normalverteilung, deren beide Randverteilungen konstanten Variationskoeffizienten besitzen, vgl. auch Punkt (6) dieser Aufzählung.
Methodisch spielen bei den Zweistichprobentesten insbesondere Invarianzbetrachtungen und die Forderung nach Ähnlichkeit der Teste eine Rolle. Man hat es jedoch nicht - wie man fälschlicherweise vermuten könnte - mit dem sogenannten Behrens-Fisher-Problem, vgl. KENDALL/ STUART, Abschnitt 21.14 ff zu tun. So ist z.B. der Titel der Arbeit von SINHA/RAO (1978) in diesem Zusammenhang irreführend; vgl. hierzu auch Abschnitt 5.2.(2) .

(2) Mehrstichprobenteste bzw. Varianzanalyse

DUBY/MOUGEY/ULMO (1975) bearbeiten das varianzanalytische Modell mit 2 systematischen Komponenten. Zum Schätzen verwenden sie die Maximum-Likelihood-Methode, zum Testen den Likelihood-Ratio-Test und eine Methode nach Wald. Sie erhalten jedoch nur asymptotische Ergebnisse.

Interessanterweise befaßt sich diese zeitlich erste Veröffentlichung
über das Testproblem gleich mit den komplizierten Mehrstichprobentesten
und übergeht somit die theoretisch besser in den Griff zu bekommenden
Ein- und Zweistichprobenteste.

(3) Sequential-Teste

KHAN (1978) leitet für den Einstichprobenfall mit einfachen Hypothesen
den Sequentialtest nach der bekannten Wald'schen Methode her. Für den
sequentiellen Zweistichprobentest erarbeitet er mit den Helmert-trans-
formierten Daten eine Prüfgröße, bei der allerdings die Kenntnis der
Variationszahlen nicht verwertet wird, vgl. hierzu Abschnitt 3.5 .

(4) Bayes-Methoden

In einer einzigen Arbeit, nämlich bei GLESER/HEALY (1976) , wird Bayes-
Schätzung betrieben. Dabei wird für den Skalenparameter μ eine in-
verse Gamma-Verteilung verwendet, die man ja auch häufig bei der Bayes-
Schätzung des Skalenparameters σ im Modell $N(\mu;\sigma)$ verwendet, vgl.
STANGE (1977). Zu Bayes-Testen sind bislang keine Publikationen er-
schienen.

(5) Gestutzte Verteilung

KHATRI/RATANI (1979) geben Schätzungen für μ an, falls die Normalverteilung im Modell $N(\mu;\gamma\mu)$, γ bekannt, an der Stelle Null gestutzt
ist. Das Problem könnte sich im Zusammenhang mit der Diskussion des Abschnitts 4.3 als interessant erweisen.

(6) Zweidimensionale Normalverteilung mit konstanten, bekannten
     Variationszahlen in den Randverteilungen

Für die zweidimensionale Normalverteilung $(X,Y) \overset{d}{=} N(\mu_X,\mu_Y;\sigma_X=\gamma_X\mu_X,\sigma_Y
=\gamma_Y\mu_Y;\rho)$ bestimmen AZEN/REED (1973) unter der Annahme $\gamma_X=\gamma_Y=\gamma$, γ
bekannt, die ML-Schätzungen für die Parameter (μ_X,μ_Y,ρ) und verglei-
chen sie mit den Schätzungen $(\bar{X},\bar{Y},r)$, wobei r die Pearson'sche
Korrelationszahl ist. Dies ist bisher die einzige Publikation zu diesem Thema, sodaß Teste bezüglich der Parameter, insbesondere bezüglich
ρ noch zu entwickeln sind. Schließlich müßte man sich auch von der
Annahme $\gamma_X=\gamma_Y$ lösen.

5.2 MODELLERWEITERUNGEN

(1) Das Modell $N(\mu;\xi(\mu))$ bei bekannter Funktion $\sigma = \xi(\mu)$

In Abschnitt 4.3 hatte sich bereits die Notwendigkeit ergeben, neben $\sigma=\gamma\mu$, $\mu>0$ andere Funktionen $\sigma=\xi(\mu)$ zu betrachten, bzw. den Definitionsbereich von $\xi(\mu)$ auf Werte $\mu\leq0$ zu erweitern. Beispielsweise könnte man $\sigma=\gamma|\mu|+c$ oder $\sigma=a+b\mu^2$ betrachten.
Erste Ergebnisse in dieser Richtung finden sich bei DUBY/MOUGEY/ULMO (1975) , wo die ML-Schätzung bei bekanntem $\sigma=\xi(\mu)$ allgemein hergeleitet, jedoch dann nur für $\sigma=\gamma\mu$ genutzt wird.

Die Schätzgüte bzw. Testschärfe im Modell $N(\mu;\xi(\mu))$, $\xi(\cdot)$ bekannt, hängt wesentlich von der statistischen Krümmung K ab, die wiederum von $\xi(\mu)$ abhängt. Interessanterweise gibt es eine Funktion $\sigma=\xi_0(\mu)$, für die unabhängig von μ die Krümmung $K\equiv0$ ist, für die sich also gemäß EFRON (1975) im natürlichen Parameterraum $(\eta_1=1/(2\sigma^2)$; $\eta_2 = -\mu/\sigma^2)$ eine Gerade ergibt:

$$(5.3.1) \qquad \mu = \xi_0^{-1}(\sigma) = a+b\sigma^2 \quad \text{mit} \quad \eta_2 = -2a\eta_1-b \quad .$$

$\xi_0(\mu)$ ist also dadurch charakterisiert, daß die Varianz σ^2 eine lineare Funktion von μ ist.
Wegen $K=0$ gehört $N(\mu;\xi_0(\mu))$ zur einparametrigen linearen Exponentialfamilie, sodaß sich dafür beste Schätzungen und Teste nach den bekannten Sätzen und Methoden gewinnen lassen.
Beim methodischen Vergleich verschiedener Funktionen $\xi(\mu)$ und ihrer Auswirkungen auf die Rückschlußverfahren wird daher $\sigma=\xi_0(\mu)$ vermutlich eine maßgebende Rolle spielen.

(2) Das Modell $N(\mu;\gamma\mu)$ mit γ unbekannt

Für den Fall, daß γ unbekannt ist, gehört $N(\mu;\gamma\mu)$ zur zweiparametrigen Exponentialfamilie.
Suffiziente und vollständige Statistik für $(\mu;\gamma)$ ist $(\Sigma X_i ; \Sigma X_i^2)$; ML-Schätzung für $(\mu;\gamma)$ ist $(\bar{X},C)$, wobei $C=\hat{S}/\bar{X}$ der empirische Variationskoeffizient ist.
Zum Schätzen und Testen bezüglich γ gibt es eine Reihe bekannter Ergebnisse, vgl. z.B. MC KAY (1932), OWEN (1968), IGLEWITZ/MYERS (1970), LOHRDING (1975) .

Zu dem hier vorrangig interessierenden Schätzen und Testen bezüglich μ hat man folgenden Stand der Literatur:

182

In SRIVAVISTA (1980) werden einige Schätzfunktionen für μ diskutiert und verglichen.

Arbeiten zum Einstichprobenproblem sind bisher nicht erschienen. Methodisch stellt γ dabei einen Störparameter dar. Es besteht zwar die Möglichkeit mit dem gewöhnlichen t-Test zu arbeiten, jedoch ist aufgrund der Ausführungen von Abschnitt 3.6.3 zu vermuten, daß der t-Test von anderen Testen dominiert wird.

Für das Zweistichprobenproblem leitet LOHRDING (1969) die ML-Schätzungen und den Likelihood-Ratio-Test her und zwar unter der Annahme homogener Variationszahl in beiden Populationen, also $\gamma_1 = \gamma_2 = \gamma$ und unter der Annahme gleicher Probenumfänge $n_1 = n_2 = n$. Allerdings wird die Prüfgrößenverteilung nur asymptotisch für großes n angegeben. SINHA/RAO (1978) verallgemeinern dann auf ungleiche Probenumfänge und auf den Mehrstichprobentest und entwickeln einen asymptotisch für großes γ gleichmäßig besten invarianten Test.

Interessant ist in diesem Zusammenhang auch eine Sensitivitätsanalyse von SEARLS (1967). Er untersucht die Frage, wie genau γ bekannt sein muß, damit μ durch $k \ast \bar{X}$ aus (2.1.22) bezüglich der Verlustfunktion (2.1.1) genauer geschätzt wird als durch $\bar{X}$.

(3) Bekannter konstanter Variationskoeffizient, jedoch ohne die
     Modellannahme Normalverteilung

Die Diskussion in Abschnitt 4.3 zeigt, daß das Modell "γ konstant und bekannt" nicht nur für Normalverteilung, sondern auch für andere Verteilungen relevant ist. Nun gibt es für den Rückschluß auf μ zwei Wege der Verallgemeinerung:

a) Vorgabe eines konkreten Verteilungstyps

Man entwickelt ähnlich wie hier bei der Normalverteilung Schätz- und Testverfahren, die auf einen vorgegebenen Verteilungstyp zugeschnitten sind. So leiten z.B. SEN/GERIG (1975) und SEN (1978) die BLUE-Schätzung für μ aus $\bar{X}$ und S asymptotisch für großes n her, wobei von der Modellverteilung nur die Kenntnis von Schiefe und Wölbung benötigt wird; die relative Wirksamkeit der BLUE-Schätzung zur Schätzung mit $\bar{X}$ wird allgemein und speziell für Normal-, Log-Normal-, Gamma-, Poisson- und Negativer Binomial-Verteilung angegeben.
Weitere Arbeiten mit dieser Zielsetzung insbesondere zum Testproblem gibt es nicht; allerdings wird man bei manchen Verteilungen aufgrund der speziellen Parametereigenschaften auf bereits bekannte Probleme

und Verfahren zurückgeführt wie z.B. bei der Gamma- oder der Log-Normal-Verteilung, vgl. Abschnitt 4.3 .

b)   Verwendung verteilungsfreier Methoden

"Verteilungsfrei" soll hier im Gegensatz zu a) bedeuten, daß die Anwendbarkeit einer Methode nicht an eine bestimmte Modellverteilung gebunden ist. Verteilungsfrei in diesem Sinne ist natürlich die erwartungstreue Schätzung von μ durch $\bar{X}$ bzw. die Schätzung mit kleinstem quadratischen Fehler durch $\bar{X}/(1+\gamma^2/n)$ vgl. auch SEARLS (1964) und (1967).

Zum verteilungsfreien Testen muß man die Verfahren der nichtparametrischen Statistik verwenden, z.B. solche, die auf den Rangstatistiken basieren. Die besondere Schwierigkeit wird dabei sein, die parametrische Information über γ zu verwerten. Arbeiten dieser Art sind noch nicht erschienen.

A. Anhang

In diesem Anhang werden die in der vorliegenden Arbeit benötigten Verteilungen mit den gewählten Bezeichnungen und ihren wichtigsten Eigenschaften zusammengestellt. Diese sind, wo nichts anderes vermerkt ist,
dem Standard-Nachschlagewerk von JOHNSON/KOTZ (1969, 1970) entnommen,
wo noch weitere Eigenschaften und insbesondere Hinweise auf Tabellen,
Nomogramme und Literatur zu finden sind.
Es werden hier auch die in der Arbeit verwendeten Algorithmen zur Bestimmung von Verteilungsfunktionen und Schwellenwerten zitiert. Dichte-
funktionen werden dabei außer für die Normalverteilung allgemein mit
$\psi(\cdot)$, Verteilungsfunktionen mit $\Psi(\cdot)$ bezeichnet. $\sqrt{\beta_1}$ ist die Schiefe, β_2 die Wölbung ; κ_r sind die Kumulanten.

A 1   NORMALVERTEILUNG $N(\mu;\sigma)$

Die Berechnung der Verteilungsfunktion $\Phi(u)$ der standardisierten
Normalverteilung aus der Dichtefunktion $\varphi(t)$,

$$(A\ 1.1) \qquad \Phi(u) = \int_{-\infty}^{u} \underbrace{\frac{1}{\sqrt{2\pi}}\, e^{-t^2/2}}_{=:\ \varphi(t)}\, dt \ ,$$

erfolgte hier mit dem Algorithmus von HILL (1973) .

Die Schwellenwerte u_ε mit

$$(A\ 1.2) \qquad \Phi(u_\varepsilon) = \varepsilon$$

sind aus den gängigen statistischen Tabellenwerken zu entnehmen, oder
numerisch z.B. nach dem Algorithmus von BEASLEY/SPRINGER (1977) zu
bestimmen.

A 2   LOGARITHMISCHE NORMALVERTEILUNG $LN(\zeta;\tau)$

Definition: X heißt *logarithmisch normalverteilt* mit Parametern ζ
und τ ,

$$(A\ 2.1) \qquad X \overset{d}{=} LN(\zeta;\tau) \ , \qquad -\infty<\zeta<\infty \ ; \quad 0<\tau<\infty \ ,$$

falls gilt:

(A 2.2) $Z = \ln X \overset{d}{=} N(\zeta;\tau)$.

Für $X \overset{d}{=} LN(\zeta;\tau)$ gilt:

(A 2.3) $\psi(x) = \dfrac{1}{\sqrt{2\pi}\,\tau x}\exp\left\{-\dfrac{1}{2}\left(\dfrac{\ln x-\zeta}{\tau}\right)^2\right\}$,

(A 2.4) $\Psi(x) = \Phi((\ln x-\zeta)/\tau)$,

(A 2.5) $EX = e^\zeta \sqrt{\omega}$ mit $\omega = e^{\tau^2}$,

(A 2.6) $\text{var } X = e^{2\zeta}\omega(\omega^2-1)$,

(A 2.7) $\sqrt{\beta_1} = \sqrt{\omega^2-1}\,(\omega+2)$,

(A 2.8) $\beta_2 = 3+(\omega-1)(\omega^3+3\omega^2+6\omega+6)$.

Wegen (A 2.2) bzw. (A 2.4) lassen sich Verteilungsfunktion und Schwellenwerte über die Standardnormalverteilung gewinnen.

A 3 GAMMA-VERTEILUNG $G(\eta;\lambda)$ UND ZENTRALE χ^2_f-VERTEILUNG

Für $X \overset{d}{=} G(\eta;\lambda)$ gilt:

(A 3.1) $\psi(x) = \dfrac{x^{\eta-1}}{\lambda^\eta\Gamma(\eta)}\exp\{-x/\lambda\}$, $x\geq 0$, $\eta>0$, $\lambda>0$,

(A 3.2) $\Psi(x) = \Gamma_{x/\lambda}(\eta)/\Gamma(\eta)$,

   wobei $\Gamma_y(\eta)$ die *unvollständige Gamma-Funktion* ist mit

(A 3.3) $\Gamma_y(\eta) := \displaystyle\int_0^y t^{\eta-1}e^{-t}dt$.

Aus (A 3.1) ersieht man, daß $G(\eta;\lambda)$ zur Exponentialfamilie gehört, wobei η Gestaltsparameter und λ Skalenparameter ist, sodaß

(A 3.4) $X/\lambda \overset{d}{=} G(\eta;1)$.

Weiter gilt:

186

(A 3.5) $EX = \eta \cdot \lambda$

(A 3.6) $\operatorname{var} X = \eta \lambda^2$

(A 3.7) $\sqrt{\beta_1} = 2/\sqrt{\eta}$

(A 3.8) $\beta_2 = 3+6/\eta$

(A 3.9) $\kappa_r = (r-1)! \; \eta \cdot \lambda^r$

$G(\eta;\lambda)$ erfüllt ein Additionstheorem: Sei $S=\Sigma X_i$ mit $X_i \overset{d}{=} \Gamma(\eta_i;\lambda)$,
X_i unabhängig, dann gilt

(A 3.10) $S \overset{d}{=} G(\Sigma\eta_i;\lambda)$

<u>Spezialfall:</u>   Für $\eta=f/2$ und $\lambda=2$ ergibt sich die *(zentrale)*
χ_f^2-*Verteilung* mit f Freiheitsgraden

(A 3.11) $\chi_f^2 \overset{d}{=} G(f/2;2)$ bzw. $\dfrac{\chi_{2\eta}^2}{2} \lambda \overset{d}{=} G(\eta;\lambda)$

Die Berechnung von $\Psi(x)$ erfolgte hier nach dem Algorithmus von
BHATTACHARJEE (1970) .
Der dafür benötigte Logarithmus von $\Gamma(\eta)$ wurde gemäß den in
ABRAMOWITZ/STEGUN (1964) angegebenen Reihenentwicklungen (6.1.33)
für $\eta \leq 4$ bzw. (6.1.42) für $\eta > 4$ berechnet. Die Schwellenwerte lassen sich approximativ leicht aus den Kumulanten mittels der Entwicklung von FISHER/CORNISH (1960) bestimmen; speziell für die χ_f^2-Vertei-
lung enthalten statistische Standardwerke umfangreiche Tabellen; für
die Gamma-Verteilung benutzt man am besten die Tabellen von HARTER
(1969).
Für χ_f^2 gelten asymptotisch für großes f die theoretisch wie numerisch gleichermaßen nützlichen FISHER-Approximationen durch die Normalverteilung und zwar für die Verteilungsfunktion

(A 3.12) $W(\chi_f^2 \leq x) \overset{\cdot}{=} \Phi(\sqrt{2x}-\sqrt{2f-1})$

und für die Schwellenwerte

(A 3.13) $\chi_{f;\varepsilon}^2 \overset{\cdot}{=} (u_\varepsilon+\sqrt{2f-1})^2/2$.

A4 NICHTZENTRALE χ^2 - VERTEILUNG

Definition:

Sind U_i ; $i = 1(1)n$ unabhängige standardnormalverteilte Zufallsvariable und δ_i ; $i = 1(1)n$, vorgegebene Konstante, so ist

$$(A\ 4.1) \qquad \chi_n'^2(\lambda) := \sum_{i=1}^{n} (U_i + \delta_i)^2 \quad \text{mit} \quad \lambda = \sum_{i=1}^{n} \delta_i^2$$

nichtzentral χ^2 - *verteilt* mit *Freiheitsgrad* n und *Nichtzentralitätsparameter* λ . Für $\lambda = 0$ liegt die zentrale χ_n^2-Verteilung mit n Freiheitsgraden aus Abschnitt A 3 vor:

$$(A\ 4.2) \qquad \chi_n'^2(0) \equiv \chi_n^2$$

Dichtefunktion $\psi(x \mid n; \lambda) =: \psi(x)$

Bezeichnet man mit $\psi_n(x)$ die Dichte von χ_n^2 und mit $p_n(\rho) = e^{-\rho}\rho^n/n!$, $n = 0,1,2,\ldots$ die Wahrscheinlichkeiten der Poisson-Verteilung mit Parameter ρ , so läßt sich die Dichte $\psi(x)$ von $\chi_n'^2(\lambda)$ darstellen in der Form

$$(A\ 4.3) \qquad \psi(x) = \sum_{j=0}^{\infty} p_j(\lambda/2) \psi_{n+2j}(x)$$

Demnach ist $\chi_n'^2(\lambda)$ interpretierbar als Mischung aus zentralen χ^2-Verteilungen mit der Poisson-Verteilung als Gewichtung. Eine andere Formel für die Dichte ist gegeben durch

$$(A\ 4.3a) \qquad \psi(x) = \frac{1}{2} (x/\lambda)^{(n-2)/4} I_{(n-2)/2}(\sqrt{\lambda}x) \exp\{-(\lambda+x)/2\}$$

wobei I_ν die modifizierte Besselfunktion zum Index ν ist.

Verteilungsfunktion $\Psi(x) := \Psi(x \mid n; \lambda)$

Bezeichnet man mit $\Psi_n(x)$ die Verteilungsfunktion von χ_n^2 , so gewinnt man aus (A 4.3) durch Integration:

$$(A\ 4.4) \qquad \Psi(x) = \sum_{j=0}^{\infty} p_j(\lambda/2) \Psi_{n+2j}(x) \quad ,$$

eine Darstellung, die auch zur numerischen Bestimmung brauchbar ist, wobei man Ψ_{n+2j} gemäß BHATTACHARJEE (1970) , vgl. Abschnitt A 3 , berechnet.

Aufgrund der Abschätzung

$$(A\ 4.5)\qquad \left|\Psi(x) - \sum_{j=r_1}^{r_2} p_j(\lambda/2)\,\Psi_{n+2j}(x)\right| \le 1 - \sum_{j=r_1}^{r_2} p_j(\lambda/2)$$

ist es leicht möglich die Summationsgrenzen r_1 und r_2 so zu bestimmen, daß ein vorgegebener Approximationsgrad erreicht wird. $\Psi(x)$ kann auch gemäß dem Verfahren von ROBERTSON (1969) mit der aus (A 4.3a) hergeleiteten Formel bestimmt werden,

$$(A\ 4.6)\qquad \Psi(x|n;\lambda) = \Psi_n(x) + Q(x;n;\lambda)\ ,$$

wobei Q den Korrekturterm von der zentralen zur nichtzentralen χ_n^2-Verteilung in Form einer schnell konvergierenden Reihe darstellt. Nach diesem Verfahren wurde hier gerechnet.

<u>Schwellenwerte</u> $\chi_{n;\varepsilon}'^2(\lambda)$

Für nicht zu große Werte von λ bzw. n findet man die Schwellenwerte in PEARSON/HARTLEY, Biometrika Tables, vol. II (1972); in allen anderen Fällen sind aus den Kumulanten gute Approximationen mittels der Entwicklung von FISHER-CORNISH (1960) möglich.

<u>Momente bzw. Kumulanten</u>

Für die Kumulanten gilt:

$$(A\ 4.7)\qquad \kappa_r = 2^{r-1}(r-1)!\,(n+r\lambda)\quad ;$$

speziell ist der Erwartungswert

$$(A\ 4.8)\qquad \kappa_1 = E\chi_n'^2(\lambda) = n+\lambda$$

und die Varianz

$$(A\ 4.9)\qquad \kappa_2 = \operatorname{var} \chi_n'^2(\lambda) = 2(n+2\lambda)$$

<u>Approximationen</u>

(1) Normale Näherung

Wegen (A 4.1) gilt für große n aufgrund des zentralen Grenzwertsatzes

$$(A\ 4.10)\qquad \Psi(x) \doteq \Phi\!\left(\frac{x-(n+\lambda)}{\sqrt{2n+4\lambda}}\right)\ .$$

wobei der Approximationsfehler von der Ordnung $O(1/\sqrt{\lambda})$ für $\lambda \to \infty$, gleichmäßig in x ist.
Entsprechend folgt daraus für die Schwellenwerte

$$(A\ 4.11) \qquad \chi_{n;\varepsilon}^{'2}(\lambda) \doteq (n+\lambda)+u_{\varepsilon}\sqrt{2n+4\lambda} \quad .$$

Diese Approximationen sind zwar einfach und für theoretische Untersuchungen nützlich, für numerische Zwecke jedoch vielfach zu ungenau.

(2) Näherung mit zentraler χ^2 -Verteilung (PATNAIK-Näherung)

Man setzt approximativ

$$(A\ 4.12) \qquad \chi_n^{'2}(\lambda) \doteq c\chi_f^2 \quad , \qquad \text{wobei}$$

$$c = (n+2\lambda)/(n+\lambda)$$

$$f = (n+\lambda)^2/(n+2\lambda) = n+\lambda^2/(n+2\lambda)$$

Dabei sind c und f so gewählt, daß die ersten beiden Momente von $\chi_n^{'2}(\lambda)$ und $c\chi_f^2$ übereinstimmen.
Für festes x und n ist der Approximationsfehler von der Ordnung $O(\lambda^2)$ für $\lambda \to O$ und $O(1/\sqrt{\lambda})$ für $\lambda \to \infty$ und zwar gleichmäßig in x .
Aus (A 4.12) findet man weiter durch Anwendung der FISHER-Approximation (A 3.12) bzw. (A 3.13)

$$(A\ 4.13) \qquad \Psi(x) \doteq \Phi(\sqrt{2x/c}-\sqrt{2f-1})$$

$$(A\ 4.14) \qquad \chi_{n;\varepsilon}^{'2}(\lambda) \doteq c(u_{\varepsilon}+\sqrt{2f-1})^2/2$$

A 5 NICHTZENTRALE t - VERTEILUNG

Definition

Ist U standardnormal und χ_f^2 unabhängig von U zentral χ_f^2-verteilt, so ist

$$(A\ 5.1) \qquad t_f^{'}(\delta) = \frac{U+\delta}{\sqrt{\chi_f^2/f}}$$

nichtzentral t_f-verteilt mit Freiheitsgrad f und Nichtzentralitätsparameter δ . Für $\delta=0$ liegt die zentrale t-Verteilung mit f Freiheitsgraden vor:

$$(A\ 5.2) \qquad t'_f(\delta=0) \equiv t_f$$

<u>Verteilungsfunktion:</u>

$$(A\ 5.3) \qquad \Psi(t\,|\,f;\delta) = \frac{\sqrt{2\pi}}{\Gamma(f/2)2^{(f-2)/2}} \int_0^\infty \Phi\!\left(\frac{tu}{\sqrt{f}} - \delta\right) u^{f-1} \varphi(u)\,du$$

Daraus entsteht durch wiederholte partielle Integration die zur numerischen Bestimmung günstige Darstellung, vgl. OWEN (1963) :

$$(A\ 5.4) \qquad \Psi(t\,|\,f;\delta) = \begin{cases} \Phi(-\delta\sqrt{B}) + 2T(\delta\sqrt{B};A) + 2(M_1 + \ldots + M_{f-2}) \ ; & f \text{ ungerade} \\[2ex] \Phi(-\delta)\sqrt{2\pi}\,(M_0 + M_2 + \ldots + M_{f-2}) & ; \ f \text{ gerade} \end{cases}$$

Dabei ist

$$(A\ 5.5) \qquad A = t/\sqrt{f} \ ; \ B = f/(f+t^2)$$

$$(A\ 5.6) \qquad M_{-1} = 0 \ ; \ M_0 = A\sqrt{B}\,\varphi(\delta\sqrt{B})\,\Phi(\delta A\sqrt{B}) \ ; \ M_1 = B(\delta A M_0 + A\varphi(\delta)/\sqrt{2\pi})$$

$$M_k = B((k-1)/k)(a_k \delta A M_{k-1} + M_{k-2}) \ ; \ k \geq 2$$

$$(A\ 5.7) \qquad a_2 = 1 \ ; \ a_k = 1/(a_{k-1}(k-2)) \ ; \qquad k \geq 3$$

$$(A\ 5.8) \qquad T(h;a) = \frac{1}{2\pi} \int_0^a \exp\{-h^2/2)(1+x^2)\}/(1+x^2)\,dx \ .$$

Die Funktion $T(h;a)$ kann mit dem Algorithmus von COOPER (1968) bzw. von YOUNG/MINDER (1974) berechnet werden. Eine für großes f asymptotische Darstellung von $\Psi(t\,|\,f;\delta)$ ist

$$(A\ 5.9) \qquad \Psi(t\,|\,f;\delta) = W(U - t\chi_f/\sqrt{f} \leq -\delta) \doteq \Phi\!\left(\frac{-\delta + a_n t}{\sqrt{1+(b_n t)^2}}\right)$$

mit $a_n = E(\chi_f/\sqrt{f}) \doteq 1 - 1/4f$ und $b_n^2 = \mathrm{var}(\chi_f/\sqrt{f}) \doteq 1/2f$, siehe auch (2.5.25), (2.5.26) und (2.5.29) .

Literaturverzeichnis

ABRAMOWITZ, M./STEGUN, J.A. (1964)
Handbook of Mathematical Functions
with Formulas, Graphs and Mathematical Tables
Washington: National Bureau of Standards

AZEN, S.P./REED, A.H. (1973)
Maximum-Likelihood Estimation of Correlation
between Variates having Equal Coefficients of Variation
Technometrics 15, 457-462

BARTLETT, M.S. (1937)
Properties of Sufficiency and Statistical Tests
Proc. Royal. Soc. A 160, 268-282

BEASLEY, J.D./SPRINGER, S.G. (1977)
The Percentage Points of Normal Distribution
Applied Statistics 26, 118-121

BENNET, B.M. (1976)
On an Approximate Test for Homogeneity of Coefficients of Variation
in: Contributions to Applied Statistics
Basel: Birkhäuser

BHATTACHARJEE, G.P. (1970)
The Incomplete Gamma Integral
Appl. Statistics 19, 285-287

BIRNBAUM, A. (1954)
Combining Independent Tests of Significance
J. Amer. Statist. Assoc. 49, 559-574

COOPER, B.E. (1968)
The Integral of the Non-central t-distribution
Appl. Statistics 17, 193-194

COX, D.R./HINKLEY, D.V. (1974)
Theoretical Statistics
London: Chapman and Hall

DIN-Norm 1996
Prüfung bituminöser Massen für den Straßenbau und verwandte Gebiete
Berlin: Beuth

DUBY, C./MOUGEY, Y./ULMO, J. (1975)
Analyse de plans d'expériences a deux facteurs controlés
quand l'écart type est une fonction connue de la moyenne
Revue de Statistique Appliquée 23, Heft 1, 5-33

EFRON, B. (1975)
Defining the Curvature of a Statistical Problem
(with Applications to Second Order Efficiency)
Annals of Statistics 3, 1189-1242

FERGUSON, T.S. (1967)
Mathematical Statistics
A Decision Theoretic Approach
New York: Academic Press

192

FISHER, R.A. (1932)
Statistical Methods for Research Workers
Edinburgh: Oliver and Boyd

FISHER, R.A./CORNISH, E.A. (1960)
The Percentile Points of Distributions having
Known Cumulants
Technometrics 2, 209-225

GLESER, L.J./HEALY, J.D. (1976)
Estimating the Mean of a Normal Distribution with
Known Coefficient of Variation
J. Amer. Statist. Assoc. 71, 977-981

GOVINDARAJULU, Z./SAHAI, H. (1972)
Estimation of the Parameter of a Normal Distribution with
Known Coefficient of Variation
Rep. Statist. Appl. Res. JUSE, 19, 85-98

HARSAAE, E. (1969)
On the Computation and use of a Table of
Percentage Points of Bartlett's M
Biometrika 56, 273-281

HARTER, H.L. (1969)
A new Table of Percentage Points of the
Pearson Type III Distribution
Technometrics 11, 177-187

HILL, I.D. (1973)
The Normal Integral
Appl. Statistics 22, 424-427

HINKLEY, D.V. (1977)
Conditional Inference about a Normal Mean with
Known Coefficient of Variation
Biometrika 64, 105-108

IGLEWICZ, B./MYERS, R.H. (1970)
Comparisons of Approximations to the Percentage
Points of the Sample Coefficient of Variation
Technometrics 12, 166-169

JOHNSON, N.L./KOTZ, S.
Continuous Univariate Distributions vol. 1 (1969)
Continuous Univariate Distributions vol. 2 (1970)
New York: John Wiley and Sons Inc.

JOSHI, S./SATHE, Y.S. (1976)
On Estimating the Positive Mean of a Normal
Distribution with Known Coefficient of Variation
Sankhya B 38, 62-67

KENDALL, M.G./STUART, A. (1961)
The Advanced Theory of Statistics
vol.2:Inference and Relationship
London: Charles Griffin and Co.

KHAN, R.A. (1968)
A note on Estimating the Mean of a Normal Distribution with
Known Coefficient of Variation
J. Amer. Statist. Assoc. 63, 1039-1041

KHAN, R.A. (1978)
A note on Testing the Mean of Normal
Distribution with Known Coefficient of Variation
Commun. Statist. A 7, 867-876

KHATRI, C.G./RATANI, R.T. (1979)
On Estimation of the Mean Parameter of a Truncated
Normal Distribution with Known Coefficient of Variation
Commun. Statist. A 8, 237-244

LEHMANN, E.L. (1959)
Testing Statistical Hypotheses
New York: John Wiley and Sons, Inc.

LOHRDING, R.K. (1969)
A Test of Equality of two Normal Population Means
Assuming Homogeneous Coefficient of Variation
Ann. Math. Statist. 40, 1374-1385

LOHRDING, R.K. (1975)
A two sample Test of Equality of Coefficients of Variation
or Relative Errors
J. Statist. Comput. Simul 4, 31-36

MC KAY, A.T. (1932)
Distribution of the Coefficient of Variation and
the Extended Distribution
J. Royal Statist. Soc. 95, 695-698

OWEN, D.B. (1963)
Factors for One-sided Tolerance Limits and for
Variables Sampling Plans
Albuquerque: Sandia Corporation

OWEN, D.B. (1968)
A Survey of Properties and Applications of the
Noncentral t-Distribution
Technometrics 10, 445-478

PEARSON, E.S./HARTLEY, H.O. (1972)
Biometrika Tables for Statisticians, vol.II
Cambridge: University Press

ROBBINS, H./PITMAN, E.J.G. (1949)
Application of the Method of Mixtures to
Quadratic Forms in Normal Variables
Ann. Math. Statist. 20, 552-560

ROBERTSON, G.H. (1969)
Computation of the Noncentral Chi-square Distribution
Bell System Technical Journal 48, 201-207

SARHAN, A.E./GREENBERG, B.G. (1962)
Contributions to Order Statistics
New York: Wiley and Sons Inc.

SEARLS, D.T. (1964)
The Utilisation of a Known Coefficient of Variation
in the Estimation Procedure
J. Amer. Statist. Assoc. 59, 1225-1226

194

SEARLS, D.T. (1967)
A note on the use of an Approximately Known
Coefficient of Variation
The American Statistician, vol.21, June, 20-21

SEN, A.R. (1978)
Estimation of the Population Mean when the
Coefficient of Variation is Known
Commun. Statistics A 7, 657-672

SEN, A.R. (1979)
Relative Efficiency of Estimators of the
Mean of a Normal Distribution when
Coefficient of Variation is known
Biometrical Journal 21, 131-137

SEN, A.R./Gerig, T.M. (1975)
Estimation of Population Means having Equal
Coefficient of Variation on Successive Occasions
Bulletin of International Statistical Institute 46, 314-322

SEVERO, N.C./OLDS, E.G. (1956)
A Comparison of Tests on the Mean of a Logarithmico
Normal Distribution with Known Variance
Ann. Math. Statist. 27, 670-686

SHAPIRO, S.S./WILK, M.B. (1965)
An Analysis of Variance Test for Normality
(Complete Samples)
Biometrika 52, 591-611

SHAPIRO, S.S./WILK, M.B./CHEN, H.J. (1968)
A Comparative Study of Various Tests for Normality
J. Amer. Statist. Assoc. 63, 1343-1372

SINHA, B.K./RAO, B.R. (1978)
Behrens-Fisher Problem under the Assumption of
Homogeneous Coefficients of Variation
Commun. Statistics A 7, 637-656

SNEDECOR, G.W. (1956)
Statistical Methods
Ames, JA: The Jowa State College Press
5. Auflage

SRIVAVISTA, V.K. (1980)
A note on the Estimation of Mean in
Normal Population
Metrika 27 (1980), 99-102

STANGE, K. (1970)
Angewandte Statistik
Erster Teil: Eindimensionale Probleme
Berlin: Springer

STANGE, K. (1977)
Bayes-Verfahren
Berlin: Springer

STENGER, H. (1979)
Loss Functions and Admissible Estimators in
Survey Sampling
Metrika 26, 205-214

WEILER, H. (1958)
Confidence limits for the Mean of a Normal Population
with Known Coefficient of Variation
Australian Journ. of Applied Sciences 9, 321-325

WILKINSON, B. (1951)
A Statistical Consideration in Psychological Research
Psychological Bulletin 48, 156-157

YOUNG, J.C./MINDER, CH.E. (1974)
An Integral Useful in Calculating Non-central t
and Bivariate Normal Probabilities
Appl. Statist. 23, 455-457

ZACKS, S. (1971)
The Theory of Statistical Inference
New York: Wiley and Sons Inc.

ZEIGLER, R.K. (1973)
Estimators of Coefficient of Variation
Using k-Samples
Technometrics 15, 409-414

Multivariate Analysemethoden

Eine anwendungsorientierte Einführung

Von C. Schuchard-Ficher, K. Backhaus,
U. Humme, W. Lohrberg, W. Plinke,
W. Schreiner

1980. 63 Abbildungen, 146 Tabellen.
VII, 346 Seiten
DM 36,–
ISBN 3-540-10110-1

Dieses Lehrbuch behandelt die wichtigsten multivariaten Analysemethoden (Varianzanalyse, Regressionsanalyse, Clusteranalyse, Diskriminanzanalyse, Faktorenanalyse und Multidimensionale Skalierung).
Wesentliche Merkmale dieses Arbeitstextes sind
- geringstmögliche Anforderungen an mathematische Vorkenntnisse,
- allgemeinverständliche Darstellung anhand eines für mehrere Methoden verwendeten Beispiels,
- konsequente Anwendungsorientierung,
- Einbeziehung der EDV in die Darstellung,
- vollständige Nachvollziehbarkeit aller Operationen durch den Leser,
- Aufzeigen von methodenbedingten Manipulationsspielräumen
- unabhängige Erschließbarkeit jedes einzelnen Kapitels.

Das Buch ist von besonderem Nutzen für alle, die sich erstmals mit diesen Methoden vertraut machen wollen und sich anhand von nachvollziehbaren Beispielen die Verfahren erarbeiten möchten. Die Beispiele sind dem Marketing-Bereich entnommen; die Darstellung ist jedoch so einfach gehalten, daß jeder Leser die Fragestellung versteht und auf seine spezifischen Probleme in anderen Bereichen übertragen kann.

W. Stier

Verfahren zur Analyse saisonaler Schwankungen in ökonomischen Zeitreihen

1980. 57 Abbildungen, 4 Tabellen.
X, 134 Seiten
DM 69,–
ISBN 3-540-10340-6

In dieser Arbeit werden zunächst die drei wichtigsten Saisonbereinigungsverfahren, die in der Bundesrepublik Deutschland in der Praxis eingesetzt werden, ausführlich dargestellt. Es handelt sich dabei um das Census-Verfahren, das Berliner Verfahren sowie um das ASA-II-Verfahren. Das Berliner Verfahren ist derzeit das offizielle Bereinigungsverfahren des Statistischen Bundesamtes, das Census-Verfahren wird von der Deutschen Bundesbank verwendet, und das ASA-II-Verfahren wird von verschiedenen Wirtschaftsforschungsinstitutionen benutzt. Bei der Darstellung wird relativ detailliert vorgegangen, wobei die Konstruktionsprinzipien der einzelnen Verfahren kritisch analysiert werden. Das Hauptziel des Buches besteht jedoch darin, zwei neue Verfahren ausführlich darzulegen, die methodisch grundsätzlich neue Wege gehen. Es wird gezeigt, wie man Saisonbereinigungsverfahren auf rein filtertheoretischer Basis konstruieren kann und wie sich insbesondere die lange gesuchte „ideale" Transferfunktion realisieren läßt.

Springer-Verlag Berlin Heidelberg New York

Schätzen und Testen

Eine Einführung in die Wahrscheinlichkeitsrechnung und schließende Statistik

Von O. Anderson, W. Popp, M. Schaffranek, D. Steinmetz, H. Stenger

1976. 68 Abbildungen, 56 Tabellen.
XI, 385 Seiten (Heidelberger Taschenbücher, Bd. 177)
DM 24,80
ISBN 3-540-07679-4

Aus den Besprechungen:
„...Der Text dieses Lehrbuches basiert auf Vorlesungen und Übungen der Autoren an verschiedenen Universitäten. Aufgaben mit vollständigem Lösungsweg erleichtern das Verständnis und die gedankliche Übertragung der Theorie auf praktische Probleme. Die Lektüre erfordert nur elementare Kenntnisse der Differential- und Integralrechnung. In einem Anhang werden außerdem für das Verständnis wesentliche Teile der Mengenalgebra und Kombinatorik sowie Rechenregeln für das Summenzeichen zusammengestellt...Insgesamt wollte dieses sehr preiswerte Buch mit zur Standardliteratur für Studenten der Wirtschafts- und Sozialwissenschaften gehören. Aber auch für Praktiker, die nicht ein bloßes Rezeptbuch wünschen, sondern ihre Elementarkenntnisse über Schätz- und Testprobleme methodisch und gründlich auffrischen wollen, dürfte dieser Band eine wertvolle Hilfe sein."
Literaturberater Wirtschaft

Grundlagen der Statistik

Amtliche Statistik und beschreibende Methoden

Von O. Anderson, W. Popp, M. Schaffranek, H. Stenger, K. Szameitat

1978. 32 Abbildungen, 42 Tabellen.
IX, 222 Seiten (Heidelberger Taschenbücher, Bd. 195)
DM 19,80
ISBN 3-540-08861-X

Der besondere Vorzug dieses Lehrbuches besteht darin, daß es praxisorientierte statistische Kenntnisse vermittelt. So werden im 1. Teil Aufgabenstellung, Arbeitsprogramm und Organisation der amtlichen Statistik in der Bundesrepublik erläutert und Vorbereitung und Ablauf von statistischen Erhebungen dargestellt. Eine Aufzählung wichtiger Quellenwerke ergänzt diesen Teil. Der 2. Teil des Buches, der die für die Praxis besonders wichtigen Teile der beschreibenden Methodenlehre ausführlich behandelt, hat folgende Schwerpunkte: Mittelwerte und Streuungsmaße, statistisches Messen der Konzentration, Fehlerfortpflanzung, Kontingenzmaße, (Rang-) Korrelationskoeffizienten, empirische Regression, elementare Methoden der Zerlegung von wirtschaftlichen Zeitreihen, Indexzahlen. Jedem Abschnitt des zweiten Teils sind Aufgaben und Lösungen angefügt. Die wahrscheinlichkeitstheoretisch begründeten Methoden der induktiven Statistik werden in dem Buch *Schätzen und Testen (Heidelberger Taschenbücher, Band 177)* behandelt.

Springer-Verlag Berlin Heidelberg New York